H3C 认证系列教程

# IPv6 技术

## 详解与实践

新华三技术有限公司 / 编著

清華大学出版社
北京

## 内 容 简 介

本书详细讨论了 IPv6 技术，包括协议报文结构、IPv6 地址、地址配置技术、IPv6 路由协议、IPv6 安全与可靠性、IPv4 向 IPv6 的过渡等。本书的最大特点是理论与实践紧密结合，通过在 H3C 网络设备上进行大量且翔实的 IPv6 实验，帮助读者更快、更直观地掌握 IPv6 理论与动手技能。

本书是 H3C 认证系列教程之一，为已经具备 IPv4 网络基础知识并对 IPv6 技术感兴趣的人员而编写。对于专业的科学研究人员与工程技术人员，本书是全面了解和掌握 IPv6 知识的指南；对于大中专院校计算机专业二年级以上的学生，本书是加深网络知识，掌握网络前沿技术的优秀教材。



**图书在版编目(CIP)数据**

IPv6 技术详解与实践/新华三技术有限公司编著. —北京：清华大学出版社，2022.8 (2024.7 重印)
H3C 认证系列教程
ISBN 978-7-302-61146-2

Ⅰ. ①I… Ⅱ. ①新… Ⅲ. ①计算机网络—通信协议—教材 Ⅳ. ①TN915.04

中国版本图书馆 CIP 数据核字(2022)第 110667 号

**责任编辑**：田在儒
**封面设计**：李 丹
**责任校对**：李 梅
**责任印制**：杨 艳

**出版发行**：清华大学出版社
**网　　址**：https://www.tup.com.cn，https://www.wqxuetang.com
**地　　址**：北京清华大学学研大厦 A 座　　**邮　　编**：100084
**社 总 机**：010-83470000　　**邮　　购**：010-62786544
**投稿与读者服务**：010-62776969，c-service@tup.tsinghua.edu.cn
**质量反馈**：010-62772015，zhiliang@tup.tsinghua.edu.cn
**印 装 者**：三河市龙大印装有限公司
**经　　销**：全国新华书店
**开　　本**：185mm×260mm　　**印　　张**：14.75　　**字　　数**：370 千字
**版　　次**：2022 年 8 月第 1 版　　**印　　次**：2024 年 7 月第 2 次印刷
**定　　价**：59.00 元

产品编号：097076-01

## 新华三人才研学中心认证培训开发委员会

**顾　问**　于英涛　尤学军　毕首文
**主　任**　李　涛
**副主任**　徐　洋　刘小兵　陈国华　李劲松
　　　　　邹双根　解麟猛

## 认证培训编委会

陈　喆　曲文娟　张东亮　朱嗣子　吴　昊
金莹莹　陈洋飞　曹　珂　毕伟飞　胡金雷
王力新　尹溶芳　郁楚凡

## 本书编审人员

**主　　编**　张东亮

# 版权声明



H3C 网络学院系列教程

---

《IPv6 技术详解与实践》

新华三技术有限公司　编著

2022 年 8 月印刷

# H3C认证简介

H3C 认证培训体系是中国第一家建立国际规范的完整的网络技术认证体系，H3C 认证是中国第一个走向国际市场的 IT 厂商认证。H3C 致力于行业的长期增长，通过培训实现知识转移，着力培养高业绩的缔造者。目前 H3C 在全国拥有 20 余家授权培训中心和 450 余家网络学院；已有 40 多个国家和地区的 25 万人接受过培训，13 万多人获得各类认证证书。曾获得"十大影响力认证品牌""最具价值课程""高校网络技术教育杰出贡献奖""校企合作奖"等数项专业奖项。H3C 认证将秉承"专业务实，学以致用"的理念，快速响应客户需求的变化，提供丰富的标准化培训认证方案及定制化培训解决方案，帮助您实现梦想、制胜未来。

按照技术应用场合的不同，同时充分考虑客户不同层次的需求，H3C 公司为客户提供了从工程师到技术专家的三级数字化技术认证体系，更轻、更快、更专的数字化专题认证体系，以及注重 ICT 基础设施规划与设计的架构认证体系。

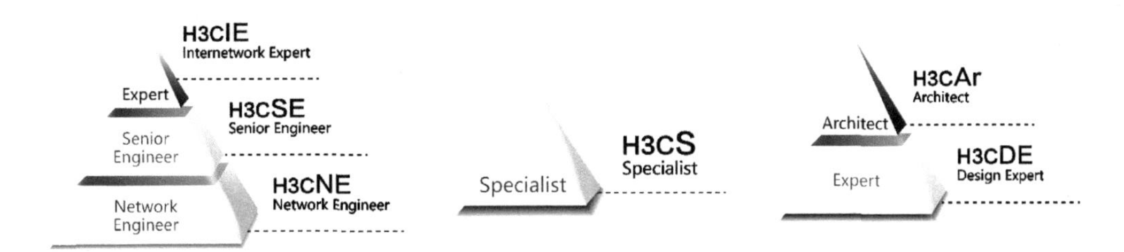


H3C 认证将秉承"专业务实，学以致用"的理念，与各行各业建立更紧密的合作关系，认真研究各类客户不同层次的需求，不断完善认证体系，提升认证的含金量，使 H3C 认证能有效证明您所具备的网络技术知识和实践技能，帮助您在竞争激烈的职业生涯中保持强有力的竞争实力！

FOREWORD

# 前 言

21 世纪初以来，互联网经济保持高速增长，以互联网为代表的新一代信息技术创新日新月异，从而带来了新型 IT 人才需求量的不断增加，高校的专业建设及人才培养面临着严峻挑战。如何培养高素质的新型 IT 人才成为全国各类院校计算机网络相关专业面临的重要问题。

为助力高校推进人才培养模式改革，促进人才培养与产业需求紧密衔接，深化产教融合、校企合作，H3C 依托自身处于业界前沿的技术积累及多年校企合作的成功经验，本着“专业务实，学以致用”的理念，联合高校教师将产业前沿技术、项目实践与高校的教学、科研相结合，共同推出适用于高校人才培养的“H3C 认证系列教程”，本系列教程注重实践应用能力的培养，以满足国家对新型 IT 人才的迫切需求。

本系列教程涵盖云计算、网络安全、路由交换等技术方向，既可作为高校相关专业课程的教学用书，也可作为学生考取对应技术方向 H3C 认证的参考用书。

本书所关联的认证为 H3CSE-IPv6（H3C Certified Senior Engineer for IPv6，H3C 认证 IPv6 技术高级工程师）。学员学习后可具备 H3CSE-IPv6 的备考能力。

本书读者群大致分为以下几类。

- 本科、高职院校计算机类、电子信息类相关专业学生：本书可作为本科、高职院校计算机类、电子信息类相关专业学生的专业教材及参考书。
- 公司职员：本书能够用于公司进行网络技术的培训，帮助员工理解和熟悉各类网络应用，提升工作效率。
- IT 技术爱好者：本书可以作为所有对 IT 技术感兴趣的爱好者学习 IT 技术的自学参考书。

本书的内容涵盖了目前主流的 IPv6 相关协议的工作原理和 IPv6 网络的构建技术，内容由浅入深，并包括大量和实践相关联的内容，对 IPv6 协议的实现和应用都精心设计了相关实验，充分突显了 H3C 认证课程的特点——专业务实、学以致用。凭借 H3C 强大的研发和生产能力，每项技术都有其对应的产品支撑，能够帮助学员更好地理解和掌握。本书课程经过精心设计，便于知识的连贯和理解，学员可以在较短的学时内完成全部内容的学习。书中所有内容都遵循国际标准，从而保证了良好的开放性和兼容性。

本书共 16 章，内容介绍如下。

**第 1 章　IPv6 简介**

本章分析了 IPv4 协议的局限性和 IPv4 向 IPv6 演进的必然性，介绍了 IPv6 产生的缘由和发展的历史，讲述了 IPv6 的新特性。

**第 2 章　IPv6 地址与报文**

本章首先介绍了 IPv6 地址的表示方法、IPv6 地址分类及结构，然后介绍了 IPv6 基本报头结构、IPv6 扩展报头的结构和用法，最后介绍了 IPv6 的一个基本协议——ICMPv6 及相关应用。

**第 3 章　IPv6 邻居发现**

本章介绍了 IPv6 技术中的一个关键协议——邻居发现协议。解释了邻居发现协议中前缀发现、邻居不可达检测、重复地址检测、地址自动配置等功能的工作机制，并对报文进行了详细分析。

**第 4 章　DHCPv6 和 DNS**

本章主要对 DHCPv6 的消息交互流程进行了详细的分析，并介绍了 DHCPv6 消息类型、消息格式、选项等内容，以及无状态 DHCPv6 与 DHCPv6 服务器的基本工作原理。此外，本章也对 IPv6 中 DNS 功能的扩展进行了简要介绍。

**第 5 章　IPv6 路由协议**

本章首先对 IPv6 中的路由表进行介绍，然后分别对 IPv6 中的 RIPng、OSPFv3、BGP4+和 IPv6-IS-IS 等动态路由协议的工作机制进行详细讲解，并与 IPv4 中的 RIP、OSPF、BGP、IS-IS 等协议进行了比较。

**第 6 章　IPv6 安全技术**

从管理的角度来说，安全侧重对网络的访问进行控制；从通信的角度来说，则主要侧重报文的加密、防篡改以及身份验证。本章结合安全的两个方面对 IPv6 中的访问控制列表以及安全协议进行了详细的介绍。

**第 7 章　IPv6 的 VRRP**

VRRP(Virtual Router Redundancy Protocol，虚拟路由冗余协议)通过在局域网上动态地指定主用/备用路由器，实现了路由转发的动态备份，在很大程度上减少了单台设备故障对应用的影响。本章对 IPv6 中的 VRRP 协议进行了全面细致的介绍。

**第 8 章　IPv6 组播**

本章主要讲述了组播网络的基本模型，以使读者能够了解几种模型的特点；然后重点讲述了 IPv6 组播地址格式、MLD 协议原理、IPv6 PIM 协议原理、IPv6 组播转发机制。

**第 9 章　IPv6 过渡技术**

本章讲述了部署 IPv4 网络过渡到 IPv6 网络的策略，然后详细介绍了过渡技术的工作原理，包括 GRE 隧道、6to4 隧道等多种隧道技术，以及地址族转换技术。

**第 10 章　IPv6 基础配置实验**

本章是第 2 章和第 3 章内容的实验和练习。主要内容包括 IPv6 地址配置实验、路由器通告报文配置实验等。

**第 11 章　DHCPv6 配置实验**

本章是第 4 章内容的实验和练习。主要内容包括 IDHCPv6 服务器配置实验、DHCPv6 中继配置实验。

**第 12 章　IPv6 路由协议配置实验**

本章是第 5 章内容的实验和练习。主要内容包括 RIPng 配置实验、OSPFv3 配置实验、BGP4+配置实验、IPv6-IS-IS 配置实验。

**第 13 章 IPv6 安全实验**

本章是第 6 章内容的实验和练习。主要内容包括 IPv6 基本 ACL 配置实验、IPv6 高级 ACL 配置实验、IPSec 的配置和应用实验。

**第 14 章 IPv6 的 VRRP 实验**

本章是第 7 章内容的实验和练习。主要内容包括 IPv6 中 VRRP 单备份组配置实验、多备份组配置实验、负载均衡模式配置实验。

**第 15 章 IPv6 的组播实验**

本章是第 8 章内容的实验和练习。主要内容包括 IPv6 PIM-DM 配置实验、IPv6 PIM-SM 配置实验、IPv6 PIM-SSM 配置实验。

**第 16 章 IPv6 过渡技术实验**

本章是第 9 章内容的实验和练习。主要内容包括 GRE 隧道实验、IPv6 over IPv4 手动隧道配置实验、6to4 隧道配置实验。

本书实验均在 HCL(H3C Cloud Lab,H3C 云实验室)软件上进行,以方便学员自己进行学习。HCL 是新华三开发的界面图形化全真网络设备模拟软件,完全模拟了真实网络设备的交互过程。

HCL 可以在 H3C 官网上免费下载,下载路径为:首页→支持文档与软件→软件下载→其他产品。

**新华三技术有限公司**

CONTENTS

# 目 录

第1章

# IPv6 简 介

IPv4(Internet Protocol version 4,互联网协议版本 4)是互联网当前所使用的网络层协议。自 20 世纪 80 年代初以来,IPv4 就始终伴随着互联网的迅猛发展而发展。到目前为止,IPv4 运行良好稳定。但是,IPv4 协议设计之初是为几百台计算机组成的小型网络而设计的,随着互联网及其所提供的服务突飞猛进的发展,IPv4 已经暴露出一些不足之处。IPv6(Internet Protocol version 6,互联网协议版本 6)是网络层协议的第二代标准协议,也被称为 IPng(IP next generation,下一代互联网),它是 IETF(Internet Engineering Task Force,互联网工程任务组)设计的一套规范,是 IPv4 的升级版本。

本章分析了 IPv4 协议的局限性和 IPv4 向 IPv6 演进的必然性,介绍了 IPv6 发展的历史,并讲述了 IPv6 的新特性。

学习完本章,应该掌握以下内容。

(1) IPv4 向 IPv6 演进的必然性。

(2) IPv6 的发展历程。

(3) IPv6 的新特性。

## 1.1 IPv4 的局限性

实践证明 IPv4 是一个非常成功的协议,它经受住了 Internet 从最初数目很少的计算机发展到目前上亿台计算机互联的考验。但是,IPv4 协议也不是十全十美的,在使用过程中逐渐暴露出以下问题。

**1. IP 地址枯竭**

在 IPv4 中,32 位的地址结构提供了大约 43 亿个地址,其中有 12%的 D 类和 E 类地址不能作为全球唯一单播地址被分配使用,还有 2%是不能使用的特殊地址。互联网地址分配机构(IANA)在 2011 年 2 月份已将其 IPv4 地址空间段的最后 2 个"/8"地址组分配出去。这一事件标志着地区性注册机构(RIR)可用 IPv4 地址空间中"空闲池"的终结。在 2014 年 4 月份,美国互联网号码注册机构(ARIN)宣布开始分配其库存的最后可用的"/8"地址组。截至 2018 年 7 月,各个地区性注册机构可分配的 IPv4 地址空间已经接近枯竭,其所能分配的"/8"地址组均已不足 1 个;如果按照这个趋势,到 2021 年,所有 IPv4 地址空间会彻底耗尽,如图 1-1 所示。

此外,Internet 规模的快速扩大是促使 IPv4 地址紧缺的另一因素。特别是近十年来,Internet 爆炸式增长使其走进了千家万户,人们的日常生活已经离不开它了,使用 IP 地址的 Internet 服务与应用设备(利用 Internet 的 PDA、家庭与小型办公室网络、与 Internet 相连的运载工具与器具、IP 电话与无线服务等)也大量涌现。当全世界使用 Internet 的用户达到世

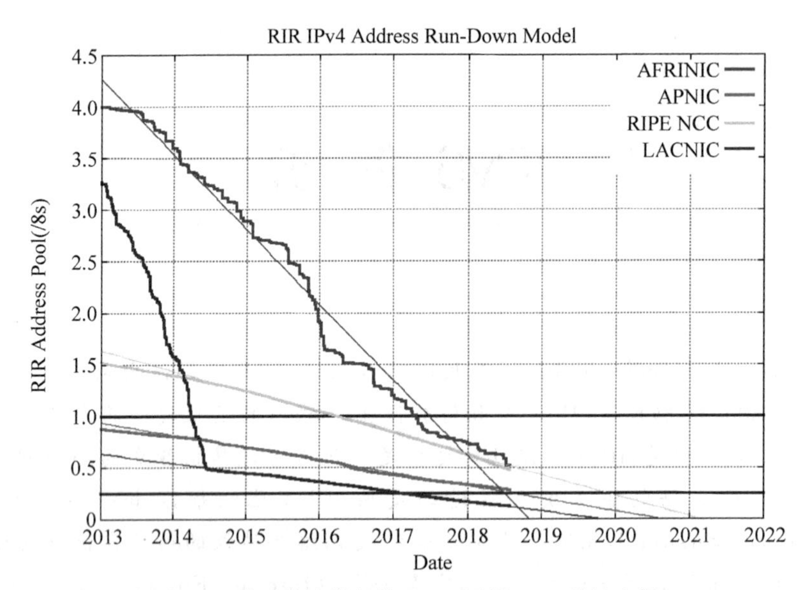


图 1-1 地区性注册机构(RIR)可用 IPv4 地址空间

数据来源：https://labs.apnic.net/ipv4/report.html,2022-1-10.

界人口的 20%时,IPv4 地址将严重紧缺。IPv4 地址紧缺问题限制了这些地区的 IP 技术应用的进一步发展。

**2. Internet 骨干路由器路由表容量压力过大**

在 Internet 发展初期,IPv4 地址结构被设计成一种扁平的结构,人们没有考虑到地址规划的层次结构性,以及地址块的可聚合特性,使得 Internet 骨干路由器不得不维护非常大的 BGP 路由表。在 CIDR 技术出现之后,IPv4 网络号(前缀)规划与分配才有了一定的层次结构性。但是,CIDR 不能解决历史遗留的问题。截至 2018 年 7 月,Internet 骨干路由器上的 BGP 路由表条目数超过了 80 万条,比 2007 年增加了近 4 倍。而且,这个数目还在增长,给 Internet 骨干路由器造成了很大的压力,增加路由器内存不是解决这个问题的根本途径,如图 1-2 所示。

**3. NAT 技术破坏了端到端应用模型**

在目前 IPv4 网络中,由于地址的紧缺,NAT(Network Address Translation,网络地址转换)技术得到了普遍的应用。NAT 通过建立大量私有地址对少量公网地址的映射,从而能使很多使用私有地址的用户访问 Internet。NAT 被认为是解决 IP 地址短缺问题的有效手段,甚至被一部分人视为地址空间短缺的永久解决方案。

然而 NAT 自身固有的以下三个主要缺点注定了它仅仅是延长 IPv4 使用寿命的权宜之计,并不是 IPv4 地址短缺问题的彻底解决方案。

(1) NAT 破坏了 IP 的端到端模型。IP 最初被设计为只有端点(主机和服务器)才处理连接。NAT 的应用对对等通信有极大的影响。在对等通信模型中,对等的双方既可作为客户端,又可作为服务器来使用,它们通过直接将数据报文发送给对方才能通信。如果有一方处于 NAT 转换设备后方,就需要额外的处理来解决这种问题。

(2) NAT 会影响网络的性能。NAT 技术要求 NAT 设备必须维持连接的状态,NAT 设备必须能够记录转换的地址和端口。地址和端口的转换与维护都需要额外的处理,这成为网络的瓶颈,影响了网络的性能。而且,对出于安全需要而记录最终用户行为的组织来说,还需

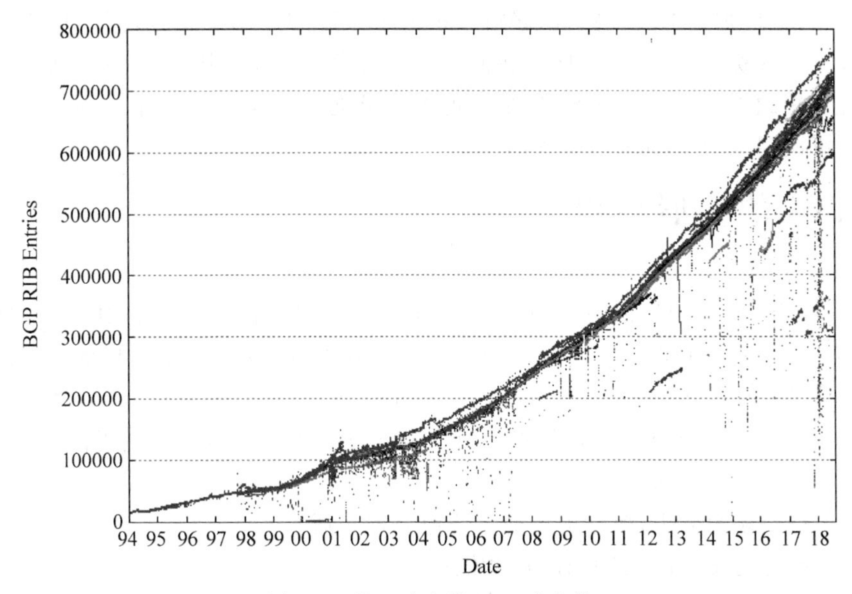


图 1-2　核心路由器 BGP 路由数

数据来源：http://bgp.potaroo.net,2022-1-10.

要记录 NAT 状态表问题，这更加重了 NAT 设备的负担。

(3) NAT 阻止了端到端的网络安全。为了实现端到端的网络安全，端点需要保证 IP 报头的完整性，报头不能在源和目的之间被改变。任何在路途中对报头部分的转换都会破坏完整性检查，阻碍网络安全的实现。因此，NAT 应用阻碍了很多网络安全应用的实现，如 IPSec、点对点加密通信等。

**4. 地址配置与使用不够简便**

通过 IPv4 技术访问 Internet 时，必须首先给 PC 或者终端的网络接口卡手动配置 IP 地址，或者使用有状态的自动配置技术，如 DHCP(动态主机配置协议)来获取地址。手动配置 IP 地址要求使用者懂得一定的计算机网络知识。随着越来越多的计算机和设备需要经常移动、连接不同网络，用户配置 IP 地址的工作量和难度增加了。在使用自动配置技术获取地址时，部署及维护 DHCP 服务给网络管理增加了额外的负担，同时也带来了网络安全隐患。以上种种都需要 IP 能够提供一种更简单、更方便的地址自动配置技术，使用户免于手动配置地址及降低网络管理的难度。

**5. IP 协议本身的安全性不足**

用户在访问 Internet 资源时，很多私人信息是需要受到保护的，如收发 E-mail 或者访问网上银行等。IPv4 协议本身并没有提供这种安全技术，需要使用额外的安全技术如 IPSec、SSL 等来提供这种保障。

**6. QoS(服务质量)功能难以满足现实需求**

现实大量涌现的新兴网络业务，如实时多媒体、IP 电话等，需要 IP 网络在时延、抖动、带宽、差错率等方面提供一定的服务质量保障。IPv4 协议在设计时已经考虑到了对数据流提供一定的服务质量，但由于 IPv4 本身的一些缺陷，如 IPv4 地址层次结构不合理，路由不易聚合，路由选择效率不高，IPv4 报头不固定等，使得节点难以通过硬件来实现数据流识别，从而使得目前 IPv4 无法提供很好的服务质量。InterServ、DiffServ、RTP 等协议能够提供一定的服务质量，但这些协议需要借助上层协议的一些标识(如 UDP、TCP 的端口号)才能工作，增加了报文处理开销，也增加了IPv4网络部署与维护的复杂度与成本。并且，因为这些协议需要借助上层协议的一些标识才能工作，所以在使用加密技术时，无法同时使用这些协议。

除了地址短缺外，安全性、QoS、简便配置等要求促成大家达成一个共识：需要一个新的协议来根本解决目前IPv4面临的问题。

## 1.2 IPv6的发展历程

### 1. IPv6的产生

IPv4的局限性使人们认识到，需要设计一个新的协议来代替目前的IPv4，并且这个协议不是仅仅加大了地址空间而已。早在20世纪90年代初期，互联网工程任务组IETF就开始着手下一代互联网协议IPng(IP next generation，下一代互联网)的制定工作。IETF在RFC1550里进行了征求新IP协议的呼吁，并公布了新协议需要实现的主要目标。

(1) 支持几乎无限大的地址空间。

(2) 减小路由表的大小，使路由器能更快地处理数据报文。

(3) 提供更好的安全性，实现IP级的安全。

(4) 支持多种服务类型，并支持组播。

(5) 支持自动地址配置，允许主机不更改地址实现异地漫游。

(6) 允许新、旧协议共存一段时间。

(7) 协议必须支持可移动主机和网络。

IETF提出了IPng的设计原则以后，出现许多针对IPng的提案，其中包括一种称为SIPP(Simple IP Plus，增强的简单互联网协议)的提案。SIPP去掉了IPv4报头的一些字段，使报头变小，并且采用64位地址。与IPv4将选项作为IP头的基本组成部分不同，SIPP把IP选项与报头进行了隔离，选项被放在报头后的数据报文中，且处于传输层协议头之前。使用这种方法后，路由器只有在必要的时候才会对选项头进行处理，这样就提高了对所有数据进行处理的能力。另两个被详细研究的提案如下。

(1) 互联网公共结构(CATNIP)提议用网络业务接入点(NSAP)地址融合CLNP协议、IP协议和IPX协议(在RFC1707中定义)。

(2) CLNP编址网络上的TCP/UDP(TUBA)建议用无连接的网络协议(CLNP)代替IP(第3层)，TCP/UDP和其他上层协议运行在CLNP之上(在RFC1347中定义)。

1994年7月，IETF决定以SIPP作为IPng的基础，同时把地址数由64位增加到128位。新的IP协议称为IPv6(Internet Protocol version 6，互联网协议版本6)。有关这个讨论过程可以参考RFC1752。IPv6协议的正式定义是在1994年的RFC1883中，后来被1998年的RFC2460代替了。目前，关于IPv6协议的正式定义已经更新到RFC8200。

制定IPv6的专家们总结了早期制定IPv4的经验，以及互联网的发展和市场需求，认为下一代互联网协议应侧重于网络的容量和网络的性能，不应该仅仅以增加地址空间为唯一目标。IPv6继承了IPv4的优点，摒弃了IPv4的缺点。IPv6与IPv4是不兼容的，但IPv6同其他所有的TCP/IP协议族中的协议兼容，即IPv6完全可以取代IPv4。

### 2. IPv6发展过程中的重大事件

IPv6发展过程中的重大事件如下。

(1) 1993年，IETF成立了IPng工作组。

(2) 1994年，IPng工作组提出下一代IP网络协议(IPv6)的推荐版本。

(3) 1995 年,IPng 工作组完成 IPv6 的协议文本。

(4) 1996 年,IETF 发起成立全球 IPv6 实验床——6BONE。

(5) 1998 年,启动面向实用的 IPv6 教育科研网——6REN。

(6) 1999 年,完成 IETF 要求的协议审定和测试。

(7) 1999 年,成立了 IPv6 论坛,开始正式分配 IPv6 地址,IPv6 的协议成为标准草案。

(8) 2001 年,多数主机操作系统支持 IPv6,包括 Windows XP、Linux、Solaris 等。

(9) 2003 年,各主流厂家基本已推出 IPv6 网络产品。

**3. IPv6 在中国的发展历程**

我们国家积极参与 IPv6 研究与实验,CERNET(China Education and Research Network,中国教育和科研计算机网)于 1998 年 6 月加入 6BONE,2003 年启动国家下一代网络示范工程——CNGI。国内网络通信设备商也积极研究 IPv6 相关技术,H3C 等企业已经推出支持 IPv6 的产品。

从 2006 年开始,IPv6 在各厂商设备上已经成熟商用。但是,接下来的 10 年,是中国国内 IPv6 商用化发展缓慢的 10 年,并没有出现如火如荼的大规模代替 IPv4 的情况。截至 2017 年 12 月,中国 IPv6 用户数仅排在世界的第 14 位,大约为 285 万;中国 IPv6 用户普及率排在第 67 位,仅为 0.39%。[①]

为了促进 IPv6 在中国的发展,中国政府自 2016 年开始做了大量的指导工作。

(1) 2016 年,中共中央发布《国民经济和社会发展第十三个五年规划纲要》(2016—2020 年),超前布局下一代互联网,全面向互联网协议第 6 版(IPv6)演进升级。

(2) 2017 年 11 月,中共中央办公厅、国务院办公厅印发《推进互联网协议第六版(IPv6)规模部署行动计划》。

(3) 2018 年 3 月,国资委发布关于做好互联网协议第六版(IPv6)部署应用有关工作的通知。

(4) 2018 年 5 月,工业和信息化部发布关于贯彻落实《推进互联网协议第六版(IPv6)规模部署行动计划》的通知。

而在《推进互联网协议第六版(IPv6)规模部署行动计划》中,明确给出了目标是用 5 到 10 年时间,形成下一代互联网自主技术体系和产业生态,建成全球最大规模的 IPv6 商业应用网络。具体要求如下。

(1) 到 2018 年年末,市场驱动的良性发展环境基本形成,IPv6 活跃用户数达到 2 亿,在互联网用户中的占比不低于 20%。

(2) 到 2020 年年末,市场驱动的良性发展环境日臻完善,IPv6 活跃用户数超过 5 亿,在互联网用户中的占比超过 50%,新增网络地址不再使用私有 IPv4 地址。

(3) 到 2025 年年末,我国 IPv6 网络规模、用户规模、流量规模位居世界第一位,网络、应用、终端全面支持 IPv6。

## 1.3 IPv6 的新特性

前面讨论了 IPv4 所面临的种种局限性以及 IPv6 的发展历程。那么为什么选择 IPv6 作为 IPv4 的替代协议呢?它解决了前面提到的 IPv4 中的局限性了吗?它有什么特性呢?

---

① 数据来源:https://labs.apnic.net/dists/v6dcc.html,2022-1-10.

**1. 巨大的地址空间**

IPv6 地址的位数增长了 4 倍,达到 128 比特,因此,IPv6 地址空间巨大。IPv4 中,理论上可编址的节点数是 $2^{32}$,也就是 4 294 967 296,按照目前的全世界人口数,大约每 3 个人有 2 个 IPv4 地址。而 IPv6 的 128 比特长度的地址意味着 $3.4\times10^{38}$ 个地址,世界上的每个人都可以拥有 $5.7\times10^{28}$ 个 IPv6 地址。夸张的说法是:可以做到地球上的每一粒沙子都有一个 IP 地址。实际上根据特定的地址方案,实际的可用地址没有如此众多,但 IPv6 地址空间依然大得惊人。

地址空间增大的另一个好处是避免了使用 NAT 协议带来的问题。NAT 机制的引入是为了在不同的网络区段之间共享和重新使用相同的地址空间。这种机制在暂时缓解了 IPv4 地址紧缺问题的同时,却为网络设备与应用程序增加了处理地址转换的负担。由于 IPv6 的地址空间大大增加,也就无须再进行地址转换,NAT 部署带来的问题与系统开销也随之解决。

因为移动手机之间以及与其他网络设备之间的通信绝大部分都要求是对等的,因此需要有全球地址而不是内部地址。去掉 NAT 将使通信真正实现全球可达和任意点到任意点的连接,这有益于未来蜂窝网络和互联网之间的互通,对这些网络的持续成功发展也是至关重要的。IPv6 给许多端到端的应用及设备提供了广大的发展空间和前景,如语音、视频、蜂窝电话等。

**2. 数据报文处理效率提高**

IPv6 使用了新的协议头格式,尽管 IPv6 的数据报头更大,但是其格式比 IPv4 报头的格式更为简单。IPv6 报头包括基本头部和扩展头部,IPv6 基本报头长度固定,去掉了 IPv4 的报头长度(Internet Header Length,IHL)、标识符(Identification)、特征位(Flag)、片段偏移(Fragment Offset)、报头校验(Header Checksum)与填充(Padding)等诸多字段,一些可选择的字段被移到了 IPv6 协议头之后的扩展协议头中。这样,一方面加快了基本 IPv6 报头的处理速度;另一方面使得网络中的中间路由器在处理 IPv6 协议头时,无须处理不必要的信息,极大地提高了路由效率。此外,IPv6 报头内的所有字段均为 64 位对齐,充分利用了当前新一代的 64 位处理器。

**3. 良好的扩展性**

因为 IPv6 基本报头之后添加了扩展报头,IPv6 可以很方便地实现功能扩展。IPv4 报头中的选项最多可以支持 40 个字节的选项,而 IPv6 扩展报头的长度只受到 IPv6 数据报文的长度制约。

**4. 路由选择效率提高**

考虑到 IPv4 全球单播地址扁平结构给路由器带来的路由表容量压力问题,IPv6 充足的选址空间与网络前缀使大量的连续的地址块可以用来分配给因特网服务提供商(ISP)和其他组织。这使 ISP 或企业组织能够将其所有客户(或内部用户)的网络前缀并入一个单独的前缀,并将此前缀通告到 IPv6 互联网。在 IPv6 地址空间内,多层地址划分体系的实施提高了路由选择的效率与可扩展性,缩小了 Internet 路由器必须储存与维护的选路表的大小。

**5. 支持自动配置与即插即用**

随着技术的进一步发展,Internet 上的节点不再单纯是计算机了,还将包括 PDA、移动电话、各种各样的终端,甚至包括冰箱、电视等家用电器,这些设备都需要自动分配 IP 地址。为了适应移动服务的发展,即插即用和地址重新编址的需求已经变得日益重要。

在 IPv6 中,主机支持 IPv6 地址的无状态自动配置。这种自动配置机制是 IPv6 内置的基本功能,IPv6 节点可以根据本地链路上相邻的 IPv6 路由器发布的网络信息,自动配置 IPv6

地址和默认路由。这种即插即用式的地址自动配置方式不需要人工干预,不需要架设 DHCP 服务器,简单易行,使得 IPv6 节点的迁移及 IPv6 地址的增加和更改更加容易,并且显著降低了网络维护成本,非常适合大量的终端诸如移动电话、无线设备与家用电器等连接 Internet。

无状态地址自动配置功能还使对现有网络的重新编址变得更加简单便捷。这使网络运营商能够更加方便地实施从一个地址前缀(网络号)到另一个地址前缀的转换。

**6. 更好的服务质量**

IPv6 设计的一个目的就是为那些对传输时延和抖动有严格要求的实时网络业务(如 VoIP、电视会议等)提供良好的服务质量保证。IPv6 报头相对简化,报头长度固定,这些改进有利于提高网络设备的处理效率。

IPv6 报头使用流量类型(Traffic Class)字段代替了 IPv4 的 ToS 字段,传输路径上的各个节点可以利用这个字段来区分和识别 IPv6 数据流的类型和优先级。同时,与 IPv4 相比,IPv6 在报头中增加了一个流标签(Flow Label)的字段。20 比特的流标签字段使得网络中的路由器不需读取数据报文的内层信息,就可以对不同流的数据报文进行区分和识别。即使报文内的有效载荷已经加密,通过流标签,IPv6 仍然可以实现对 QoS 的支持。

IPv6 还通过另外几种方法来改善服务质量,主要包括提供永远连接、防止服务中断以及提高网络性能。

**7. 内置的安全机制**

IPv4 通过叠加 IPSec 等安全协议的解决方案来实现安全,而 IPv6 将 IPSec 协议作为自身的完整组成部分,从而使其具有了内在的安全机制。

IPv6 协议采用安全扩展报头(IPSec 协议定义的 AH 报头和 ESP 报头),支持 IPv6 协议的节点就可以自动支持 IPSec,使加密、验证和虚拟专用网络(VPN)的实施变得更加容易。这种嵌入式安全性配合 IPv6 的全球唯一地址,使 IPv6 能够提供端到端安全服务,如访问控制、机密性与数据完整性等,做到"永远在线",同时也降低了对网络性能的影响。特别是在移动接入或 VPN 接入中,这种"永远在线"的服务在 IPv4 中是无法实现的。

**8. 全新的邻居发现协议**

IPv6 中的 ND(Neighbor Discovery,邻居发现)协议包含了一系列机制,用来管理相邻节点的交互。ND 协议使用全新的报文结构及报文交互流程,实现并优化了 IPv4 中的地址解析、ICMP 路由器发现、ICMP 重定向等功能,同时还提供了无状态地址自动配置功能。

ND 协议是 IPv6 的一个关键协议,也是 IPv6 和 IPv4 的一个很大的不同点,同时也是 IPv6 的一个难点。在后续的章节中会对该协议的不同功能进行详细讲解。

**9. 增强对移动 IP 的支持**

在 IETF 定义的移动 IP(Mobile IP)中,移动设备不必脱离其现有连接即可自由移动,这是一种日益重要的网络功能。与 IPv4 中的移动 IP 不同的是,由于 IPv6 采用了一些扩展报头,如路由扩展报头和目的地址扩展报头,使得 IPv6 具有了内置的移动性。另外,移动 IPv6 对 IPv4 中的移动 IP 进行了一些增强,使在 IPv6 中的移动 IPv6 的效率大为提高。

此外,IPv6 还具有其他很多优点,如使用组播地址代替广播地址、端点分片等。

## 1.4 本章总结

本章学习了 IPv4 目前面临的一些问题,IPv6 的发展历程,IPv6 的一些新特性等相关知识。

从上面的学习中,可以了解到 IPv6 和 IPv4 有以下一些最根本的区别。

**1. 地址空间的扩展**

IPv6 地址变成了 128 位,与 IPv4 的 32 位相比,地址空间得到了极大的扩展,满足了未来 Internet 发展要求。

**2. 报头格式的改变**

IPv6 采用了新的报头,和 IPv4 不兼容。它将一些可选字段移到了基本报头之后的扩展报头中。这种设计会提高网络中路由器的处理效率。

**3. 更好地支持 QoS**

IPv6 报头中除了数据流类别(Traffic Class)外,还新增加了流标签(Flow Label)字段,用于识别数据流,以更好地支持服务质量。

**4. 扩展性的增强**

由于在 IPv6 报头之后添加了新的扩展报头,使其能够很方便地实现功能扩展。IPv4 报头中的选项最多可以支持 40 个字节的选项,而 IPv6 扩展报头的长度只受到 IPv6 数据报文的长度限制。

**5. 内置的安全功能**

IPv6 提供了两种扩展报头,使得其天然支持 IPSec,为网络安全提供了一种标准的解决方案。

**6. 移动性**

由于采用了路由扩展报头和目的地址扩展报头,使得 IPv6 提供了内置的移动性。

第2章

# IPv6地址与报文

本章首先介绍了IPv6地址的表示方法、IPv6地址分类及结构，然后介绍了IPv6基本报头结构、IPv6扩展报头结构和用法，最后介绍了IPv6的一个基本协议——ICMPv6及其相关应用。

通过本章的学习，应该掌握以下内容。

(1) IPv6地址分类及结构。

(2) IPv6基本报头结构。

(3) IPv6扩展报头结构及应用。

(4) ICMPv6信息类型及报文结构。

(5) ICMPv6的几个应用。

## 2.1 IPv6地址表示

### 2.1.1 IPv6地址格式

根据RFC 4291(IPv6地址体系结构)的定义，IPv6地址有3种格式：首选格式、压缩表示和内嵌IPv4地址的IPv6地址表示。

**1. 首选格式**

IPv6的128位地址被分成8段，每16位为一段，每段被转换为一个4位十六进制数，并用冒号隔开，这种表示方法叫"冒号十六进制表示法"，格式如下。

```
x:x:x:x:x:x:x:x                    (x表示一个4位十六进制数)
```

下面是一个二进制的128位IPv6地址。

```
0010000000000001000001000001000000000000000000000000000000000001
0000000000000000000000000000000000000000000000000100010111111111
```

将其划分为8段，每16位一段。

```
0010000000000001   0000010000010000   0000000000000000   0000000000000001
0000000000000000   0000000000000000   0000000000000000   0100010111111111
```

将每段转换为十六进制数，并用冒号隔开，就形成如下的IPv6地址。

```
2001:0410:0000:0001:0000:0000:0000:45FF
```

另外两个典型的例子如下。

```
ABCD:EF01:2345:6789:ABCD:EF01:2345:6789
```

```
2001:0DB8:0000:0000:0008:0800:200C:417A
```

IPv6 地址每段中的前导 0 是可以去掉的，但是至少要保证每段有一个数字。将不必要的前导 0 去掉后，上述地址可以表示为。

```
2001:410:0:1:0:0:0:45FF
2001:DB8:0:0:8:800:200C:417A
```

**2. 压缩表示**

当一个或多个连续的段内各位全为 0 时，为了缩短地址长度，用"::"（双冒号）表示，但一个 IPv6 地址中只允许用一次。例如下列地址。

```
2001:DB8:0:0:8:800:200C:417A        一个单播地址
FF01:0:0:0:0:0:0:101                一个组播地址
0:0:0:0:0:0:0:1                     环回地址
0:0:0:0:0:0:0:0                     未指定地址
```

可以压缩表示为。

```
2001:DB8::8:800:200C:417A           一个单播地址
FF01::101                           一个组播地址
::1                                 环回地址
::                                  未指定地址
```

根据这个规则，下列地址应用了多个"::"，是非法的。

```
::AAAA::1
3FFE::1010:2A2A::1
```

使用压缩表示时，不能将一个段内的有效的 0 也压缩掉。例如，不能把 FF02:30:0:0:0:0:5 压缩表示成 FF02:3::5，而应该表示为 FF02:30::5。

**3. 内嵌 IPv4 地址的 IPv6 地址表示**

这其实是过渡机制中使用的一种特殊表示方法。关于过渡机制在本书后文中有讲述。

在这种表示方法中，IPv6 地址的第一部分使用十六进制表示，而 IPv4 地址部分是十进制格式。

```
x:x:x:x:x:x:d.d.d.d                 d 表示 IPv4 地址中的一个十进制数
```

有两种内嵌 IPv4 地址的 IPv6 地址。

(1) IPv4 兼容 IPv6 地址（IPv4-Compatible IPv6 Address）：0:0:0:0:0:0:192.168.1.2 或者::192.168.1.2。

(2) IPv4 映射 IPv6 地址（IPv4-Mapped IPv6 Address）：0:0:0:0:0:FFFF:192.168.1.2 或者::FFFF:192.168.1.2。

## 2.1.2 IPv6 前缀

地址前缀（Format Prefix，FP）类似于 IPv4 中的网络 ID。在一般情况下，地址前缀用来作为路由或子网的标识；但有时仅仅是固定的值，表示地址类型。例如地址前缀"FE80::"表示此地址是一个链路本地地址（Link-local Address）。其表示方法与 IPv4 中的 CIDR 表示方法一样，用"地址/前缀长度"来表示。

举一个前缀表示的示例如下。

```
12AB:0:0:CD30::/60
```

### 2.1.3 URL 中的 IPv6 地址表示

在 IPv4 中，对于一个 URL 地址，当需要通过直接使用“IP 地址＋端口号”的方式来访问时，可以如下表示。

```
http://www.h3c.com.cn/cn/index.jsp
http://51.151.16.235:8080/cn/index.jsp
```

但是如果 IPv6 地址中含有“:”，为了避免歧义，在 URL 地址含有 IPv6 地址时，用“[ ]”将 IPv6 地址包含起来，如下。

```
http://[2000:1::ABCD:EF]:8080/cn/index.jsp
```

### 2.1.4 IPv6 地址推荐表示方式

在 RFC 4291 中，没有规定 IPv6 地址的默认表示方式，所以会导致同样一个地址，有不同的合法表示方式，如下面的地址，根据前导 0 是否去掉以及怎样去掉，而会有不同的表示方式，都代表了相同的地址。

```
2001:db8:aaaa:bbbb:cccc:dddd:eeee:0001
2001:db8:aaaa:bbbb:cccc:dddd:eeee:001
2001:db8:aaaa:bbbb:cccc:dddd:eeee:01
2001:db8:aaaa:bbbb:cccc:dddd:eeee:1
```

还有如下，如果用“::”来代表不同位数的零，一个相同地址会有不同的表达方式。

```
2001:db8:0:0:0::1
2001:db8:0:0::1
2001:db8:0::1
2001:db8::1
```

以及如下。

```
2001:db8::aaaa:0:0:1
2001:db8:0:0:aaaa::1
```

另外，在 RFC 4291 中，没有规定地址的大小写规范，所以如下相同地址也有不同的表达方式。

```
2001:db8:aaaa:bbbb:cccc:dddd:eeee:aaaa
2001:db8:aaaa:bbbb:cccc:dddd:eeee:AAAA
2001:db8:aaaa:bbbb:cccc:dddd:eeee:AaAa
```

所有这些，都会导致以下一些问题。

(1) 在电子表单(如 Excel)、文本编辑器、网络拓扑图等进行 IPv6 地址搜索时，会搜索不到相对应的地址。

(2) 在日志文件查看、审计、协议验证时，不同地址会导致失败或混乱，如一个网络设备接口的 IPv6 地址并没有根本改变，而只是表达方式改变，也会使网管软件产生大量的告警消息。

(3) 并不是所有人员都能准确理解 IPv6 地址的表达方式。例如,在进行技术支持时,比较难向非技术人员解释清楚 2001:db8:0:1::1 和 2001:db8::1:0:0:0:1 是一样的。

所以,在 RFC5952 中,规定了 IPv6 地址的推荐表示方式,有如下一些规则。

(1) 段内前导 0 必须被压缩,如 2001:0db8::0001 是不对的,必须写成 2001:db8::1。

(2) "::"所代表的 0 位数必须最大化,如 2001:db8::0:1 是不对的,必须写成 2001:db8::1。

(3) "::"不能只代表一个全 0 段,如 2001:db8:0:1:1:1:1:1 是正确的,而 2001:db8::1:1:1:1:1 是错误的。

(4) 如果一个地址中有多个连续的全 0 段,则"::"必须代表最长的那个,如 2001:0:0:1:0:0:0:1 必须表示为 2001:0:0:1::1 而不是 2001::1:0:0:0:1。

(5) 如果一个地址中多个连续全 0 段长度相同,则"::"必须代表前面的那个,如 2001:db8:0:0:1:0:0:1 必须表示为 2001:db8::1:0:0:1 而不是 2001:db8:0:0:1::1。

(6) 地址中的字母必须用小写,不能用大写表示,如 2001:db8::1,而不能是 2001:DB8::1。

建议在进行 IPv6 地址书写时,严格按照上述要求,这样才能保证相同地址的表达一致性。

## 2.2 IPv6 地址分类

IPv4 地址有单播、组播、广播等几种类型。与 IPv4 地址分类方法相类似的是,IPv6 地址也有不同的类型,包括单播(Unicast)地址、组播(Multicast)地址和任播(Anycast)地址,如图 2-1 所示。IPv6 地址中没有广播地址,IPv6 使用组播地址来完成 IPv4 广播地址的功能。

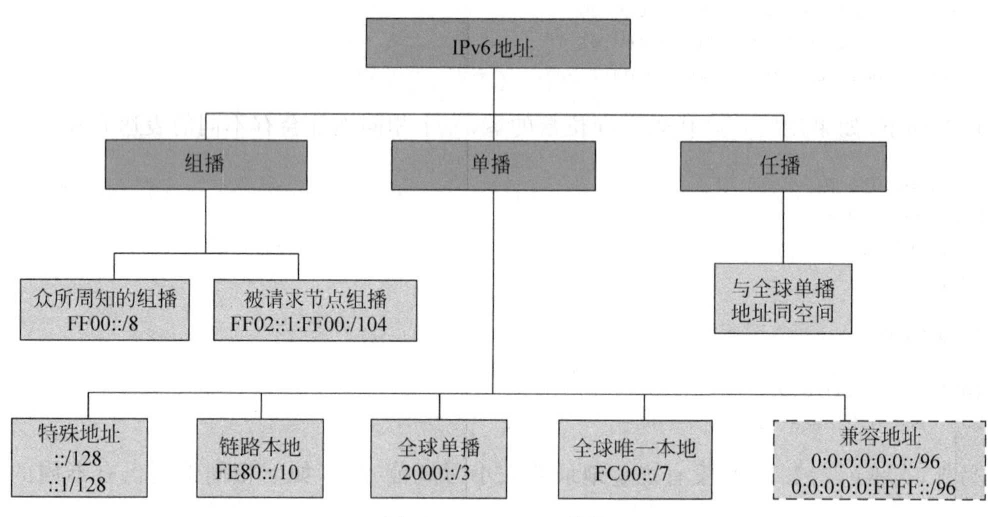


图 2-1 IPv6 地址分类

下面将介绍各种地址类型的具体内容。

### 2.2.1 单播地址

IPv6 中的单播概念和 IPv4 中的单播概念是类似的。单播地址只能分配给一个节点上的一个接口,即寻址到该单播地址的数据报文最终会被发送到一个唯一的接口。

与 IPv4 单播地址不同的是,IPv6 单播地址根据其作用范围的不同,又可分为链路本地地址(Link-local Address)、可聚合全球单播地址(Aggregatable Global Unicast Address)等。此外,属于单播地址的还有一些特殊地址、IPv4 内嵌地址等。

**1. 单播地址结构**

一个主机接口上的 128 位 IPv6 单播地址一般可以被看作一个整体来代表这台主机。而当要表示这个主机上的接口所连接的网络时,可将这个 128 位 IPv6 单播地址分成两部分来表示,如图 2-2 所示。

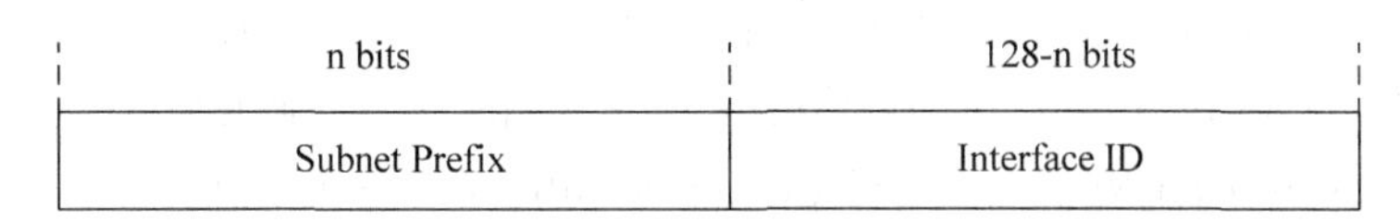


图 2-2　单播地址结构

其中各字段含义如下。

(1) Subnet Prefix: n 位子网前缀,表示接口所属的网络。

(2) Interface ID: 接口标识,用以区分连接在一条链路上的不同接口。

**2. 可聚合全球单播地址**

可聚合全球单播地址类似于 IPv4 Internet 上的 IPv4 单播地址,通俗地说就是 IPv6 公网地址。可聚合全球单播地址前缀的最高 3 位固定为 001。可聚合全球单播地址的结构如图 2-3 所示。

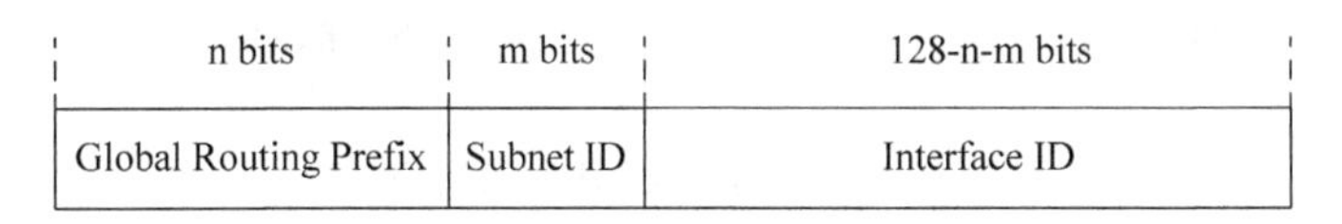


图 2-3　可聚合全球单播地址结构

其中各字段含义如下。

(1) Global Routing Prefix: 全球可路由前缀,表示了站点所得到的前缀值。全球可路由前缀由 IANA 下属的组织分配给 ISP 或其他机构,前 3 位是 001。该部分包含严格的等级结构,用以区分不同地区、不同等级的机构或 ISP,便于路由聚合。

(2) Subnet ID: 子网 ID,表示全球可路由前缀所代表的站点内的子网。

(3) Interface ID: 接口 ID,用于标识链路上不同的接口,并具有唯一性。接口 ID 可以由设备随机生成或手动配置,在以太网中还可以根据 EUI-64 格式自动生成。

根据 RFC3177(IAB/IESG Recommendations on IPv6 Address Allocations to Sites)的建议,目前每个可聚合全球单播 IPv6 地址的 3 个部分的长度都确定了,如图 2-4 所示。

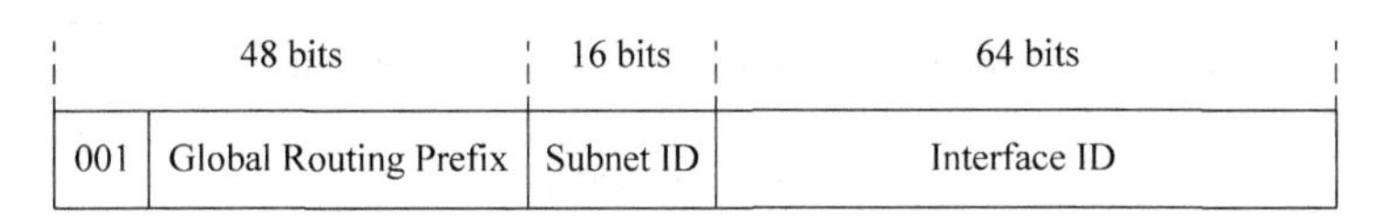


图 2-4　IPv6 站点地址结构

(1) Global Routing Prefix: 全球可路由前缀,最长 48 位。多个/48 前缀可以组合成更短的前缀,如/16。

(2) Subnet ID: 子网 ID,固定 16 位(IPv6 地址中第 49~64 位)。站点内部可以提供 65535 个子网。

(3) Interface ID: 接口 ID,固定 64 位长,以满足 EUI-64 标识的长度。

而在 RFC6177 中，不再要求子网 ID 固定为 16 位，而是 1～16 的任意位都可以。

这样，路由前缀(Routing Prefix)实际上变为了 64 位，可以更加灵活地依据实际需求而分配地址段，也可以更加灵活地进行路由前缀的聚合。

目前由 IANA(Internet Assigned Numbers Authority，互联网地址分配机构)负责进行 IPv6 地址的分配，主要由以下五个地方组织来执行。

(1) AfriNIC(African Network Information Centre)——非洲地区。

(2) APNIC(Asia Pacific Network Information Centre)——亚太地区。

(3) ARIN(American Registry for Internet Numbers)——北美地区。

(4) LACNIC(Regional Latin-American and Caribbean IP Address Registry)——拉美及加勒比群岛地区。

(5) RIPE NCC(Réseaux IP Européens)——欧洲、中东及中亚地区。

**3. 链路本地地址**

链路本地地址类型的应用范围受限，只能在连接到同一本地链路的节点之间使用。在 IPv6 邻居节点之间的通信协议中广泛使用了该地址，如邻居发现协议、动态路由协议等。

链路本地地址有固定的格式，图 2-5 显示了链路本地地址的结构。

| 10 bits | 54 bits | 64 bits |
| --- | --- | --- |
| 1111111010 | 0 | Interface ID |

图 2-5　链路本地地址的结构

从图中可以看出，链路本地地址由一个特定的前缀和接口 ID 两部分组成。它使用了特定的链路本地前缀 FE80::/64(最高 10 位值为“1111111010”)，同时将接口 ID 添加在后面作为地址的低 64 位。

当一个节点启动 IPv6 协议栈时，节点的每个接口会自动配置一个链路本地地址。这种机制使得两个连接到同一链路的 IPv6 节点不需要做任何配置就可以通信。链路本地地址使用固定的前缀 FE80::/64，接口 ID 部分使用 EUI-64 地址。

**4. 唯一本地地址**

为了避免产生像 IPv4 的私有地址泄露到公网而造成的问题，RFC4193 定义了唯一本地地址(Unique Local Address)，其结构如图 2-6 所示。

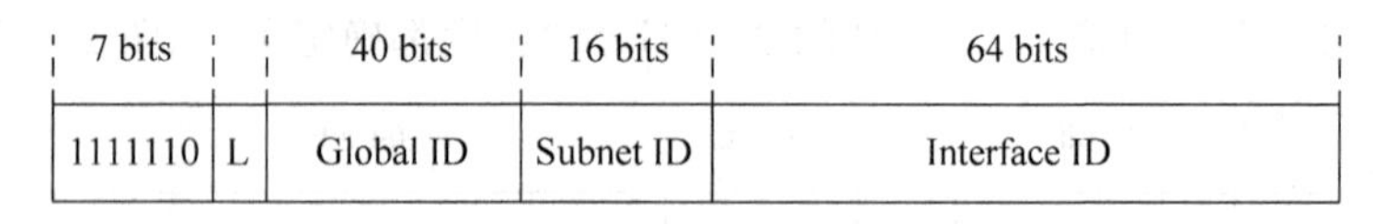


图 2-6　唯一本地地址结构

其中各字段含义如下。

(1) 固定前缀为 FC00::/7，即前七位为“1111110”。

(2) L：表示了地址的范围，如果取值为“1”表示本地范围；“0”保留。

(3) Global ID：全球唯一前缀，随机方式生成。

(4) Subnet ID：在划分子网时使用。

唯一本地地址具有以下特性。

(1) 具有全球唯一前缀(随机生成,有可能重复但概率非常低)。

(2) 可用于构建 VPN。

(3) 具有众所周知的前缀,边界路由器可以很容易对其过滤。

(4) 其地址与 ISP 分配的地址无关,任何人都可以随意使用。

(5) 一旦出现路由泄露,不会与 Internet 路由产生冲突,因为其是全球唯一的。

(6) 在应用中,上层协议将其当成全球单播地址来对待,简化上层协议。

**5. 特殊地址**

特殊地址主要有两类:未指定地址和环回地址。

(1) 未指定地址(Unspecified Address):全“0”(0:0:0:0:0:0:0:0 或::)代表了 IPv6 的未指定地址。同 IPv4 中未指定地址(0.0.0.0)一样,表示某一个地址不可用,特别是在报文中的源地址未指定时使用,如在邻居发现协议的重复地址检测中,为检测某个 IPv6 地址是否可用在本地的接口上,节点以未指定地址作为源地址向外发数据报文进行探测。未指定地址不能用于目的地址。

(2) 环回地址(Loopback Address):表示为 0:0:0:0:0:0:0:1 或::1,与 IPv4 中的 127.0.0.1 功能相同,只在节点内部有效。当路由器收到目的地址是其环回地址的报文时,不能再向任何链路上转发。

**6. 兼容地址**

除了以上介绍的几种单播地址外,在 IPv6 标准中还规定了以下几类兼容 IPv4 标准的单播地址类型,主要用于 IPv4 向 IPv6 的迁移过渡期。一般有 IPv4 兼容地址、IPv4 映射地址、6to4 地址、6over4 地址、ISATAP 地址等几类。

(1) IPv4 兼容地址(IPv4-Compatible IPv6 Address):可表示为::w.x.y.z(w.x.y.z 是以点分十进制表示的 IPv4 地址),用于具有 IPv4 和 IPv6 两种协议的节点使用 IPv6 进行通信。

(2) IPv4 映射地址(IPv4-Mapped IPv6 Address):是另一种内嵌 IPv4 地址的 IPv6 地址,可表示为::FFFF:w.x.y.z。这种地址被 IPv6 网络中的节点用来标识 IPv4 网络中的节点。

(3) 6to4 地址:用于具有 IPv4 和 IPv6 两种协议的节点在 IPv4 路由架构中进行通信。6to4 是通过 IPv4 路由方式在主机和路由器之间传递 IPv6 报文的动态隧道技术。

(4) 6over4 地址:用于 6over4 隧道技术的地址,可表示为[64-bit Prefix]:0:0:wwxx:yyzz,wwxx:yyzz 是十进制 IPv4 地址 w.x.y.z 的 IPv6 格式。

(5) ISATAP 地址:用于 ISATAP(Intra-Site Automatic Tunnel Addressing Protocol)隧道技术的地址,可表示为[64-bit Prefix]:0:5EFE:w.x.y.z,其中 w.x.y.z 是十进制 IPv4 地址。

另外,在 RFC6052 中,定义了内嵌 IPv4 的 IPv6 地址(IPv4-Embedded IPv6 Address),其格式如图 2-7 所示。

在这个地址格式中,前缀有两种,一种为众所周知前缀(Well-known Prefix),其长度为固定的 96 位,格式为 64:FF9b::/96;另一种为网络限定前缀(Network-specific Prefix),前缀长度为 32、40、48、56、64 或 96 位。

其中地址格式中的 64 到 71 位为“u”字段,其值必须为 0。

后缀(Suffix)是保留下来扩展用,目前其值也为 0。

**7. IEEE EUI-64 接口 ID**

EUI-64 接口 ID 是 IEEE 定义的一种 64 位的扩展唯一标识符,如图 2-8 所示。

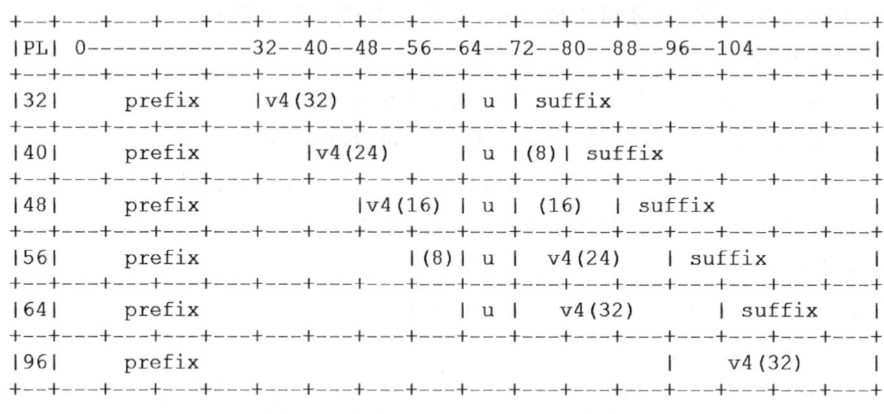


图 2-7 内嵌 IPv4 的 IPv6 地址格式

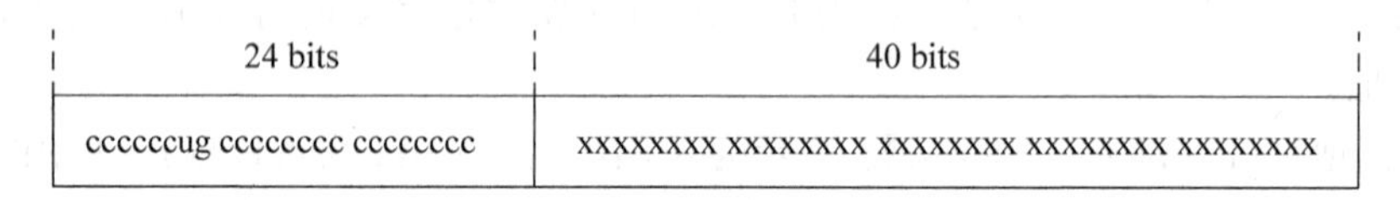


图 2-8 EUI-64 格式

EUI-64 和接口链路层地址有关。在以太网上,IPv6 地址的接口 ID 由 MAC 地址映射转换而来。IPv6 地址中的接口 ID 是 64 位,而 MAC 地址是 48 位,EUI-64 定义在 MAC 地址的中间位置插入十六进制数 FFFE(二进制为 11111111 11111110)。为了确保这个从 MAC 地址得到的接口标识符是唯一的,还要将 U/L 位(从高位开始的第 7 位)设置为“1”。最后得到的这组数就作为 EUI-64 格式的接口 ID,如图 2-9 所示。

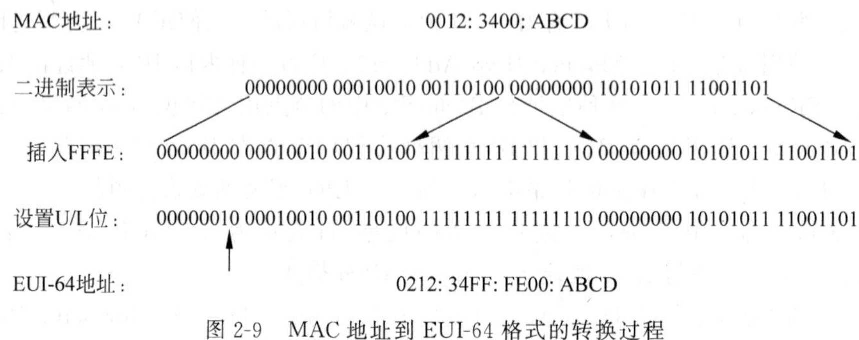


图 2-9 MAC 地址到 EUI-64 格式的转换过程

通过链路层地址(在以太网中就是 MAC 地址)而生成接口 ID,这就保证了接口 ID 的唯一性,也保证了本地链路地址的唯一性。

## 2.2.2 组播地址

### 1. 组播地址基本结构

所谓组播,是指一个源节点发送的单个数据报文能被特定的多个目的节点接收到。路由器转发组播数据是根据组播路由协议学习到的拓扑结构进行的,适合于 One-to-Many(一对多)的通信场合。

在 IPv4 中,组播地址的最高 4 位为“1110”。在 IPv6 网络中,组播地址也由特定的前缀 FF::/8 来标识,其最高位前 8 位为“11111111”。图 2-10 显示了 RFC4291 中所定义的组播地

图 2-10 组播地址结构

址结构。

其中各字段含义如下。

(1) Flgs(标志)字段有 4 位,第一位必须置 0,后三位分别是 R、P、T,具体含义如下。

① R:值为 1 表示这个地址为内嵌 RP 的组播地址,值为 0 表示这个地址为一个基于前缀的单播地址(Unicast-Prefix-based Address)。

② P:值为 1 表示这个组播地址是由网络前缀而生成的(根据一定的计算方式,从网络前缀中推算出组播地址,常见于 RP 的生成);值为 0 表示这个组播地址是普通的组播地址。

③ T:当该字段值为 0 时,表示当前的组播地址是由 IANA 所分配的一个永久分配地址;当该字段值为 1 时,表示当前的组播地址是一个临时组播地址(非永久分配地址)。

(2) Scop(范围)该字段占有 4 位,用来限制组播数据流在网络中发送的范围。RFC4291 对该字段的定义如下。

① 0:预留。

② 1:节点本地范围。

③ 2:链路本地范围。

④ 4:管理本地范围。

⑤ 5:站点本地范围。

⑥ 8:组织本地范围。

⑦ E:全球范围。

⑧ F:预留。

其他的值没有定义。

从这里可以推断出 FF02::2 是一个链路本地范围的组播地址,而 FF05::2 是一个站点本地范围的组播地址。

(3) Group ID(组 ID)字段长度为 112 位,用以标识组播组,最多可以表示 $2^{112}$ 个组播组。但在各个 RFC(如 RFC3306、RFC3956、RFC7371)中,都只是把最后的 32 位定义为组播组 ID。

由于在 IPv6 中,组播 MAC 地址为 33:33:xx:xx:xx:xx,有 32 位可以用于组 ID,因此 IPv6 中每个组 ID 都映射到一个唯一的以太网组播 MAC 地址。

**2. 被请求节点组播地址**

在 IPv6 组播地址中,有一种特别的组播地址,称为被请求节点组播地址(Solicited-node Address)。被请求节点组播地址是一种具有特殊用途的地址,主要用于重复地址检测和获取邻居节点的链路层地址时,代替 IPv4 中使用的广播地址。

被请求节点组播地址由前缀 FF02::1:FF00::/104 和单播地址的最后 24 位组成,如图 2-11 所示。对于节点或路由器的接口上配置的每个单播和任播地址,都自动启用一个对应的被请求节点组播地址。被请求节点组播地址使用范围为链路本地。

**3. 众所周知的组播地址**

类似于 IPv4,IPv6 同样有一些众所周知的组播地址,这些地址具有特别的含义,这里举几

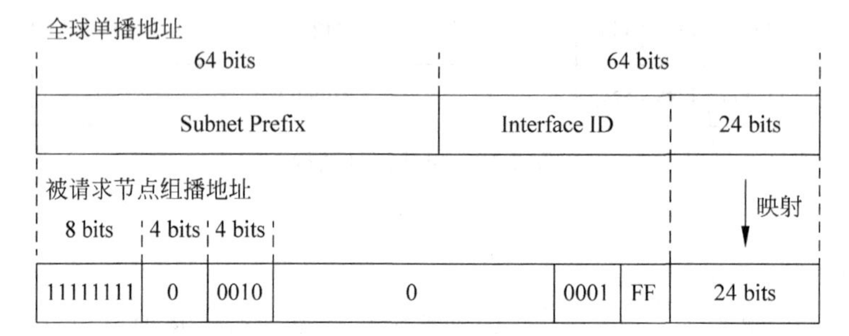


图 2-11 被请求节点组播地址

个例子(还有很多类似的特殊地址),如表 2-1 所示。

表 2-1 众所周知的组播地址

| 组播地址 | 范围 | 含 义 | 描 述 |
|---|---|---|---|
| FF01::1 | 节点 | 所有节点 | 在本地接口范围的所有节点 |
| FF01::2 | 节点 | 所有路由器 | 在本地接口范围的所有路由器 |
| FF02::1 | 链路本地 | 所有节点 | 在本地链路范围的所有节点 |
| FF02::2 | 链路本地 | 所有路由器 | 在本地链路范围的所有路由器 |
| FF02::5 | 链路本地 | OSPF 路由器 | 所有 OSPF 路由器组播地址 |
| FF02::6 | 链路本地 | OSPF DR 路由器 | 所有 OSPF 的 DR 路由器组播地址 |
| FF02::9 | 本地链路 | RIP 路由器 | 所有 RIP 路由器组播地址 |
| FF02::13 | 本地链路 | PIM 路由器 | 所有 PIM 路由器组播地址 |
| FF05::2 | 站点 | 所有路由器 | 在一个站点范围内的所有路由器 |

## 2.2.3 任播地址

传播地址是 IPv6 特有的地址类型,它用来标识一组网络接口(通常属于不同的节点)。但是与组播地址不同,路由器会将目标地址为任播地址的数据报文,发送给距本路由器最近的一个网络接口。任播适合于“One-to-One-of-Many”(一对组中的一个)的通信场合,接收方只要是一组接口中的任意一个即可。例如移动用户上网时就可以根据地理位置的不同,接入距用户最近的一个接收站,这样可以使移动用户在地理位置上不受太多的限制。

任播地址从单播地址空间中进行分配,使用单播地址的格式。仅通过地址本身,节点是无法区分任播地址与单播地址的。所以,节点必须使用明确的配置而指明它是一个任播地址。目前,任播地址仅被用作目标地址,且仅分配给路由器。

在 RFC4291 中定义了一种“子网—路由器”任播地址(Subnet-Router Anycast Address),其格式如图 2-12 所示。

| n bits | 128-n bits |
|---|---|
| Subnet Prefix | 0 |

图 2-12 “子网—路由器”任播地址

其中字段含义如下。

Subnet Prefix 为其对应的单播地址的网络前缀,用以区分或代表某一链路。

在“子网—路由器”任播地址格式中，地址的接口 ID 值置为零。

这个地址主要用于当一个主机想与某一链路上的任一路由器通信时使用。在应用时，需要链路上的所有路由器都能支持“子网—路由器”任播地址，目标地址为“子网—路由器”任播地址的数据报文将被转发至 Sutnet Prefix 所属的子网链路上的某一个路由器处理。

## 2.2.4 接口上的 IPv6 地址

IPv6 的一个优点就是在节点的一个接口上可以配置多个 IPv6 地址，包括单播地址、组播地址等。

作为一个 IPv6 主机，其一个接口上可以具有的 IPv6 地址如表 2-2 所示。

**表 2-2 IPv6 节点所具有的地址**

| 必需的地址 | IPv6 标识 |
|---|---|
| 每个网络接口的链路本地地址 | FE80::/10 |
| 环回地址 | ::1/128 |
| 所有节点组播地址 | FF01::1,FF02::1 |
| 分配的可聚合全球单播地址 | 2000::/3 |
| 每个单播/任播地址对应的被请求节点组播地址 | FF02::1:FF00:/104 |
| 主机所属组的组播地址 | FF00::/8 |

作为一个 IPv6 路由器，接口上除需要具有一个 IPv6 主机所要具有的地址外，还需要具有表 2-3 所示的地址，以完成路由功能。

**表 2-3 IPv6 路由器接口所具有的地址**

| 必需的地址 | IPv6 标 识 |
|---|---|
| 一个主机的所有必需的 IPv6 地址 | FE80::/10,::1,FF01::1,FF02::1,2000::/3,FF02::1:FF00:/104,FF00::/8 |
| 所有路由器组播地址 | FF01::2,FF02::2,FF05::2 |
| “子网—路由器”任播地址 | Subnet-Prefix: 0:0:0:0 |
| 其他任播配置地址 | 2000::/3 |

## 2.2.5 IPv6 地址分配概况

根据 IANA 最新的信息，IPv6 地址使用情况如表 2-4 所示。

**表 2-4 IPv6 地址分配使用情况**

| IPv6 前缀 | 用 途 | 参考标准 | 备 注 |
|---|---|---|---|
| 0000::/8 | Reserved by IETF | [RFC4291] | 不包含未指定、回环、兼容地址等 |
| 0100::/8 | Reserved by IETF | [RFC4291] | |
| 0200::/7 | Reserved by IETF | [RFC4048] | RFC4548 中分配给 OSI NSAP 映射地址，但是在 RFC4048 中废止并收回 |
| 0400::/6 | Reserved by IETF | [RFC4291] | |
| 0800::/5 | Reserved by IETF | [RFC4291] | |
| 1000::/4 | Reserved by IETF | [RFC4291] | |

续表

| IPv6 前缀 | 用　途 | 参考标准 | 备　注 |
|---|---|---|---|
| 2000::/3 | Global Unicast | [RFC4291] | 除了 FF00::/8 开头的地址,其他地址都是全球单播地址。只是目前 IANA 只限制使用此段 |
| 4000::/3～C000::/3 | Reserved by IETF | [RFC4291] | |
| E000::/4 | Reserved by IETF | [RFC4291] | |
| F000::/5 | Reserved by IETF | [RFC4291] | |
| F800::/6 | Reserved by IETF | [RFC4291] | |
| FC00::/7 | UniqueLocal Unicast | [RFC4291] | |
| FE00::/9 | Reserved by IETF | [RFC4291] | |
| FE80::/10 | LinkLocal Unicast | [RFC4291] | 协议保留使用 |
| FEC0::/10 | Reserved by IETF | [RFC3879] | 被 RFC3879 废止并收回 |
| FF00::/8 | Multicast | [RFC4291] | |

## 2.3 IPv6 报文

本节首先介绍 IPv6 网络中的一些基本术语,然后介绍 IPv6 网络中数据转发的基本过程,最后详细分析 IPv6 数据报文格式,包括固定头部和扩展头部的格式。本节是掌握 IPv6 知识的重要基础,也是全书的一个重点。

### 2.3.1 IPv6 基本术语

为了更好地理解后续章节中的内容,在此先介绍 IPv6 网络的相关基本概念。有些概念和 IPv4 中的概念容易混淆,请注意辨别。

图 2-13 描述了一个 IPv6 网络的构成。

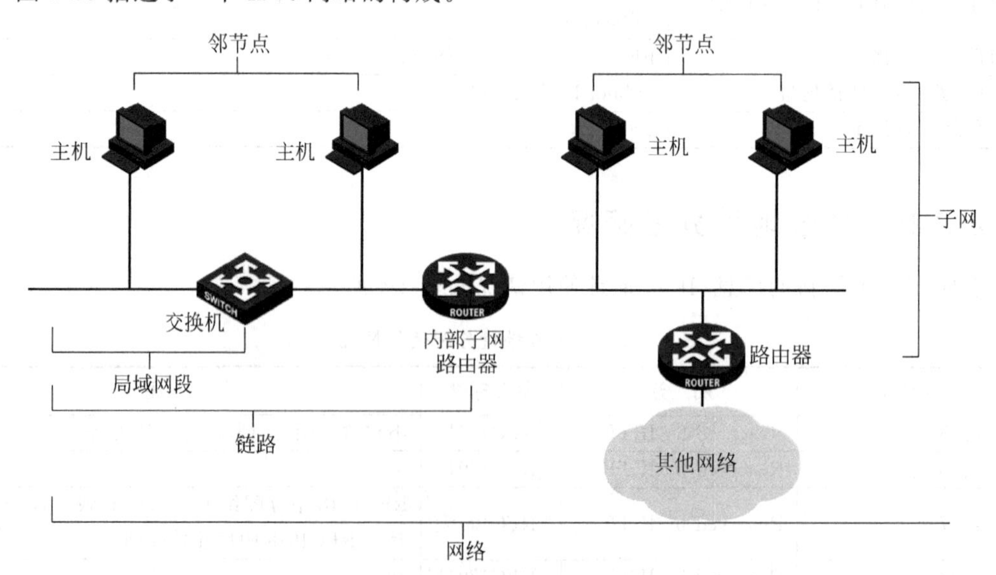


图 2-13　一个 IPv6 网络的构成

IPv6 网络相关的基本术语、概念解释如下。

(1) 节点(Node):任何运行 IPv6 的设备,包括路由器和主机(甚至还将包括 PDA、冰箱、电视等)。

(2) 路由器(Router): 一种连接多个网络的网络设备,它能将不同网络之间的数据信息进行转发。在 IPv6 网络中,路由器是一个非常重要的角色,它通常会通告自己的信息,如前缀等。

(3) 主机(Host): 只能接收数据信息,而不能转发数据信息的节点。为了理解得方便,可以借用 IPv4 中主机的概念,当然,IPv6 中的主机不仅包括计算机,甚至包括冰箱、电视机、汽车等,只要它运行 IPv6 协议。

(4) 上层协议:"紧挨着"IPv6 之上的一层协议,将 IPv6 用作运输工具。主要包括 Internet 层的协议(如 ICMPv6)和传输层的协议(如 TCP 和 UDP),但不包括应用层协议,例如把 TCP 和 UDP 协议用作其运输工具的 FTP、DNS 等。

(5) 局域网段: 是 IPv6 链路的一部分,由单一介质组成,以二层交换设备为边界。

(6) 链路(Link): 以路由器为边界的一个或多个局域网段。

(7) 子网(Subnet): 使用相同的 64 位 IPv6 地址前缀的一个或多个链路。一个子网可以被内部子网路由器分为几个部分。

(8) 网络: 由路由器连接起来的两个或多个子网,也可以称作站点(Site)。

(9) 邻节点(Neighbor-Node): 连接到同一链路上的节点。这是一个非常重要的概念,因为 IPv6 的邻节点发现机制具有解析邻节点链路层地址的功能,并可以检测和监视邻节点是否可以到达(关于邻节点发现机制,后续章节将有详细描述)。

(10) 地址: IPv6 地址,类似于 IPv4 中的地址,长度为 128 位。

(11) 链路 MTU: 可以在一个链路上发送的最大传输单元(Maximum Transmission Unit,MTU)。对于一个采用多种链路层技术的链路来说,链路 MTU 是这个链路上存在的所有链路层技术中最小的链路 MTU。

(12) 路径 MTU(Path MTU,PMTU): 在 IPv6 网络中,从源节点到目标节点的一条路径上,在主机不实行数据分段的情况下可以发送的最大长度的 IPv6 数据报文。PMTU 是这条路径上所有链路的最小链路 MTU。

## 2.3.2 IPv6 报文结构

IPv6 网络模型和 IPv4 网络模型是一致的,主要包括两个角色: 主机和路由器。IPv6 数据报文在网络中传输的过程和 IPv4 数据报文也相同,路由器根据报头中的信息将数据报文从发送方一跳一跳地转发到接收方。图 2-14 表示了 IP 数据在网络中的转发过程。

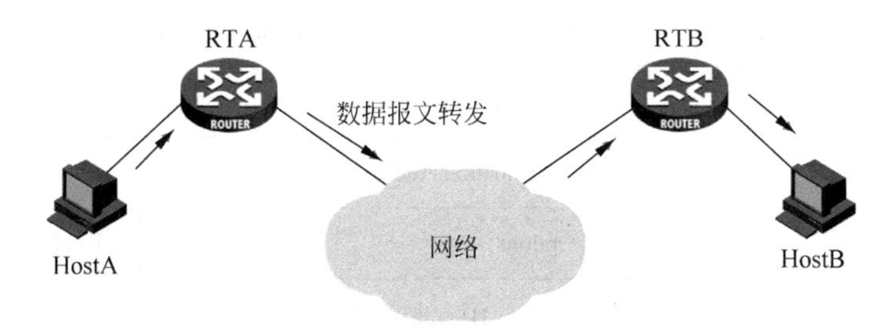


图 2-14 数据转发过程

IP 数据报文有两个基本组成部分: IP 报头和有效载荷。IP 报头包含很多字段,这些字段标识了发送方、接收方和传输协议,并定义许多其他的参数。路由器根据这些信息转发数据报文到最终目的地。IP 报头中的有效载荷就是发送方给接收方的信息(数据)。

IPv6 数据报文由一个 IPv6 报头、多个扩展报头和一个上层协议数据单元组成,结构如图 2-15 所示。

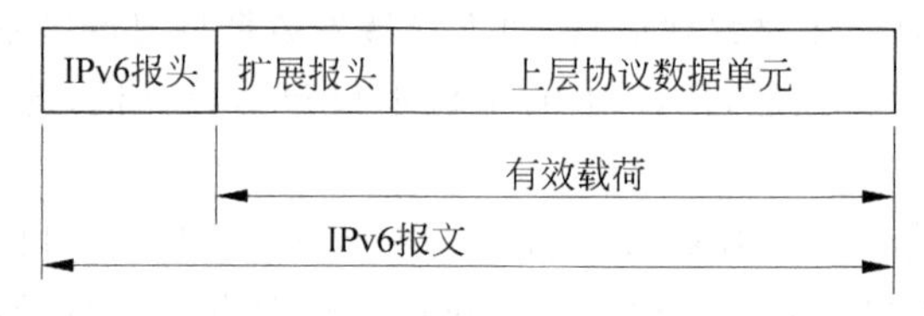


图 2-15 IPv6 数据报文结构

其中各字段含义如下。

(1) IPv6 报头(IPv6 Header):每一个 IPv6 数据报文都必须包含报头,其长度固定为 40 字节。IPv6 报头也称为基本报头或固定报头,具体内容将在下一节中详细介绍。

(2) 扩展报头(Extension Header):IPv6 扩展报头是跟在基本 IPv6 报头后面的可选报头。IPv6 数据报文可以包含一个或多个扩展报头,当然也可以没有扩展报头,这些扩展报头可以具有不同的长度。IPv6 报头和扩展报头代替了 IPv4 报头及其选项。新的扩展报头格式增强了 IPv6 的功能,使其具有极大的扩展性。与 IPv4 报头中的选项不同,IPv6 扩展报头没有最大长度的限制,因此可以容纳所有扩展数据。扩展报头的详细内容将在下一节中详细讲解。

(3) 上层协议数据单元(Upper Layer Protocol Data Unit):上层协议数据单元一般由上层协议报头和它的有效载荷构成,有效载荷可以是 ICMPv6 报文、TCP 报文、UDP 报文等。

## 2.3.3 IPv6 报头结构

IPv6 报头包含 8 个字段,总长度为 40 个字节。这 8 个字段分别为:版本、流量类型、流标签、有效载荷长度、下一个报头、跳限制、源 IPv6 地址和目的 IPv6 地址。

为了更好地理解这 8 个字段的具体含义,首先回顾一下 IPv4 报头的格式。图 2-16 是 IPv4 报头格式。

0 1 2 3 4 5 6 7 8 9 0 1 2 3 4 5 6 7 8 9 0 1 2 3 4 5 6 7 8 9 0 1 2

| Version | IHL | ToS | Total Length | |
|---|---|---|---|---|
| Identification | | | Flags | Fragment Offset |
| Time to Live | | Protocol | Header Checksum | |
| Source Address | | | | |
| Destination Address | | | | |
| Options | | | | Padding |

图 2-16 IPv4 报头格式

从图 2-16 中可以发现,IPv4 报头中的字段包括以下部分。

(1) Version(版本):该字段规定了 IP 协议的版本,值为 4,长度为 4 位。

(2) IHL(Internet Header Length,Internet 报头长度):该字段表示有效载荷之前的 4 字节块的数量。该字段长度为 4 位。因为 IPv4 报头的最小长度为 20 字节,所以其值最小为 5。

（3）ToS（Type of Service，服务类型）：该字段指定路由器在传送过程中如何处理数据报文，也即表示这个数据报文在由 IPv4 网络中的路由器转发时所期待的服务。这个字段长度为 8 位。这个字段也可以解释为区分业务编码点（Differentiated Services Codepoints，DSCP）。RFC2474 提供了关于 DSCP 的详细定义。

（4）Total Length（总长度）：该字段表示 IP 数据报文的总长度（单位为字节），包括报头和有效载荷。这个字段的长度为 16 位。

（5）Identification（标识）：该字段和后面提到的标志位以及分段偏移量字段都是与分段有关的字段。标识字段由 IPv4 数据报文的源节点来选择，如果 IPv4 数据报文被拆分了，则所有的分段都保留标识字段的值，以使目的节点可以对片断进行重组。该字段长度为 16 位。

（6）Flags（标志位）：该字段长度为 3 位，当前只定义了 2 位，一个用来表示是否可以对 IPv4 数据报文进行拆分，另一个表示在当前的分段之后是否还有分段。

（7）Fragment Offset（片段偏移量）：该字段表示相对于原始 IPv4 有效载荷起始位置的相对位置。这个字段的长度为 13 位。

（8）Time to Live（生存时间）：该字段指出了一个 IPv4 数据报文在被丢弃前，可以经过的链路的最大数量。该字段值每经过一个路由器时减去 1，当为 0 时，数据报文将被丢弃。这个字段的长度为 8 位。

（9）Protocol（协议）：该字段用于标识有效载荷中的上层协议。这个字段的长度为 8 位。

（10）Header Checksum（报头校验和）：表示 IP 报头的校验和，用于错误检查。该字段仅用于 IP 报头的校验和，有效载荷不包括在校验和计算中。数据报文沿途的每个中间路由器都重新计算和验证该字段（因为路由器转发数据报文时，TTL 值都会变化）。该字段长度为 16 位。

（11）Source Address（源地址）：发送方的 IP 地址，长度为 32 位。

（12）Destination Address（目的地址）：接收方的 IP 地址，长度为 32 位。

（13）Options（选项）：该字段是一个可选项。

（14）Padding（填充）：填充字段，用于补齐选项字段的长度。

下面再来分析一下 IPv6 报头，如图 2-17 所示。

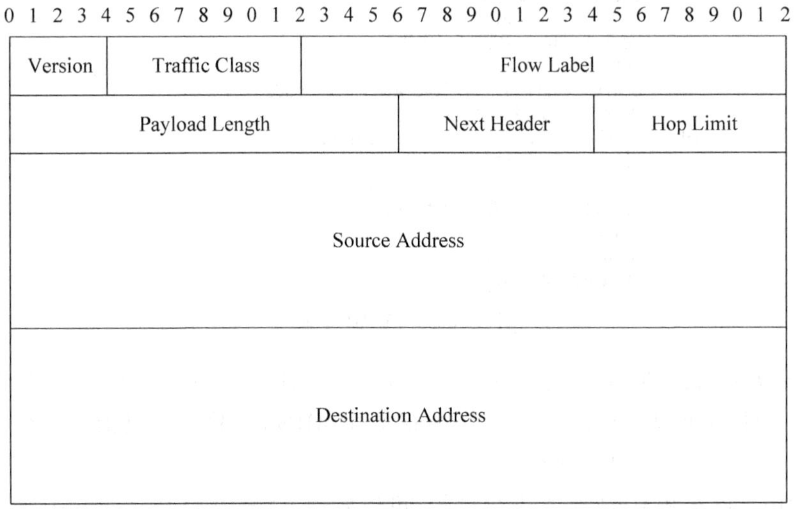

0 1 2 3 4 5 6 7 8 9 0 1 2 3 4 5 6 7 8 9 0 1 2 3 4 5 6 7 8 9 0 1 2

| Version | Traffic Class | Flow Label | |
|---|---|---|---|
| Payload Length | | Next Header | Hop Limit |
| Source Address | | | |
| Destination Address | | | |

图 2-17　IPv6 报头格式

可以发现 IPv6 的报头简单了许多,所包含的字段减少很多。下面是各字段的具体描述。

(1) Version(版本):该字段规定了 IP 协议的版本,值为 6,长度为 4 位。

(2) Traffic Class(通信流类别):该字段功能和 IPv4 中的服务类型功能类似,表示 IPv6 数据报文的类或优先级。该字段长度为 8 位。RFC2460 中没有定义通信流类别字段的值。RFC2474 以区分服务(DS)字段的形式,为通信流类别提供了一个可替换的定义。

(3) Flow Label(流标签):与 IPv4 相比,该字段是新增的。它用来标识该数据报文属于源节点和目的节点之间的一个特定数据报文序列,它需要由中间 IPv6 路由器进行特殊处理。该字段长度为 20 位。关于流标签字段使用的详细细节,还没有定义。

(4) Payload Length(有效载荷长度):该字段表示 IPv6 数据报文有效载荷的长度。有效载荷是指紧跟 IPv6 报头的数据报文的其他部分(即扩展报头和上层协议数据单元)。该字段长度为 16 位。那么该字段只能表示最大长度为 65535 字节的有效载荷。如果有效载荷的长度超过这个值,该字段值会置 0,而有效载荷的长度用逐跳选项扩展报头中的超大有效载荷选项来表示。关于逐跳选项扩展报头在后面将会提及。

(5) Next Header(下一个报头):该字段定义紧跟在 IPv6 报头后面的第一个扩展报头(如果存在)的类型,或者上层协议数据单元中的协议类型。该字段长度为 8 位。关于扩展报头的详细信息后面将会提及。

(6) Hop Limit(跳限制):该字段类似于 IPv4 中的 Time to Live 字段。它定义了 IP 数据报文所能经过的最大跳数。每经过一个路由器,该数值减去 1,当该字段的值为 0 时,数据报文将被丢弃。该字段长度为 8 位。

(7) Source Address(源地址):表示发送方的地址,长度为 128 位。

(8) Destination Address(目的地址):表示接收方的地址,长度为 128 位。

图 2-18 表示了一个在实际网络中用报文分析软件捕获的 IPv6 报文。

```
⊟ Ethernet II, Src: 00:0d:56:6d:6f:fc, Dst: 00:e0:fc:06:7a:d8
      Destination: 00:e0:fc:06:7a:d8 (HuaweiTe_06:7a:d8)
      Source: 00:0d:56:6d:6f:fc (DellPcba_6d:6f:fc)
      Type: IPv6 (0x86dd)
⊟ Internet Protocol Version 6
      Version: 6
      Traffic class: 0x00
      Flowlabel: 0x00000
      Payload length: 40
      Next header: ICMPv6 (0x3a)
      Hop limit: 128
      Source address: 1::7146:ab89:3e23:e38c
      Destination address: 1::1
⊟ Internet Control Message Protocol v6
      Type: 128 (Echo request)
      Code: 0
      Checksum: 0x9675 (correct)
      ID: 0x0000
      Sequence: 0x0001
      Data (32 bytes)
```

图 2-18 一个 IPv6 报文

在这个报文中,版本值为 6,通信流类别值为 0x00,流标签值为 0x00000,有效载荷长度为 40 字节,下一个报头值为 0x3a(表示上层协议为 ICMPv6),跳数限制值为 128 跳,源地址为 1::7146:ab89:3e23:e38c,目的地址为 1::1。

通过对 IPv6 报头和 IPv4 报头进行比较,可以发现 IPv6 中去掉了几个 IPv4 的字段:报头长度、标识、标志位、分段偏移量、报头校验和、选项和填充。为什么要去掉这几项呢？其实IPv6设计者是很有深意的。

首先分析一下报头长度字段。在IPv4报头中，报头长度指有效载荷之前的4字节块的数量，也就是数据报头的总长度，包括选项字段部分。如果有选项字段，IPv4数据报头长度就要增加，所以IPv4报头长度的值不是固定的。IPv6不使用选项字段，而是用扩展字段，基本IPv6报头长度是固定的40个字节，所以报头长度字段就不再需要了。

由于IPv6处理分段有所不同，所以标识、标志位和分段偏移量这三个和分段有关系的字段也被去掉。在IPv6网络中，中间路由器不再处理分段，而只在产生数据报文的源节点处理分段。去掉分段字段也就省却了中间路由器为处理分段而耗费的大量CPU资源。

那么报头校验和字段为什么要去掉呢？IPv6设计者们认为第2层、第4层都有校验和（UDP校验和在IPv4中是可选的，在IPv6中则是必需的），因此第3层校验和是冗余的而非必需的，而且浪费中间路由器的资源。

由于IPv6从根本上改变了选项字段，在IPv6中选项由扩展报头处理，因此也去掉了选项字段，简化了报头，减少了转发路径上中间路由器的处理消耗。

表2-5对IPv6报头和IPv4报头中的字段进行了详细比较与总结。

**表2-5 IPv6报头与IPv4报头字段比较**

| IPv4报头的字段 | IPv6报头的字段 | IPv6报头与IPv4报头字段比较 |
|---|---|---|
| Version(4位) | Version(4位) | 功能相同，但在IPv6中的值不同 |
| IHL(4位) | — | 在IPv6中被去掉了，因为IPv6报头长度固定，总是40个字节 |
| Type of Service(8位) | Traffic Class(8位) | 在两种报头中具有相同的功能 |
| — | Flow Label(20位) | 新增字段，用来标识IPv6数据流 |
| Total Length(16位) | Payload Length | 在两种报头中具有相同的功能 |
| Identification(16位) | — | 因为在IPv6中分段处理方式的不同，所以在IPv6中被去掉了 |
| Flags(3位) | — | 因为在IPv6中分段处理方式的不同，所以在IPv6中被去掉了 |
| Fragment Offset(13位) | — | 因为在IPv6中分段处理方式的不同，所以在IPv6中被去掉了 |
| Time to Live(8位) | Hop Limit(8位) | 在两种报头中具有相同的功能 |
| Protocol(8位) | Next Header(8位) | 在两种报头中具有相同的功能 |
| Header Checksum(16位) | — | 在IPv6中被去掉了 |
| Source Address(32位) | Source Address(128位) | 在IPv6中，源地址被扩展到128位 |
| Destination Address(32位) | Destination Address(128位) | 在IPv6中，源地址被扩展到128位 |
| Option(可变) | — | 在IPv6中被去掉了；在IPv4中，处理该选项的方式是不同的 |
| Padding(可变) | — | 在IPv6中被去掉了；在IPv4中，处理该选项的方式是不同的 |

### 2.3.4 IPv6扩展报头

IPv6扩展报头是跟在IPv6基本报头后面的可选报头。为什么在IPv6中要设计扩展报头这种字段呢？因为在IPv4的报头中包含了所有的选项，因此每个中间路由器都必须检查这些选项是否存在，如果存在，就必须处理它们。这种设计方法会降低路由器转发IPv4数据报文的效率。为了解决这个问题，在IPv6中，相关选项被移到了扩展报头中。中间路由器就不必处理每一个可能出现的选项（在IPv6中，每个中间路由器必须处理的扩展报头只有逐跳选项扩展报头）。这种处理方式提高了路由器处理数据报文的速度，也提高了其转发性能。

下面列出的是扩展报头的类型。

（1）逐跳选项报头（Hop-by-hop Options Header）。

（2）目的选项报头（Destination Options Header）。

（3）路由报头（Routing Header）。

（4）分段报头（Fragment Header）。

（5）认证报头（Authentication Header）。

（6）封装安全有效载荷报头（Encapsulating Security Payload Header）。

在典型的IPv6数据报文中，并不是每一个数据报文都包括所有的扩展报头。在中间路由器或目标需要一些特殊处理时，发送主机才会添加相应扩展报头（具体扩展报头内容下面会详细讲解）。

那么基本报头、扩展报头和上层协议的相互关系是什么呢？图2-19很清楚地说明了它们之间的关系。

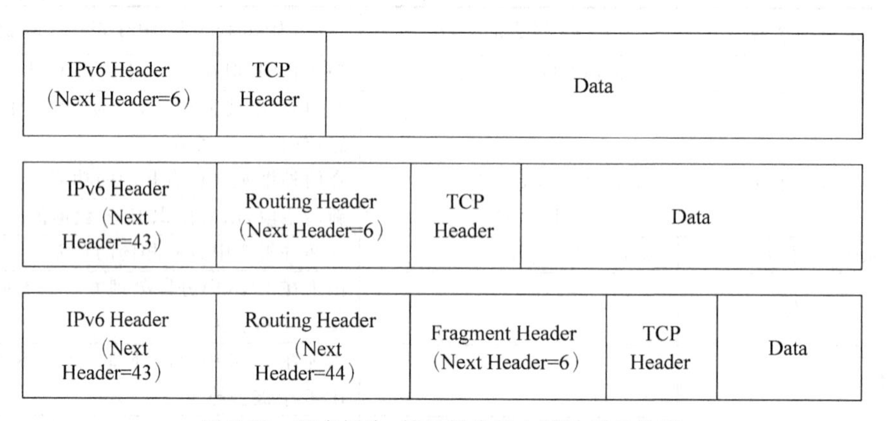


图2-19 基本报头、扩展报头和上层协议的关系

从图2-19可以看出，基本报头的下一个报头（Next Header）字段值指明上层协议类型。考虑图中第一个例子，基本报头的下一个报头字段值为6，说明上层协议为TCP。如果包括一个扩展报头，则基本报头的下一个报头字段值为扩展报头类型。考虑图中第二个例子，下一个报头字段指明紧跟在基本报头后面的扩展报头为43，也就是路由扩展报头，而扩展报头的下一个报头字段指明上层协议类型。以此类推，如果数据报文中包括多个扩展报头，则每一个扩展报头的下一个报头指明紧跟着自己的扩展报头的类型，最后一个扩展报头的下一个报头字段指明上层协议。

扩展报头按照其出现的顺序被处理。数据报文中有多个扩展报头时，扩展报头的排列顺序是有一定原则的，RFC8200建议扩展报头按照如下顺序排列。

（1）逐跳选项报头。

（2）目的选项报头（当存在路由报头时，用于中间目标）。

（3）路由报头。

(4) 分段报头。

(5) 认证报头。

(6) 封装安全有效载荷报头。

(7) 目的选项报头(用于最终目标)。

下面分析一下扩展报头的具体内容。

**1. 逐跳选项报头(Hop-by-hop Option Header)**

该字段主要用于为在转发路径上的每次跳转指定发送参数,转发路径上的每台中间节点都要读取并处理该字段,它以 IPv6 报头中的下一个报头字段值 0 来标识。图 2-20 给出了该扩展报头的结构。

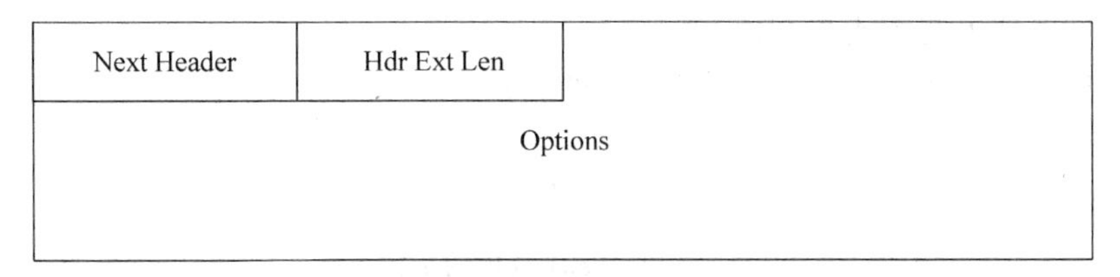


图 2-20　逐跳选项扩展报头结构

其中各字段含义如下。

(1) Next Header(下一个报头)字段指明上层协议类型或紧跟着自己的扩展报头的类型。

(2) Hdr Ext Len(报头扩展长度)指示逐跳选项扩展报头中的 8 字节块的数量(也就是逐跳扩展报头的长度),其中不包括第一个 8 字节块。

(3) Options(选项)是一系列字段的组合,它可以描述用来数据报文转发方面的特性,也可以用作填充。一个逐跳选项报头可以包含一个或多个选项字段。选项字段不仅在逐跳选项报头中使用,目的选项报头中也有该字段。

每个选项以 TLV(Type-Length-Value,类型—长度—值)的格式编码,结构如图 2-21 所示。

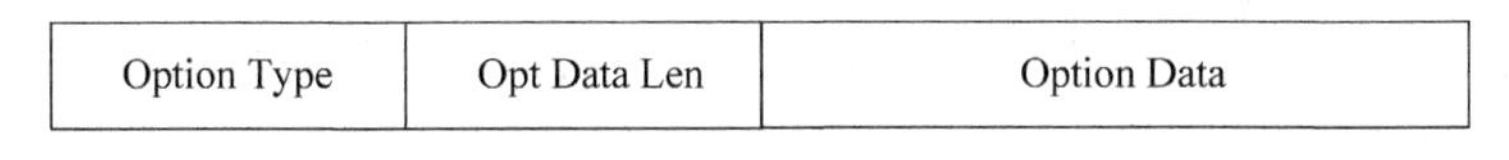


图 2-21　选项结构

其中各字段含义如下。

(1) Option Type(选项类型)表示了这个选项的类型,同时也确定了节点如何处理该选项。

(2) Opt Data Len(选项长度)表示选项中的字节数。其值不计入选项类型和选项长度字段的长度。

(3) Option Data(选项数据)指与该选项相关的特定数据。

选项类型字段的高 3 位确定了节点如何处理该选项。其中最高的 2 位表示节点不能识别选项时,如何处理这个选项,其具体取值与含义如表 2-6 所示。

选项类型字段中的第 3 高位表示选项数据在转发过程中是否可以改变,其中 1 表示选项数据可以改变;0 表示选项数据不可以改变。

另外,在介绍具体选项之前,先介绍两个特别的选项:Pad1 选项和 PadN 选项。

表 2-6 选项类型字段中高 2 位含义

| 选项类型字段中最高 2 位的值 | 节点如何处理 |
|---|---|
| 00 | 应该跳过这个选项 |
| 01 | 应该无声地丢弃数据报文 |
| 10 | 应该丢弃数据报文，并且不管数据报文的目的地址是否为一个组播地址，向发送方发出一个 ICMPv6 参数问题消息 |
| 11 | 应该丢弃数据报文，并且如果数据报文的目的地址不是一个组播地址，就向发送方发出一个 ICMPv6 参数问题消息 |

Pad1 和 PadN 选项可以用来填充，使字段符合对齐要求。Pad1 作用是插入一个填充字节，而 PadN 可以插入两个或多个填充字节。

图 2-22 和图 2-23 是 Pad1 和 PadN 选项的结构。

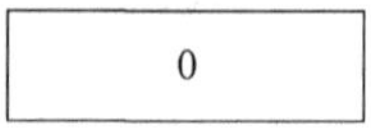

| 0 |
|---|

图 2-22 Pad1 选项的结构

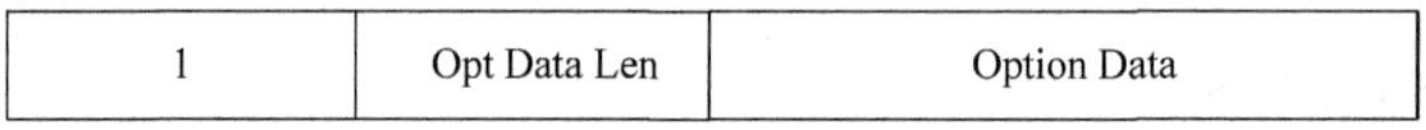

| 1 | Opt Data Len | Option Data |
|---|---|---|

图 2-23 PadN 选项的结构

Pad1 选项只有一个字节，选项类型值为 0，它非常特殊，没有长度字段和填充字节。

PadN 选项包括选项类型字段(类型值为 1)、长度字段(值为当前所有的填充字节数)和 0 或多个填充字节。

目前逐跳选项报头中有以下两个"有效"的选项。

(1) 超大有效载荷选项。在 IPv6 中，将超过 65535 字节的数据报文称为巨包(Jumbo)，又叫超长帧。逐跳选项报头的一个重要应用就是用于支持超长帧的转发，这就是超大有效载荷选项。

在 IPv6 的基本报头中，有效载荷长度字段占有 16 位，也就是说最多能表示 65535 字节。但在 MTU 非常大的网络上，有可能需要发送大于 65535 个字节的数据报文。超大有效载荷选项可用来解决这个问题。

如图 2-24 所示为超大有效载荷选项的结构。

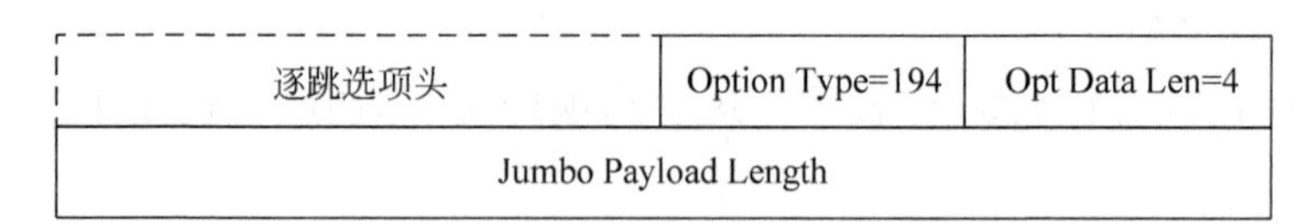


图 2-24 超大有效载荷选项结构

其中部分字段含义如下。

① Option Type(选项类型)的值为 194。

② Opt Data Len(选项长度)的值为 4。

③ Jumbo Payload Length(超大有效载荷长度)表示帧长度。

如果有效载荷长度超过 65535 字节，则 IPv6 基本报头中的有效载荷长度字段的值被置 0，数据报文的真正有效载荷长度用超大有效载荷长度选项中的超大有效载荷长度字段来表示。该字段占有 32 位，最大能够表示 4294967295 字节。

(2) 路由器告警选项。路由器告警选项被用于 RSVP 协议中,详见 RFC2711,其基本结构如图 2-25 所示。

| 逐跳选项头 | Option Type=5 | Opt Data Len=2 |
|---|---|---|
| Value | | |

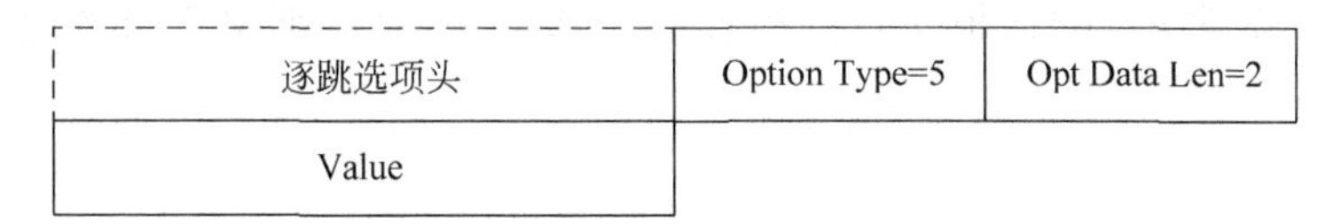

图 2-25 路由器告警选项

其中部分字段含义如下。

① Option Type(选项类型)的值为 5。

② Opt Data Len(选项长度)的值为 2。

③ Value 表示实际信息。

**2. 路由报头**

在 IPv4 中,可以使数据报文经过指定的中间节点到达目的地。在 IPv6 中,通过运用路由报头,也能实现同样的功能。路由报头的结构如图 2-26 所示。

| Next Header | Hdr Ext Len | Routing Type | Segments Left |
|---|---|---|---|
| Type Specified Data | | | |

图 2-26 路由报头的结构

从图中可以看出,路由报头由下一个 Next Header(报头)、Hdr Ext Len(报头扩展长度)、Routing Type(路由类型)、Segments Left(段剩余),以及 Type Specified Data(路由特定类型数据)等字段构成。下一个报头字段和报头扩展长度字段的定义与逐跳选项扩展报头中的定义一样;路由类型是指特定的路由头变量;段剩余指的是在到达最终目标前还需要经过的中间目标数(指定需经过的路由器)。

**3. 分段报头**

分段报头用于 IPv6 数据报文的拆分和重组。在 IPv6 中,只有源节点才可以对有效载荷进行拆分。如果上层协议提交的有效载荷大于链路 MTU 或路径 MTU,源节点会对有效载荷进行拆分,并使用分段报头提供重组信息,其结构如图 2-27 所示。

| | | 13 bits | 2 bits | |
|---|---|---|---|---|
| Next Header=44 | Reserved | Fragment Offset | Res | M |
| Identification | | | | |

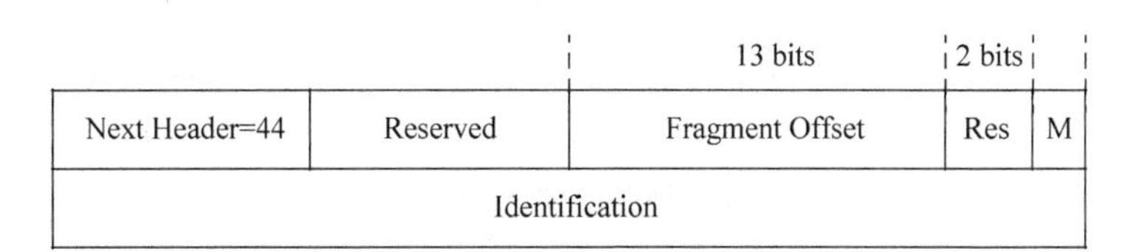

图 2-27 分段报头结构

其中部分字段含义如下。

(1) Fragment Offset:表示起始字节在原始报文中的偏移量。

(2) Res:置为 0,保留。

(3) M:取值为 1 表示后续还有分段;取值为 0 表示这是最后一个分段。

(4) Identification：32 位，用以标识分片属于的同一个原始数据报文。

**4. 目的选项报头**

该报头承载特别针对数据报文目的地址的可选信息，是数据报文目的地才需要处理的选项。

**5. 认证报头**

认证报头为 IPv6 数据报文和 IPv6 报头中那些经过 IPv6 网络传输后值不会改变的字段提供了数据验证（对发送数据报文的节点进行校验）、数据完整性（确认数据在传输中没有改变）和反重播（Replay）保护（确保所捕获的数据报文不会被重发，也不会被当作有效载荷接收）。该报头在 IPv4 和 IPv6 中是相同的。

**6. 封装安全有效载荷报头**

封装安全有效载荷（ESP）报头和尾部提供了数据机密性、数据验证、数据完整性，以及对已封装有效载荷的重播保护服务。类似于认证报头，该报头在 IPv4 和 IPv6 中是相同的。

## 2.3.5 上层协议相关问题

IPv6 报文与 IPv4 相比有了很大变化，所以上层传输协议也需要做相应的修改。修改可能会涉及以下一些方面。

(1) 上层校验和问题。

(2) 最大报文生存时间问题。

(3) 最大上层协议载荷大小问题。

(4) 对携带路由报头的数据报文的回应问题。

下面对这些问题的具体内容，以及 IPv6 传输层协议的细微变化做一个总结。

**1. 上层校验和**

在 IPv4 中，TCP、UDP 都将包括 IPv4 源地址字段和目的地址字段等组成的伪报头加进了它们的校验和计算中。所以，IPv6 中的 TCP、UDP 必须进行相应的改进，以便在校验和计算中包括 IPv6 地址等内容。另一个很大的改变是，在 IPv4 中 UDP 的校验和是可选的，在 IPv6 中则是必需的；并且 ICMPv6 也将伪报头加入校验和计算中。图 2-28 显示了 IPv6 中的 TCP/UDP 伪报头结构。

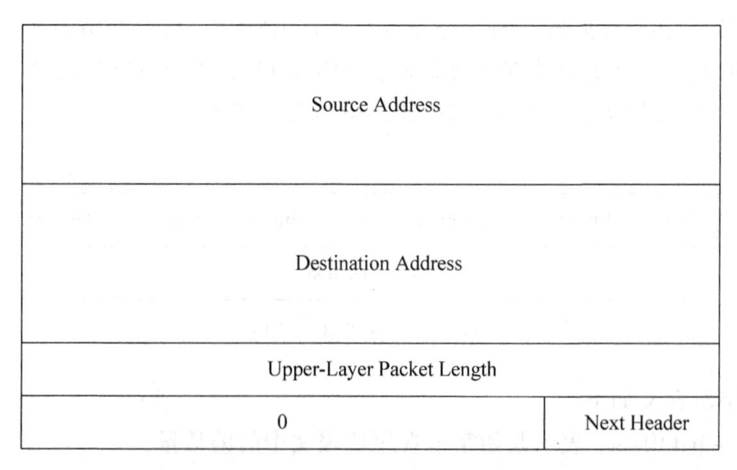


图 2-28　IPv6 中 TCP/UDP 伪报头结构

需要注意的是,其中下一个报头字段指明的是上层协议(例如 TCP 是 6,UDP 是 17),这一点与 IPv6 报头中的该字段略有区别(在 IPv6 报头中,下一个报头字段有可能是指明紧跟它的扩展报头的类型)。

**2. 最大报文生存时间**

由于 IPv6 中没有了 Time to Live 字段(被类似的 Hop Limit 字段取代),所以 IPv6 的网络层不再能够记录报文在网上的生存时间。

**3. 最大上层协议载荷大小**

最大上层协议载荷大小就是最大数据段长度(MSS)。在 IPv6 中,当计算最大上层协议载荷大小时,应该考虑到 IPv6 报头比 IPv4 报头长的问题。

比如,在 IPv4 中,TCP 的 MSS 就是最大报文长度(默认值或者通过路径 MTU 发现获得)减去 40 字节(20 字节最小 IPv4 报头长度,20 字节最小 TCP 报头长度)。在 IPv6 中,这种情况就要发生变化,MSS 值就是最大报文长度减去 60 字节,因为 IPv6 最小报头长度为 40 字节(如果没有任何扩展报头)。

**4. 对携带路由报头的数据报文的回应**

对该问题的规定是基于安全性考虑。协议规定,当回应一个带有路由报头的数据报文时,上层协议发出的回应数据报文决不允许携带相应的路由报头,除非收到的数据报文的源地址以及路由报头的完整性和真实性得到确认。

## 2.4 ICMPv6

在 IPv4 中,Internet 控制消息协议(Internet Control Message Protocol,ICMP)用于向源节点报告数据报文传输过程中的错误和信息。它为诊断、控制和管理目的定义了一些消息,如目的不可达、数据报文超长、超时、回送请求和回送应答等。在 IPv6 中使用的 ICMP 为 ICMPv6。ICMPv6 除了提供 ICMPv4 常用的功能之外,还定义了其他的一些 ICMPv6 消息,如邻居发现、无状态地址配置(包括重复地址检测)、路径 MTU 发现等。

所以 ICMPv6 是一个非常重要的协议。它是理解 IPv6 中很多相关机制的基础。本节首先讲述 ICMPv6 消息的分类和 ICMPv6 报头的通用格式,随后在此基础上分析了常用的差错消息和信息消息,最后介绍了 Ping、Tracert 的基本原理以及路径 MTU 发现。

### 2.4.1 ICMPv6 基本概念

ICMPv6 消息分为两类,一类为差错消息,另一类为信息消息。

差错消息用于报告在报文转发过程中出现的错误。常见的 ICMPv6 的差错消息包括目的不可达(Destination Unreachable)、数据报文超长(Packet Too Big)、超时(Time Exceeded)和参数问题(Parameter Problem)。

信息消息提供诊断功能和附加的主机功能,比如组播侦听发现(MLD)和邻居发现。常见的 ICMPv6 信息消息主要包括回送请求(Echo Request)和回送应答(Echo Reply)。

图 2-29 显示了 ICMPv6 报文结构。

ICMPv6 差错消息的 8 位类型字段中的最高位都为 0;而 ICMPv6 信息消息的 8 位类型字段的最高位都为 1。因此 ICMPv6 差错消息的类型字段有效值范围为 0～127,而信息消息的类型字段有效值范围为 128～255。

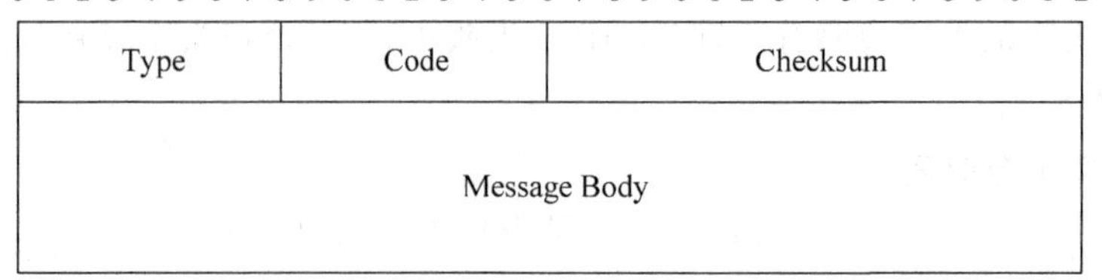


图 2-29 ICMPv6 报文结构

## 2.4.2 ICMPv6 差错消息

目前共有以下四种差错消息。

**1. 目的不可达(Destination Unreachable)**

当数据报文无法被转发到目的节点或上层协议时,路由器或目的节点发送 ICMPv6 目的不可达差错消息,消息结构如图 2-30 所示。

0 1 2 3 4 5 6 7 8 9 0 1 2 3 4 5 6 7 8 9 0 1 2 3 4 5 6 7 8 9 0 1 2

| Type=1 | Code | Checksum |
| --- | --- | --- |
| Unused | | |
| 填充,以满足IPv6报文最小的MTU | | |

图 2-30 目标不可达消息结构

在目的不可达消息中,类型(Type)字段值为 1,代码(Code)字段值为 0~4,每一个代码值都定义了以下具体含义。

(1) 0:没有到达目的的路由。

(2) 1:与目的的通信被管理策略禁止。

(3) 2:未指定。

(4) 3:地址不可达。

(5) 4:端口不可达。

(6) 5:入口/出口源地址策略禁止导致失败。

(7) 6:目的地路由拒绝。

**2. 数据报文超长(Packet Too Big)**

如果由于接口链路 MTU 小于 IPv6 数据报文的长度而导致数据报文无法转发,路由器就会发送数据报文超长消息。该报文被用于 IPv6 路径 MTU 发现的处理,数据报文超长消息的结构如图 2-31 所示。

数据报文超长消息的类型字段值为 2,代码字段值为 0。

**3. 超时(Time Exceeded)**

当路由器接收到一个跳限制(Hop Limit)字段值为 1 的数据报文时,会丢弃该数据报文并向源发送 ICMPv6 超时消息。超时消息的结构如图 2-32 所示。

在超时报文中,类型字段的值为 3。代码字段的值为 0 或 1,具体含义如下。

(1) 0:在传输中超过了跳限制。

| 0 1 2 3 4 5 6 7 | 8 9 0 1 2 3 4 5 | 6 7 8 9 0 1 2 3 4 5 6 7 8 9 0 1 2 |
|---|---|---|
| Type=2 | Code=0 | Checksum |
| MTU | | |
| 填充，以满足IPv6报文最小的MTU | | |

图 2-31　数据报文超长消息结构

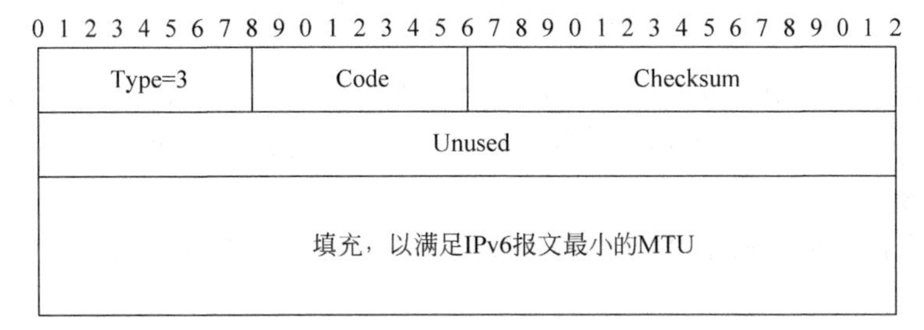


图 2-32　超时消息结构

(2) 1：分片重组超时。

**4. 参数问题(Parameter Problem)**

当 IPv6 报头或者扩展报头出现错误，导致数据报文不能被节点进一步处理时，节点会丢弃该数据报文并向源发送参数问题消息，指明问题的发生位置和类型。参数问题消息的结构如图 2-33 所示。

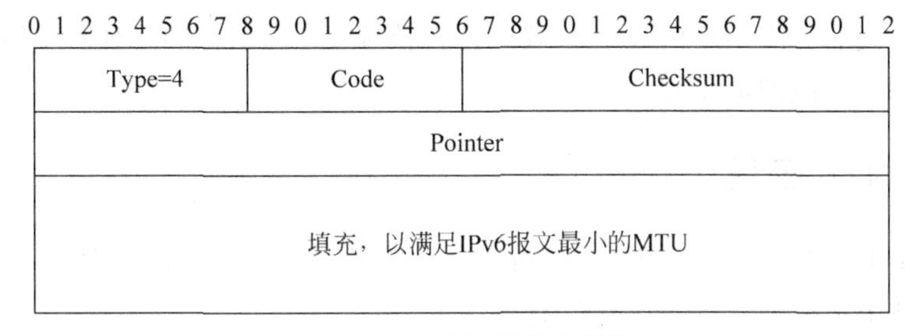


图 2-33　参数问题消息结构

参数问题消息中，类型字段值为 4，代码字段值为 0～2，指针字段指出问题发生的位置。其中代码字段的定义如下。

(1) 0：遇到错误的报头字段。

(2) 1：遇到无法识别的下一个报头(Next Header)类型。

(3) 2：遇到无法识别的 IPv6 选项。

### 2.4.3 ICMP 信息消息

ICMPv6 信息消息有很多，这里只介绍常用的两种：回送请求(Echo Request)和回送应答(Echo Reply)。回送请求/回送应答机制提供了一个简单的诊断工具协助发现和处理各种可达性问题。

**1. 回送请求**

回送请求消息用于发送到目的节点，以触发目的节点立即发回一个回送应答消息。回送请求消息的结构如图 2-34 所示。

0 1 2 3 4 5 6 7 8 9 0 1 2 3 4 5 6 7 8 9 0 1 2 3 4 5 6 7 8 9 0 1 2

| | | |
|---|---|---|
| Type=128 | Code=0 | Checksum |
| Identifier | | Sequence Number |
| Data... | | |

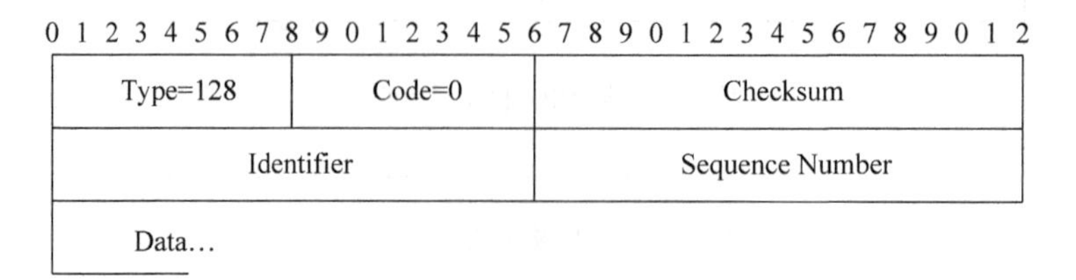

图 2-34 回送请求消息结构

回送请求消息的类型字段值为 128，代码字段值为 0。标识符和序列号字段由发送方主机设置，用于检查收到的回送应答消息与发送的回送请求消息是否匹配。

**2. 回送应答**

当收到一个回送请求消息时，ICMPv6 会用回送应答消息响应。回送应答消息的结构如图 2-35 所示。

0 1 2 3 4 5 6 7 8 9 0 1 2 3 4 5 6 7 8 9 0 1 2 3 4 5 6 7 8 9 0 1 2

| | | |
|---|---|---|
| Type=129 | Code=0 | Checksum |
| Identifier | | Sequence Number |
| Data... | | |

图 2-35 回送应答报文结构

回送应答消息的类型字段值为 129，代码字段值为 0。标识符和序列号字段的值需与回送请求消息中的相应字段的值相同。

## 2.4.4 几个应用

前面介绍了 ICMPv6 的两种消息，差错消息和信息消息，以此对 ICMPv6 有一个基本的认识。本节介绍几个常见的应用，以加深理解。

**1. Ping**

Ping 源于声呐定位操作。它通过发送一份 ICMPv6 回送请求给目的节点，并等待目标节点返回 ICMPv6 回送应答，来测试该目的节点是否可达。

图 2-36 显示的是一个节点执行 Ping 操作检查到另一节点的连通性的示意图。

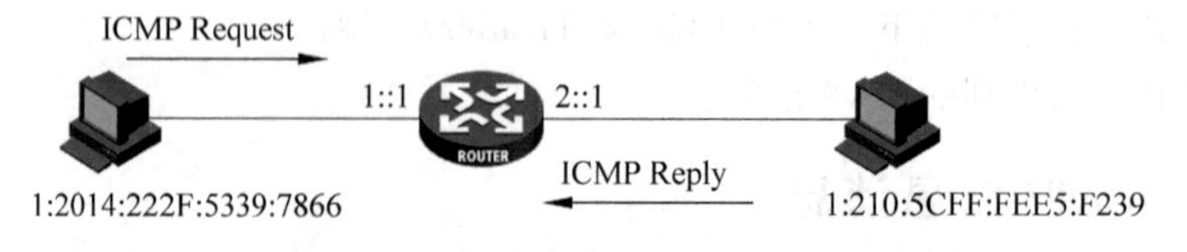

图 2-36 Ping 的过程

图 2-37 和图 2-38 分别是回送请求和回送应答消息，从中可以看出整个过程。

```
⊟ Internet Protocol Version 6
    Version: 6
    Traffic class: 0x00
    Flowlabel: 0x00000
    Payload length: 40
    Next header: ICMPv6 (0x3a)
    Hop limit: 128
    Source address: 1::2014:222f:5339:7866
    Destination address: 2::210:5cff:fee5:f239
⊟ Internet Control Message Protocol v6
    Type: 128 (Echo request)
    Code: 0
    Checksum: 0x76dc (correct)
    ID: 0x0000
    Sequence: 0x0008
    Data (32 bytes)
```

图 2-37 回送请求消息

```
⊟ Internet Protocol Version 6
    Version: 6
    Traffic class: 0x00
    Flowlabel: 0x00000
    Payload length: 40
    Next header: ICMPv6 (0x3a)
    Hop limit: 63
    Source address: 2::210:5cff:fee5:f239
    Destination address: 1::2014:222f:5339:7866
⊟ Internet Control Message Protocol v6
    Type: 129 (Echo reply)
    Code: 0
    Checksum: 0x75dc (correct)
    ID: 0x0000
    Sequence: 0x0008
    Data (32 bytes)
```

图 2-38 回送应答消息

**2. Tracert**

Tracert 是另一个必不可少的网络诊断工具，它可以让人们看到 IP 数据报文从一个节点传到另一个节点所经过的路径。图 2-39 显示了 Tracert 的工作过程。

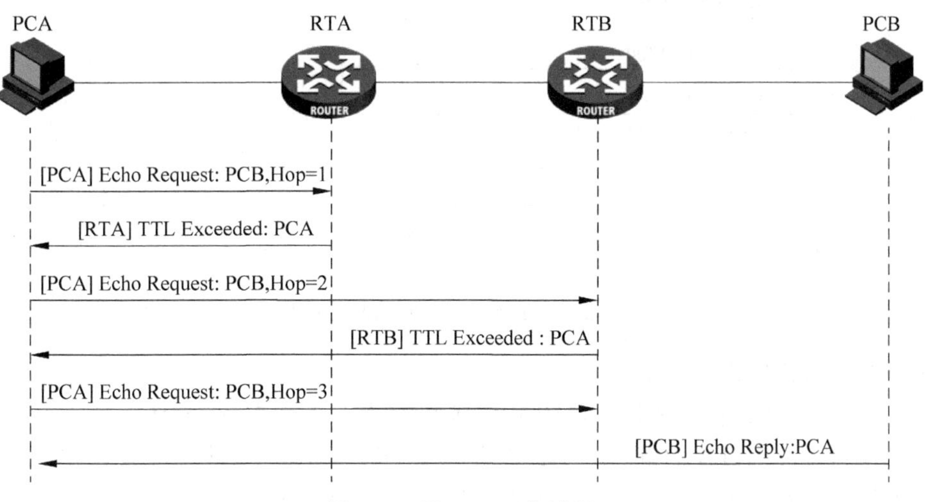


图 2-39 Tracert 工作过程

下面分析 Tracert 的工作原理。

(1) PCA 发送一个跳限制为 1 的回送请求，其目的地址是目的节点 PCB 的地址。

(2) 处理该数据报文的第一个路由器 RTA 将跳限制值减去 1，丢弃数据报文，并发回一个超时消息给 PCA。这样 PCA 就知道了路径上的第一个路由器 RTA 的地址。

(3) Tracert 发送一个跳限制为 2 的回送请求给目的节点 PCB。

(4) 第一个路由器 RTA 处理完后转发给第二个路由器 RTB，RTB 丢弃数据报文(由于跳限制值的原因)，发回一个超时消息，于是 PCB 就得到了第二个路由器地址。

(5) PCA 周而复始地执行类似过程，直到数据报文的跳限制值足以到达目的节点 PCB，PCB 返回回送应答消息给 PCA，PCA 停止发送回送请求。

这样，PCA 就得到了到 PCB 的路径信息。

**3. PMTU 发现**

PMTU(Path MTU，路径最大传输单元)是在源节点和目的节点之间的路径上的任一链路所能支持的链路 MTU 的最小值。

在 IPv4 网络中，当数据报文的长度大于链路层 MTU 时，中间路由器会对数据报文进行分段。这会消耗中间路由器的资源。而且在某些特殊情况下，传送路径上的中间路由器可能会对已分段的报文进行再次分段，这会再次造成路由器性能的下降。

在 IPv6 网络中，分段不在中间路由器上进行。当需要传送的数据报文长度比链路 MTU 大时，只由源节点本身对数据报文进行分段，中间路由器不对数据报文进行再次分段。这就要求源节点在发送数据报文前能够发现整个发送路径上的所有链路的最小 MTU，然后以该 MTU 值发送数据报文，这就是 PMTU 发现。

图 2-40 显示了 PMTU 发现过程。

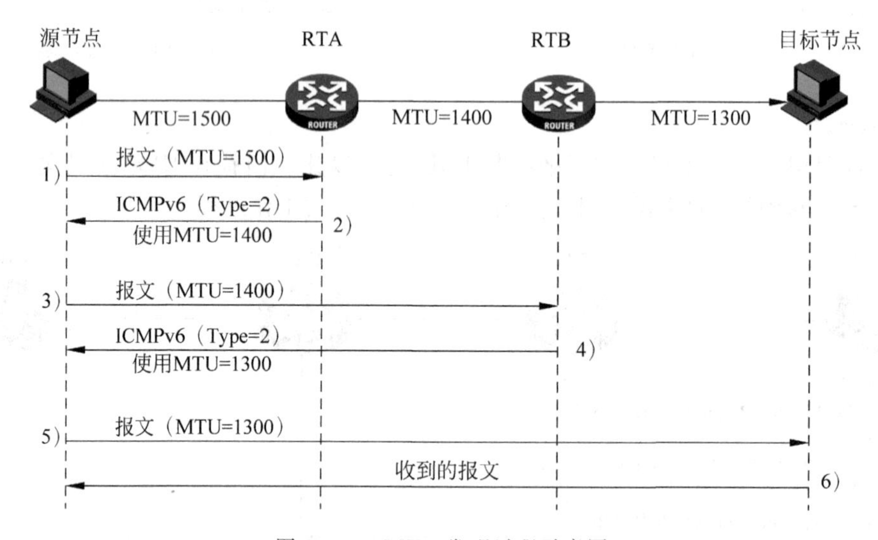


图 2-40　PMTU 发现过程示意图

图 2-40 所示各步骤含义如下。

(1) 源节点向目的节点发送一个 IPv6 数据报文，其长度为 1500 字节。

(2) 中间路由器 RTA 的链路 MTU 值为 1400 字节，所以它会用 ICMPv6 数据报文超长消息向源节点做应答，该消息会告诉源节点“路径上的 MTU 值为 1400 字节”。

(3) 源节点向目标节点发送一个 IPv6 数据报文，其长度为 1400 字节。

(4) 中间路由器 RTB 的链路 MTU 值为 1300 字节，所以它会用 ICMPv6 数据报文超长消息向源节点做应答，该消息会告诉源节点“路径上的 MTU 值为 1300 字节”。

(5)源节点向目标节点发送一个 IPv6 数据报文，其长度为 1300 字节。

(6) 目的节点收到数据报文。此后在它们之间发送的所有数据报文都使用 1300 字节作为 MTU 值。

## 2.5　本章总结

本章重点学习了以下内容。

(1) IPv6 的地址类型。

(2) IPv6 地址结构和功能。

(3) IPv6 地址分配情况。

（4）IPv6 基本报文结构。

（5）IPv6 扩展报头结构。

（6）ICMPv6 消息类型。

（7）ICMPv6 报文结构。

（8）ICMPv6 相关应用。

以上的各种知识都是 IPv6 的基础知识，应用于后续的各个章节中，如邻居发现协议、路由协议等，所以应对它们有很好的掌握。

第3章

# IPv6邻居发现

ND(Neighbor Discovery,邻居发现)协议是IPv6的一个关键协议,它综合了IPv4中的ARP、ICMP路由器发现和ICMP重定向等协议,并对它们做了改进。作为IPv6的基础性协议,ND协议还提供了前缀发现、邻居不可达检测、重复地址检测、地址自动配置等功能。

ND协议在RFC4861—Neighbor Discovery in IPv6中定义。

通过本章的学习,应该掌握以下内容。

(1) IPv6邻居发现协议的基本功能。

(2) IPv6邻居发现协议的报文结构。

(3) IPv6地址解析过程。

(4) IPv6邻居状态机。

(5) 无状态地址自动配置过程。

(6) IPv6报文重定向基本原理。

## 3.1 ND协议概述

### 3.1.1 功能简介

IPv6的ND协议实现了IPv4中的一些协议功能,如ARP、ICMP路由器发现和ICMP重定向等,并对这些功能进行了改进。同时,作为IPv6的一个基础性协议,ND协议还提供了其他许多非常重要的功能,如前缀发现、邻居不可达检测、重复地址检测、无状态地址自动配置等,如图3-1所示。

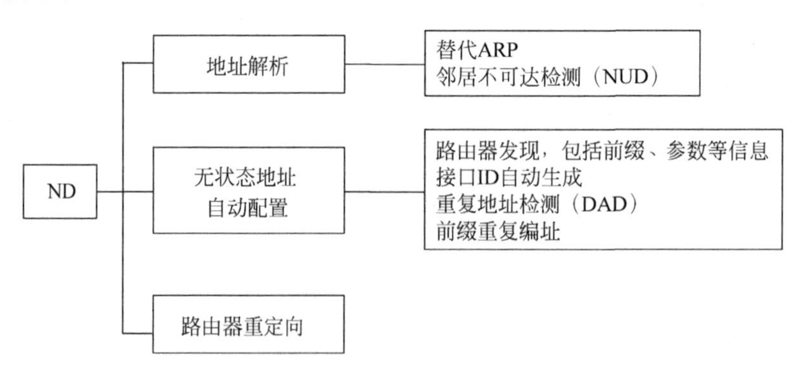


图3-1　ND协议功能组成

图3-1中提到的术语、概念解释如下。

(1) 地址解析：地址解析是一种确定目的节点的链路层地址的方法。ND中的地址解析功能不仅代替了原IPv4中的ARP协议,同时还用邻居不可达检测(NUD)方法来维护邻居节点之间的可达性状态信息。

(2) 无状态地址自动配置：ND协议中特有的地址自动配置机制，包括一系列相关功能，如路由器发现、接口ID自动生成、重复地址检测(DAD)等。通过无状态自动配置机制，链路上的节点可以自动获得IPv6全球单播地址。

① 路由器发现：路由器在与其相连的链路上发布网络参数信息，主机捕获此信息后，可以获得全球单播IPv6地址前缀、默认路由、链路参数(链路MTU)等信息。

② 接口ID自动生成：主机根据EUI-64规范或其他方式为接口自动生成接口标识符。

③ 重复地址检测(DAD)：根据前缀信息生成IPv6地址或手动配置IPv6地址后，为保证地址的唯一性，在这个地址可以使用之前，主机需要检验此IPv6地址是否已经被链路上其他节点所使用。

④ 前缀重新编址：当网络前缀变化时，路由器在与其相连的链路上发布新的网络参数信息，主机捕获这些新信息，重新配置前缀、链路MTU等地址相关信息。

(3) 路由器重定向：当在本地链路上存在一个到达目的网络的更好的路由器时，路由器需要通告节点来进行相应配置改变。

### 3.1.2 ND协议报文

在IPv4的地址解析中，ARP报文直接封装在以太帧中，其以太网协议类型为0x0806，代表ARP报文。ARP被看作工作在2.5层的协议。而ND协议本身基于ICMPv6实现，因此ND协议是在第三层上实现的。ND协议报文的以太网协议类型为0x86DD，即IPv6报文。IPv6的下一个报头协议类型为58，表示是ICMPv6报文。上述两者的对比如图3-2所示。

IPv4 ARP协议报文

| MAC帧头 | ARP头 | 协议数据 |
|---|---|---|

IPv6 ND协议报文

| MAC帧头 | IPv6报头 | ICMPv6报头 | 协议数据 |
|---|---|---|---|

图3-2 ARP与ND协议报文封装

ND协议定义了5种ICMPv6报文类型，包括RS、RA、NS、NA和Redirect报文，如表3-1所示。

表3-1 ICMPv6报文类型

| ICMPv6类型 | 消息名称 |
|---|---|
| Type=133 | RS(Router Solicitation，路由器请求) |
| Type=134 | RA(Router Advertisement，路由器公告) |
| Type=135 | NS(Neighbor Solicitation，邻居请求) |
| Type=136 | NA(Neighbor Advertisement，邻居公告) |
| Type=137 | Redirect(重定向报文) |

NS/NA报文主要用于地址解析，RS/RA报文主要用于无状态地址自动配置，Redirect报文用于路由器重定向。

### 3.1.3 重要概念

节点根据 IPv6 地址是否存在于指定链路的某个接口上，把这些地址划分为 On-link 或 Off-link。同时，邻居之间对用于通信的 IPv6 地址，还维护一个可达性状态信息。在维护邻居可达性(Reachability)状态信息的交互报文中，使用了目标(Target)地址的概念，来指明查询的对象。

**1. On-link**

On-link 表示这个 IPv6 地址存在于指定链路的某个接口上。遇到以下四种情况时，节点可以认为这样的 IPv6 地址是 On-link 的。

(1) 这个地址中的前缀属于指定链路上的某个前缀。

(2) 这个地址被邻居路由器指定，作为重定向报文中的目标地址。

(3) 节点收到了从这个地址发出的 NA 报文(这个地址是 NS 报文中的目标地址)。

(4) 节点从这个地址收到了 ND 协议报文。

**2. Off-link**

相对于 On-link，即表示这个地址不存在于指定链路的某个接口上。

**3. 可达性(Reachability)**

表明邻居节点的 IP 层是否可达。

**4. 目标地址**

在地址解析中，表示哪个地址寻求解析信息；在重定向中，表示报文被重定向到新的第一跳地址。此外，在 DAD 和 NUD 中也用到了目标地址。

### 3.1.4 主机数据结构

主机数据结构(Conceptual Data Structures)是在 RFC4861 中定义的。为使相邻节点间的交互更为方便，IETF 建议节点维护以下表项。

**1. 邻居缓存表(Neighbor Cache)**

邻居缓存表是由近期发送过数据流的邻居信息组成的表项。邻居缓存表内记录了每个邻居的 IP 地址、相应的链路层地址、可达性状态等信息，类似于 IPv4 中的 ARP 表项。

邻居缓存表可以根据 RS、NS 和 NA 报文动态更新，同时也可以通过命令进行静态配置。

**2. 前缀列表(Prefix List)**

前缀列表是主机根据接收到的 RA 报文中的前缀信息建立的表项，记录了与前缀相关的参数信息，如前缀地址、前缀长度、有效时间、优先时间等。

**3. 默认路由器表(Default Router List)**

默认路由器表包含了本地链路上默认路由器的信息。表项的内容可从 RA 报文中提取，或者通过手动配置。

**4. 目的缓存表(Destination Cache)**

由已发送报文的目的地址所组成的表项，是主机发送报文时查找的第一张表。在数据转发初始阶段，节点会查询邻居缓存表、前缀列表和默认路由器表来建立该表，同时还根据重定向报文进行更新。目的缓存表记录了目的 IP 地址、对应下一跳地址、目的路径 MTU 等信息。

# 3.2 IPv6 地址解析

地址解析在报文转发过程中具有至关重要的作用。当一个节点需要得到同一链路上另外一个节点的链路层地址时，需要进行地址解析。IPv4 中使用 ARP 协议实现了这个功能，IPv6 使用 ND 协议实现了这个功能，但功能有所增强。

IPv6 的地址解析过程包括两部分，一部分解析了目的 IP 地址所对应的链路层地址；另一部分是邻居可达性状态的维护过程，即邻居不可达检测。

## 3.2.1 地址解析

### 1. IPv6 地址解析的优点

IPv6 地址解析技术在基本思想上仍然与 IPv4 的 ARP 类似，但是 IPv6 地址解析相比 IPv4 的 ARP 最大的一个不同是，IPv6 地址解析工作在 OSI 模型的网络层，与链路层协议无关。这是一个很显著的优点，它的益处如下。

(1) 加强了地址解析协议与底层链路的独立性。对每一种链路层协议都使用相同的地址解析协议，无须再为每一种链路层协议定义一个新的地址解析协议。

(2) 增强了安全性。ARP 攻击、ARP 欺骗是 IPv4 中严重的安全问题。在第三层实现地址解析，可以利用三层标准的安全认证机制来防止这种 ARP 攻击和 ARP 欺骗。

(3) 减小了报文传播范围。在 IPv4 中，ARP 广播必须泛滥到二层网络中每台主机。IPv6 的地址解析利用三层组播寻址限制了报文的传播范围，仅将地址解析请求发送到待解析地址所属的被请求节点(Solicited-node)组播组，减小了报文传播范围，节省了网络带宽。

### 2. IPv6 地址解析过程

IPv6 中，ND 协议通过在节点间交互 NS 和 NA 报文完成 IPv6 地址到链路层地址的解析，解析后用得到的链路层地址和 IPv6 地址等信息来建立相应的邻居缓存表项，如图 3-3 所示，NodeA 的链路层地址为 00E0-FC00-0001，全局地址为 1::1:A；NodeB 的链路层地址为

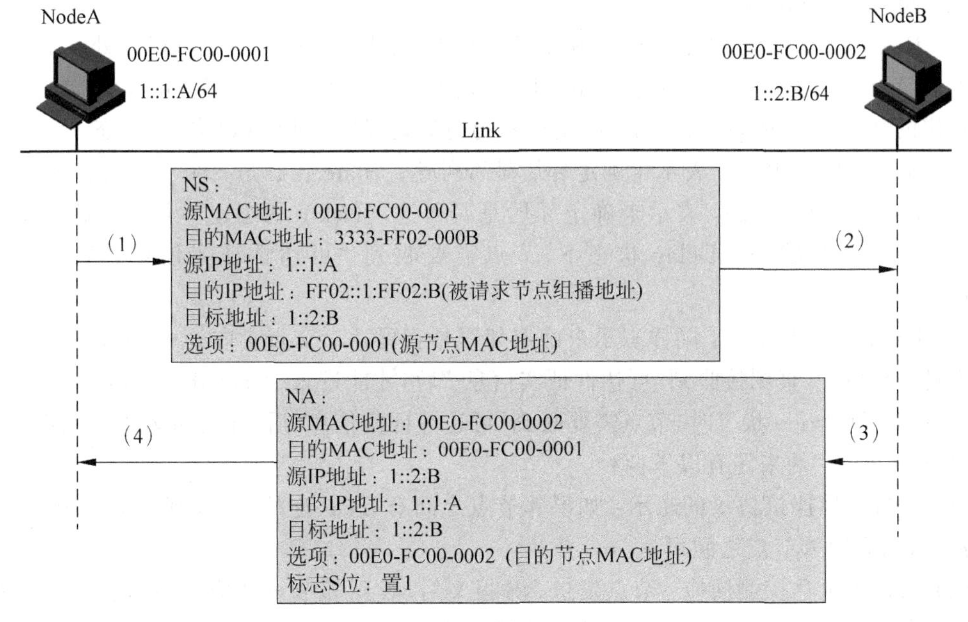


图 3-3 地址解析

00E0-FC00-0002,全局地址为 1::2:B。当 NodeA 要发送数据报文到 NodeB 时,如果不知道 NodeB 的链路层地址,则需要 ND 协议完成以下地址解析过程。

(1) NodeA 发送一个 NS 报文到链路上,目的 IPv6 地址为 NodeB 对应的被请求节点组播地址(FF02::1:FF02:B),选项字段中携带了 NodeA 的链路层地址 00E0-FC00-0001。

(2) NodeB 接收到该 NS 报文后,由于报文的目的地址 FF02::1:FF02:B 是 NodeB 的被请求节点组播地址,所以 NodeB 会处理该报文;同时,根据 NS 报文中的源地址和源链路层地址选项更新自己的邻居缓存表项。

(3) NodeB 发送一个 NA 报文来应答 NS,同时在消息的目标链路层地址选项中携带自己的链路层地址 00E0-FC00-0002。

(4) NodeA 接收到 NA 报文后,根据报文中携带的 NodeB 链路层地址,创建一个到目标节点 NodeB 的邻居缓存表项。

通过交互,NodeA 和 NodeB 就获得了对方的链路层地址,建立起到达对方的邻居缓存表项,从而可以相互通信。

当一个节点的链路层地址发生改变时,以所有节点组播地址 FF02::1 为目的地址发送 NA 报文,通知链路上的其他节点更新邻居缓存表项。

### 3.2.2 NUD(邻居不可达检测)

NUD(Neighbor Unreachability Detection,邻居不可达检测)是节点确定邻居可达性的过程。邻居不可达检测机制通过邻居可达性状态机描述邻居的可达性。邻居可达性状态机之间满足一定的条件时,可相互迁移。

**1. 邻居可达性状态机**

邻居可达性状态机保存在邻居缓存表中,共有以下五种。

(1) Incomplete(未完成)状态:表示正在解析地址,邻居的链路层地址尚未确定。当节点第一次发送 NS 报文到邻节点时,会同时在邻居缓存表中创建一个到此邻节点的新表项,此时表项状态就是 Incomplete。

(2) Reachable(可达)状态:表示地址解析成功,该邻居可达。节点可以与处于 Reachable 状态的邻节点互相通信。不过 Reachable 状态伴随有一个 Reachable_Time 定时器,它并不是一个稳定的状态。在 Reachable_Time 定时器超时后,会转化到 Stale(失效)状态。

(3) Stale(失效)状态:表示未确定邻居是否可达。Stale 状态是一个稳定的状态。

(4) Delay(延迟)状态:表示未确定邻居是否可达。Delay 状态也不是一个稳定的状态,而是一个延时等待状态。Delay 状态下,节点需要收到"可达性证实信息"后,才能进入 Reachable 状态。

(5) Probe(探测)状态:同样表示未确定邻居是否可达。节点会向处于 Probe 状态的邻居持续发送 NS 报文,直到接收到"可达性证实信息"后,才能进入 Reachable 状态。

在 Stale 和 Probe 状态时,节点需要收到"可达性证实信息"后,才能进入 Reachable 状态。"可达性证实信息"的来源有以下两种。

(1) 来自上层连接协议的暗示:如果邻节点之间有 TCP 连接,且收到了对端节点发出的确认消息,则表明邻节点之间可达。

(2) 来自不可达探测回应:节点发送 NS 报文后,收到邻节点回应的 S 置位的 NA 报文,则会认为邻节点可达。S 置位的 NA 报文表明这个 NA 报文是专门响应 NS 报文的。

图 3-4 表示了邻居缓存表项中状态机的变化。为描述方便，在五种状态的基础上再增加 Empty 状态，表示节点上没有相关邻节点的邻居缓存表项。

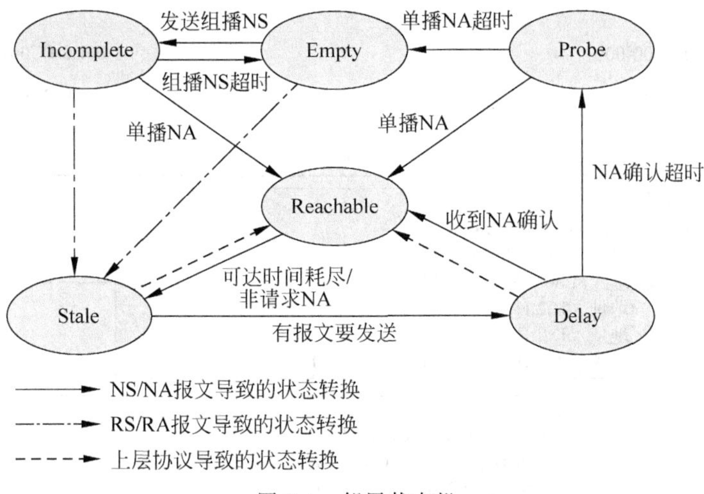


图 3-4 邻居状态机

图 3-4 中实线箭头表示由 NS/NA 报文导致的状态转换，各状态间的相互转换如下。

(1) 在 Empty 状态时，如果有报文要发送给邻节点，则在本地邻居缓存表建立关于该邻节点的表项，并将该表项置于 Incomplete 状态，同时向邻节点以组播方式发送 NS 报文。

(2) 节点收到邻居回应的单播 NA 回应后，将处于 Incomplete 状态的邻居缓存表项转化为 Reachable 状态。如果地址解析失败(发出的组播 NS 超时)，则删除该表项。

(3) 处在 Reachable 状态的表项，如果在 Reachable_Time 时间内没有收到关于该邻居的"可达性证实信息"，则进入 Stale 状态。此外，如果该节点收到邻节点发出的非 S 置位 NA 报文，并且链路层地址有变化，相关表项会进入 Stale 状态。还有一种情况，当节点在 Empty 状态时，收到某邻节点的初次 NS 报文时，会根据报文中的源链路层地址建立该邻节点的缓存表项，并将该表项置于 Stale 状态。

(4) 处在 Stale 状态的表项，当有报文发往该邻居时，这个报文会利用缓存的链路层地址进行封装，使该表项进入 Delay 状态，并等待收到"可达性证实信息"。

(5) 进入 Delay 状态后，如果在 Delay_First_Probe_Time 时间内还未能收到关于该邻居的"可达性证实信息"，则该表项进入 Probe 状态。

(6) 在 Probe 状态，节点会周期性地用 NS 报文来探测邻居的可达性，探测最大时间间隔为 Retrans_Timer，在最多尝试 Max_Unicast_Solicit 次后，如果仍未收到邻居回应的 NA 报文，则认为该邻居已不可达，该表项将被删除。

图 3-4 中虚线箭头表示由上层协议导致的状态转换。只要上层协议报文交互仍在进行中，则相关表项就会始终保持 Reachable 状态。同时，每当上层协议表示要开始传输数据时，表项中的 Reachable_Time 就会被刷新，并转到 Reachable 状态。

图 3-4 中点虚线箭头表示由 RS/RA 报文导致的状态转换。当在 Emtpy 或者 Incomplete 状态时，节点只要收到 RS 或者 RA 报文，就会转到 Stale 状态。

需要说明的是，在协议实现中，任何时刻邻居缓存表项都可以从其他状态进入 Emtpy 状态。

**2. NUD 检测过程**

图 3-5 显示了 NUD 检测过程，该过程与图 3-3 所描述的地址解析过程类似。

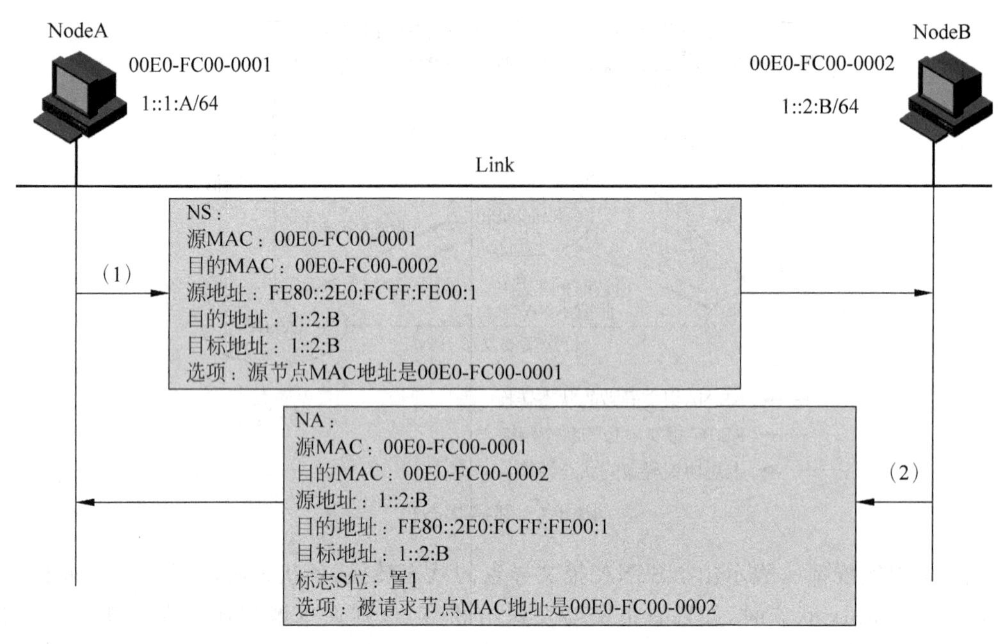


图 3-5 NUD 检测过程

在 NodeA 上，有关 NodeB 的表项在 Reachable 状态经过 Reachable_Time(默认为 30 秒)后，变为 Stale 状态。此时，当 NodeA 有报文要发送给 NodeB 时，且没有上层协议能够提供到 NodeB 的"可达性证实信息"时，NodeA 需要重新验证到 NodeB 的可达性。

NUD 过程与地址解析过程的主要不同之处在于以下两点。

(1) NUD 的 NS 报文的目的 MAC 是目的节点的 MAC 地址；目的 IPv6 地址为 NodeB 的单播地址，而不是被请求节点的组播地址。

(2) NA 报文中的 S 标记必须置位，表示是可达性确认报文，即这个 NA 报文是专门响应 NS 报文的。

需要注意的是，邻居的可达性仅代表了同一链路上相邻节点的可达性，并不能代表网络中端到端的可达性。如果源到目标之间的路径跨越了路由器等第三层设备，NUD 则仅仅验证了到目标路径上第一跳的可达性。

此外，邻居的可达性是单向的。在图 3-5 所示的不可达性检测中，一个请求和应答的过程仅仅使 NodeA(请求发送者)得到了 NodeB(被请求者)的可达性信息，NodeB 并没有获得 NodeA 的可达性信息。此时如果要达到"双向"可达，还需 NodeB 发送 NS 探测报文，NodeA 给 NodeB 回应 S 标志置位的 NA 报文。

## 3.2.3 地址解析交互报文

**1. NS 报文**

NS 报文是 ICMPv6 中类型为 135 的报文，如图 3-6 所示。

其中部分字段含义如下。

(1) Target Address：待解析的 IPv6 地址，16 字节长。Target Address 不能是组播地址，

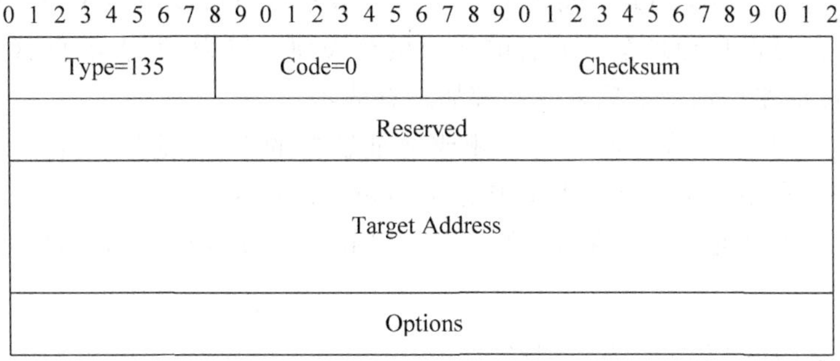

0 1 2 3 4 5 6 7 8 9 0 1 2 3 4 5 6 7 8 9 0 1 2 3 4 5 6 7 8 9 0 1 2

| Type=135 | Code=0 | Checksum |
|---|---|---|
| Reserved | | |
| Target Address | | |
| Options | | |

图 3-6 NS 报文

可以是链路本地地址、站点本地地址和全球单播地址。

(2) Options：地址解析中只使用了链路层地址选项(Link-layer Address Option)，是发送NS报文的节点的链路层地址。链路层地址选项的格式如图 3-7 所示。

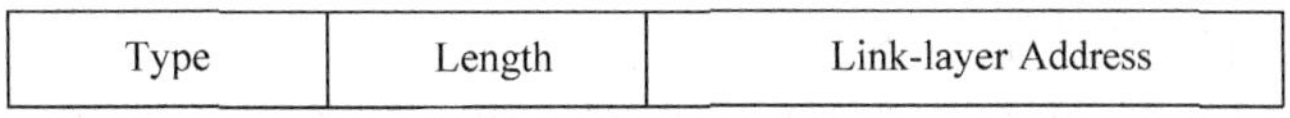

| Type | Length | Link-layer Address |
|---|---|---|

图 3-7 链路层地址选项的格式

其中部分字段含义如下。

(1) Type：选项类型，在链路层地址选项中包括如下两种。

① Type 值为 1，表明链路层地址为 Source Link-layer Address(源链路层地址)，在 NS、RS、Redirect 报文中使用。

② Type 值为 2，表明链路层地址为 Target Link-layer Address(目标链路层地址)，在NA、Redirect 报文中使用。

(2) Length：选项长度，以 8 字节为单位。

(3) Link-layer Address：链路层地址。长度可变，对于以太网为 6 字节。

**2. NA 报文**

NA 报文是 ICMPv6 中类型为 136 的报文，如图 3-8 所示。

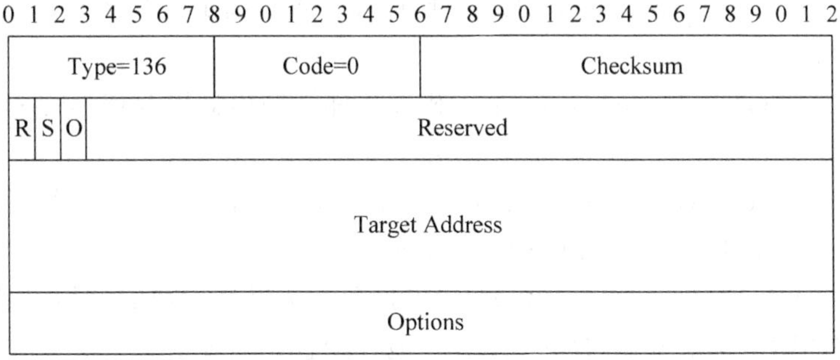

0 1 2 3 4 5 6 7 8 9 0 1 2 3 4 5 6 7 8 9 0 1 2 3 4 5 6 7 8 9 0 1 2

| Type=136 | | | | Code=0 | Checksum |
|---|---|---|---|---|---|
| R | S | O | Reserved | | |
| Target Address | | | | | |
| Options | | | | | |

图 3-8 NA 报文

其中部分字段含义如下。

(1) R：路由器标记(Router Flag)位，表示 NA 报文发送者的角色。置为“1”表示发送者是路由器，置为“0”表示发送者为主机。

(2) S：请求标记(Solicited Flag)位。置为“1”表示该 NA 报文是对 NS 报文的响应。

(3) O：覆盖标记(Override Flag)位。置为"1"表示节点可以用NA报文中携带的目标链路层地址选项中的链路层地址覆盖原有的邻居缓存表项。置为"0"表示只有在链路层地址未知时，才能用目标链路层地址选项来更新邻居缓存表项。

(4) Target Address：待地址重复检测或地址解析的IPv6地址。如果NA报文是响应NS报文的，则该字段直接复制NS报文中的Target Address。

(5) Options：只能是Type值为2的Target Link-layer Address，是被解析节点的链路层地址。

## 3.3 无状态地址自动配置

IPv6同时定义了无状态与有状态地址自动配置机制。有状态地址自动配置使用DHCPv6协议来给主机动态分配IPv6地址，无状态地址自动配置通过ND协议来实现。在无状态地址自动配置中，主机通过接收链路上的路由器发出的RA消息，结合接口的标识符而生成一个全球单播地址。

无状态地址自动配置的优点如下。

(1) 真正的即插即用。节点连接到没有DHCP服务器的网络时，无须手动配置地址等参数便可访问网络。

(2) 网络迁移方便。当一个站点的网络前缀发生变化，主机能够方便地进行重新编址而不影响网络连接。

(3) 地址配置方式选择灵活。系统管理员可根据情况决定使用何种配置方式——有状态、无状态还是两者兼有。

无状态自动配置涉及三种机制：路由器发现、DAD检测和前缀重新编址。路由器发现可以使节点获得链路上可用的前缀及路由器信息；DAD检测保证了配置的每个IPv6地址在链路上的唯一性；前缀重新编址则是在前面两个机制的基础上，重新通告前缀，完成网络前缀的切换。

### 3.3.1 路由器发现

路由器发现是指主机怎样定位本地链路上的路由器和确定其配置信息的过程，主要包含以下三方面的内容。

(1) 路由器发现(Router Discovery)：主机发现邻居路由器以及选择哪一个路由器作为默认网关的过程。

(2) 前缀发现(Prefix Discovery)：主机发现本地链路上的一组IPv6前缀，生成前缀列表。该列表用于主机的地址自动配置和On-link判断。

(3) 参数发现(Parameter Discovery)：主机发现相关操作参数的过程，如链路最大传输单元(MTU)、报文的默认跳数限制(Hop Limit)、地址配置方式等信息。

在路由器通告报文RA中承载着路由器的相关信息，ND协议通过RS和RA的报文交互完成路由器发现、前缀发现和参数发现三大功能。协议交互主要有两种情况：主机请求触发路由器通告和路由器周期性发送路由器通告。

**1. 主机请求触发路由器通告**

当主机启动时，主机会向本地链路范围内所有的路由器发送RS报文，触发链路上的路由器响应RA报文。主机接收到路由器发出的RA报文后，自动配置默认路由器，建立默认路由器列表、前缀列表和设置其他的配置参数。

图 3-9 为 RS 报文触发 RA 报文的过程。图中 NodeA 的链路层地址为 0014-22D4-91B7，链路本地地址为 FE80::214:22FF:FED4:91B7；路由器的链路层地址为 000F-E248-406A，链路本地地址为 FE80::20F:E2FF:FE48:406A。NodeA 以自己的链路本地地址作为源地址，发送一个 RS 报文到所有路由器的组播地址 FF02::2；路由器 RT 收到该报文后，用它的链路本地地址作为源地址，发送 RA 报文到所有节点的组播地址 FF02::1，NodeA 从而获得了路由器上的相关配置信息。

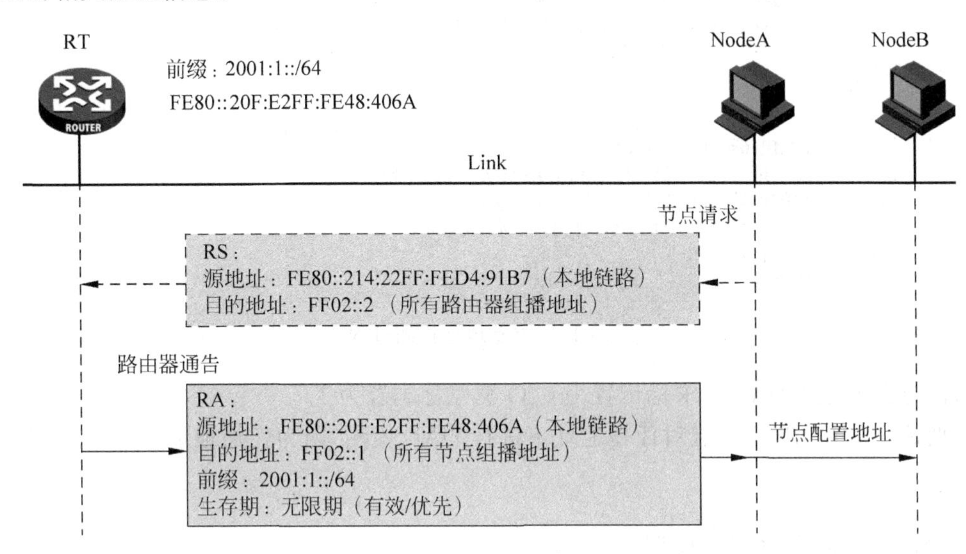


图 3-9 路由器通告过程

**注意**：*为了避免链路上的 RS 报文泛滥，启动时每个节点最多只能发送 3 个 RS 报文。*

**2. 路由器周期性发送路由器通告**

路由器周期性地发送 RA 报文，使主机节点发现本地链路上的路由器及其配置信息，主机节点根据这些内容来维护默认路由器列表、前缀列表和配置其他参数。

图 3-9 中，路由器 RT 用它的本地链路地址 FE80::20F:E2FF:FE48:406A 作为源地址，所有节点的组播地址 FF02::1 作为目的地址，周期性（默认值为 200 秒）地发送 RA 报文，通告自己的前缀（2001:1::/64）等配置信息。然后，监听到该消息的 NodeA 和 NodeB 可以据此配置自己的 IPv6 全球单播地址或者站点本地地址。

### 3.3.2 重复地址检测

DAD（Duplicate Address Detection，重复地址检测）是节点确定即将使用的地址是否在链路上唯一的过程。所有的 IPv6 单播地址，包括自动配置或手动配置的单播地址，在节点使用之前必须要通过重复地址检测。

DAD 机制通过 NS 和 NA 报文实现，如图 3-10 所示，NodeA 发送的 NS 报文，其源地址为未指定地址，目的地址为接口配置的 IPv6 地址对应的被请求节点组播地址，NA 报文的目标地址字段为待检测的这个 IPv6 地址（图中为 2001:1::1:A/64）。在 NS 报文发送到链路上（默认发送一次 NS 报文）后，如果在规定时间内没有收到应答的 NA 报文，则认为这个单播地址在链路上是唯一的，可以分配给接口；反之，如果收到应答的 NA 报文，则表明这个地址已经被其他节点所使用，不能配置到接口。节点所回应的 NA 报文的源地址为该节点的发送报

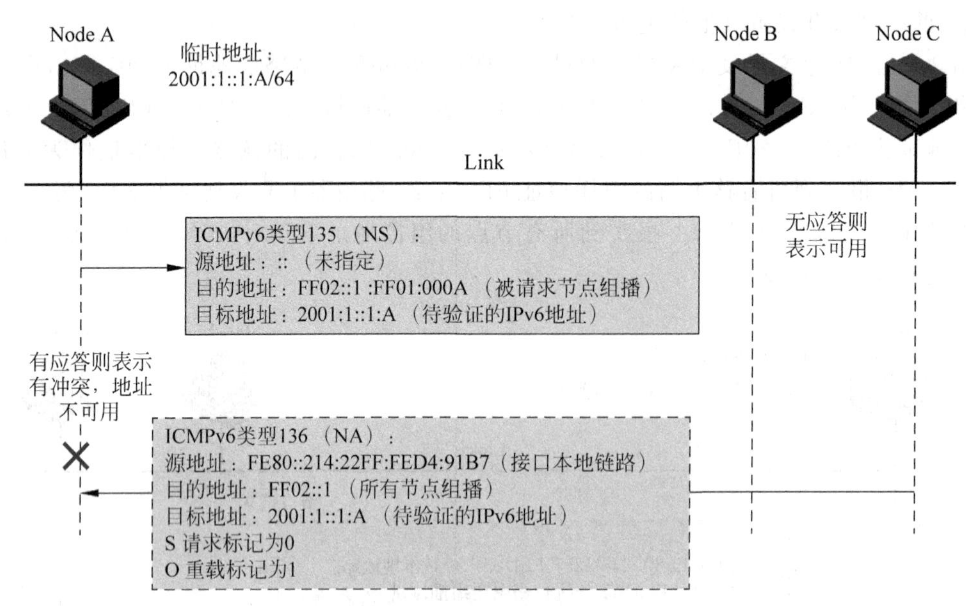


图 3-10 重复地址检测过程

文接口的链路本地地址，S 请求标记置为 0、O 覆盖标志置为 1。

需要注意的是，IPv6 节点对任播地址不进行 DAD 检测，因为任播地址可以被分配给多个接口使用。

### 3.3.3 前缀重新编址

前缀重新编址(Prefix Renumbering)允许网络从以前的前缀平稳地过渡到新的前缀，提供对用户透明的网络重新编址能力。路由器通过 RA 报文中的优先时间和有效时间参数来实现前缀重新编址。

(1) 优先时间(Preferred Lifetime)：无状态自动配置得到的地址保持优先选择状态的时间。

(2) 有效时间(Valid Lifetime)：地址保持有效状态的时间。

对于一个地址或前缀，优先时间小于或等于有效时间。当地址的优先时间到期时，该地址不能被用来建立新连接，但是在有效时间内，该地址还能用来保持以前建立的连接。

在前缀重新编址时，站点内的路由器会继续通告当前前缀，但是有效时间和优先时间被减小到接近于 0 值；同时，路由器开始通告新的前缀。这样，在每个链路上至少有两个前缀共存，RA 消息中包含一个旧的和一个新的 IPv6 前缀信息。

收到 RA 消息后，节点发现当前前缀具有短的生命周期从而废止使用，同时得到新的前缀。节点基于新的前缀，配置自己的接口 IPv6 地址，并进行 DAD 检测。在转换期间，所有节点使用以下两个单播地址。

(1) 旧的单播地址：基于旧的前缀，用以维持以前已建立的连接。

(2) 新的单播地址：基于新的前缀，用来建立新的连接。

当旧的前缀的有效时间递减为 0 时，旧的前缀完全被废止，此时 RA 报文中仅包括新的前缀，前缀重新编址完成。

### 3.3.4 无状态地址自动配置过程

ND协议的无状态自动配置包含两个阶段：链路本地地址的配置和全球单播地址的配置。

当一个接口启用时，主机首先会根据本地前缀FE80::/64和EUI-64接口标识符，为该接口生成一个本地链路地址，如果在后续的DAD检测中发生地址冲突，则必须对该接口手动配置链路本地地址，否则该接口将不可用。需要说明的是，一个链路本地地址的优先时间和有效时间是无限的，它永不超时。

对于主机上全球单播地址的配置步骤如图3-11所示。

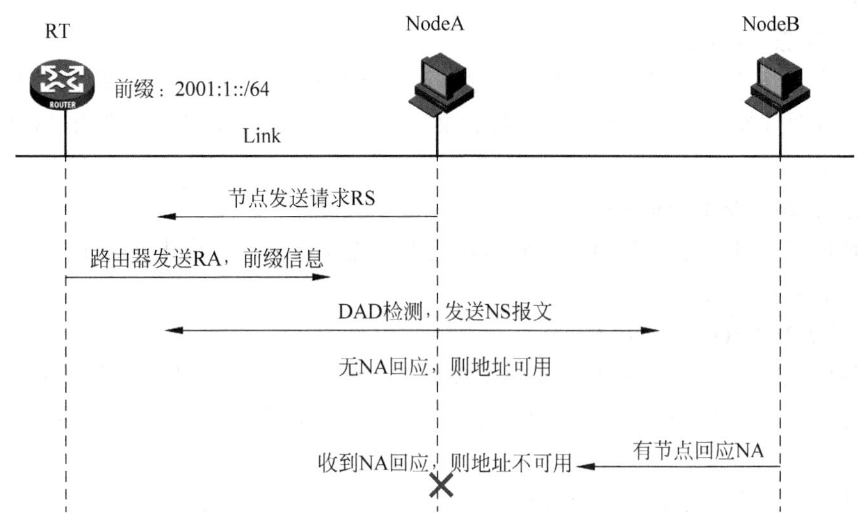


图3-11 无状态地址配置基本过程

(1) 主机节点NodeA在配置好链路本地地址后，发送RS报文，请求路由器的前缀信息。默认情况下，最多发送3个RS报文。

(2) 路由器收到RS报文后，发送单播RA报文，携带着用于无状态地址自动配置的前缀信息，同时路由器也会周期性地发送组播RA报文。

(3) NodeA收到RA报文后，根据前缀信息和配置信息生成一个临时的全球单播地址。同时NodeA启动DAD检测，发送NS报文验证临时地址的唯一性。此时该地址处于临时状态。

(4) 链路上其他节点收到DAD检测的NS报文后，如果没有用户使用该地址，则丢弃报文；否则，产生应答NS的NA报文。

(5) NodeA如果没有收到DAD检测的NA报文，说明地址是全局唯一的，则用该临时地址初始化接口。此时地址进入有效状态。

地址自动配置完成后，路由器可以启动NUD检测，周期性地发送NS报文，探测该地址是否可达。

### 3.3.5 地址的状态及生存期

自动配置的IPv6地址在系统中有一个生存周期，在这个生存周期中，这个地址根据与优先时间和有效时间的关系，可以被划分为临时、优先、反对、无效四种状态，如图3-12所示。

图中的优先时间和有效时间在RA报文的前缀信息选项字段中携带，时间轴起始点表示

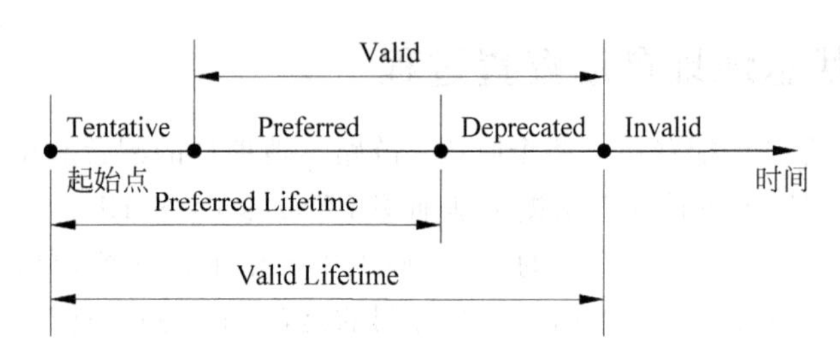


图 3-12 地址状态与生存周期的关系

该 IPv6 地址初始生成的时间点。

**1. 临时状态(Tentative State)**

临时状态位于优先时间的前阶段,此时节点获得的地址正处在 DAD 检测过程中。节点不能接收发往处于临时状态的地址的单播报文,但可以接收并处理 DAD 检测过程中响应 NS 的 NA 报文。

**2. 优先状态 (Preferred State)**

当地址的唯一性通过了 DAD 检测后,就进入了优先状态。在优先状态下,节点可以使用此地址接收和发送报文。

**3. 反对状态 (Deprecated State)**

当地址的优先时间耗尽后,地址就从优先状态变为反对状态,反对状态居于有效时间的最后阶段。在反对状态中,协议不建议使用这个地址去发起新的通信,但现有的通信仍然可以继续使用反对状态的地址。

反对状态和优先状态合称为有效状态。只有在有效状态中,地址才可用于发送和接收单播数据报文。

**4. 无效状态 (Invalid State)**

在有效时间耗尽后,地址进入无效状态,此时地址不能再用于发送和接收单播报文。

## 3.3.6 地址自动配置交互报文

**1. 路由器请求报文**

路由器请求报文是 ICMPv6 中类型为 133 的报文,格式如图 3-13 所示。

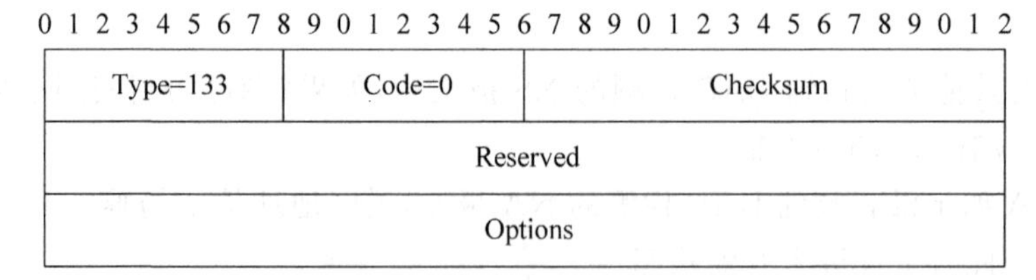


图 3-13 路由器请求报文格式

其中字段含义如下。

Options(选项)字段:只能是源链路层地址选项,表明该报文发送者的链路层地址。不过如果 IPv6 报头的源地址为未指定地址,则不能包括该选项。

**2. 路由器通告报文**

路由器通告报文是 ICMPv6 中类型为 134 的报文,格式如图 3-14 所示。

0 1 2 3 4 5 6 7 8 9 0 1 2 3 4 5 6 7 8 9 0 1 2 3 4 5 6 7 8 9 0 1 2

<table>
<tr><td colspan="3">Type=134</td><td colspan="2">Code=0</td><td>Checksum</td></tr>
<tr><td>Cur Hop Limit</td><td>M</td><td>O</td><td colspan="2">Reserved</td><td>Router Lifetime</td></tr>
<tr><td colspan="6">Reachable Time</td></tr>
<tr><td colspan="6">Retrans Timer</td></tr>
<tr><td colspan="6">Options</td></tr>
</table>

图 3-14 路由器通告报文格式

路由器通告报文中各字段含义如表 3-2 所示。

**表 3-2 路由器通告报文中字段含义**

| 字 段 | 描 述 |
|---|---|
| Cur Hop Limit | 跳数限制，协议规定默认为 IPv6 头中 Hop Limit 数值；若为 0，表示路由器不使用该字段；设备实现中该值可配置，默认为 64 |
| M | 管理地址配置标识(Managed Address Configuration)，置为 0 表示无状态地址分配，客户端通过无状态协议(如 ND)获得 IPv6 地址；置为 1 表示有状态地址分配，客户端通过有状态协议(如 DHCPv6)获得 IPv6 地址 |
| O | 其他有状态配置标识(Other Stateful Configuration)，置为 0 表示客户端通过无状态协议(如 ND)获取除地址外的其他配置信息；置为 1 表示客户端通过有状态协议(如 DHCPv6)获取除地址外的其他配置信息，如 DNS、SIP 服务器信息 |
| Reserved | 6 个比特位，保留，置为 0 |
| Router Lifetime | 默认路由器的生命周期(单位为秒)，表示发送该 RA 报文的路由器作为默认路由器的生命周期；如果该字段值为 0，表示该路由器不能作为默认路由器，但 RA 报文的其他信息仍然有效 |
| Reachable Time | 可达时间(单位为毫秒)，路由器在接口上通过发送 RA 报文，让同一链路上的所有节点都使用相同的可达时间；若 Reachable Time 为 0，表示路由器不使用该字段参数；该值可配置，RA 报文中默认值为 0 |
| Retrans Timer | 重传定时器(单位为毫秒)，重传 NS 报文的时间间隔，用于邻居不可达检测和地址解析；若该值为 0，表示路由器不使用该字段参数；该值可配置，RA 报文默认值为 0 |
| Options | 选项字段，包含源链路层地址选项、MTU 选项、前缀信息选项(Prefix Information Option)、路由信息选项(Route Information Option)等。 |

选项字段中各选项的含义如下。

(1) 源链路层地址选项：路由器发送 RA 报文的接口的链路层地址。

(2) MTU 选项：包含在链路上运行的链路层协议所能支持的 MTU 最大值。

(3) 前缀信息选项：用于地址自动配置的前缀信息，可包含多个。前缀信息选项在 RFC2461 中定义，用于标识地址前缀和有关地址自动配置的信息，只用于 RA 报文中；在其他的消息中，此选项应该被忽略，其格式如图 3-15 所示。

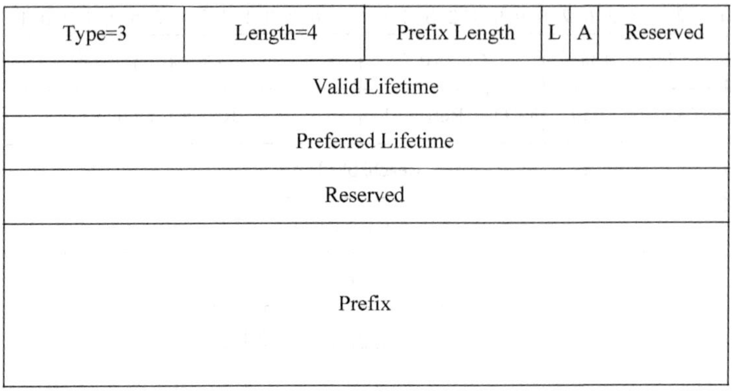

<table>
<tr><td>Type=3</td><td>Length=4</td><td>Prefix Length</td><td>L</td><td>A</td><td>Reserved</td></tr>
<tr><td colspan="6">Valid Lifetime</td></tr>
<tr><td colspan="6">Preferred Lifetime</td></tr>
<tr><td colspan="6">Reserved</td></tr>
<tr><td colspan="6">Prefix</td></tr>
</table>

图 3-15 前缀信息选项格式

前缀信息选项中部分字段含义如表 3-3 所示。

**表 3-3 前缀信息选项字段含义**

| 字　段 | 描　　述 |
|---|---|
| Type | 选项类型，其值为 3 |
| Length | 选项长度，以 8 字节为单位，值为 4 |
| Prefix Length | 前缀长度，值为 0～128 |
| L | 直连标记(On-Link Flag)，当取值为 1 时表示该前缀可以用作 On-Link 判断，否则表示该前缀不用作 On-Link 判断，前缀本身也不包含 On-Link 或 Off-Link 属性；默认值为 1 |
| A | 自动配置标记(Autonomous Address-configuration Flag)，当取值为 1 时，表示该前缀用于无状态地址配置，否则为有状态配置；默认值为 1 |
| Valid Lifetime | 有效时间，表示由该前缀产生的 On-Link 地址处于有效状态的时间(相对于包的发送的时间)；单位为秒，全 F 表示无限值 |
| Preferred Lifetime | 优先时间，表示由该前缀通过无状态地址自动配置产生的地址处于优先状态的时间；单位为秒，全 F 表示无限值；有效时间需要大于或等于优先时间 |
| Prefix | 前缀地址，长度 16 字节。该字段和 Prefix Length 字段一起明确定义了一个 IPv6 地址前缀 |

(4) 路由信息选项：用于主机生成默认路由。路由信息选项在 RFC 4191 中定义，取代了原前缀信息选项的功能。接收 RA 报文的主机将选项中的信息添加到自己的本地路由表中，以便在发送报文时做出更好的转发决定，其格式如图 3-16 所示。

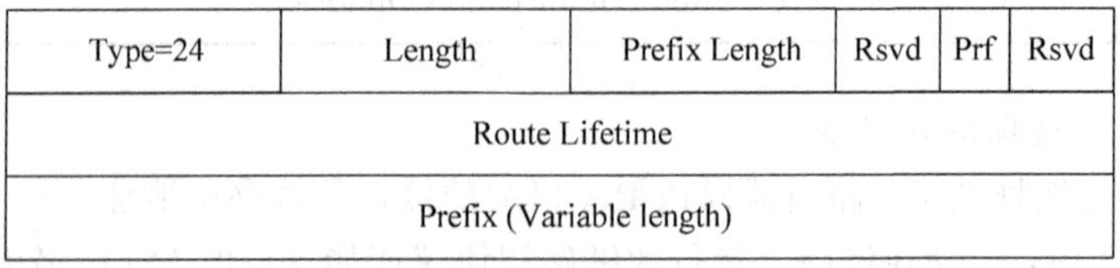

<table>
<tr><td>Type=24</td><td>Length</td><td>Prefix Length</td><td>Rsvd</td><td>Prf</td><td>Rsvd</td></tr>
<tr><td colspan="6">Route Lifetime</td></tr>
<tr><td colspan="6">Prefix (Variable length)</td></tr>
</table>

图 3-16 路由信息选项格式

路由信息选项中部分字段含义如表 3-4 所示。

表 3-4 路由信息选项字段含义

| 字 段 | 描 述 |
|---|---|
| Type | 选项类型,其值为 24 |
| Length | 选项长度,以 8 字节为单位。根据 Prefix Length 的长度,可取 1、2、3 这三值。如果 Prefix Length 大于 64,取值为 3;如果大于 0,取值 2 或 3;如果为 0,则取值 1、2 或 3 |
| Prefix Length | 前缀长度,表示对路由有意义的前缀位数,值为 0～128 |
| Prf | 路由优先级(Route Preference)。表示包含在路由信息选项中的路由优先级,取值范围与 RA 报文字段 Prf 相同,默认为 00。如果多个路由器使用路由信息选项通告同一个前缀,则可以通过配置路由器,使它们通告的路由具有不同的优先级。如果接收者收到的选项中的 Prf 为保留值 10,必须忽略该选项 |
| Route Lifetime | 路由生命周期(单位:秒)。表示用于路由信息选项的前缀处于有效状态的时间,全 F 表示无穷大。当 RA 中的 Router Lifetime 为 0 时,Route Lifetime 也应该为 0 |
| Prefix | 前缀地址,表示有效的路由前缀,其长度由 Prefix Length 决定 |

# 3.4 路由器重定向

## 3.4.1 重定向过程

在重定向过程中,路由器通过发送重定向报文来通知链路上的报文发送节点,在同一链路上存在一个更优的转发数据报文的路由器。接收到该消息的节点据此修改它的本地路由表项。路由器仅为单播数据流发送重定向报文,而重定向报文也仅仅是以单播的形式发送到始发主机,并且只会被始发节点处理。

如图 3-17 所示,NodeA 的默认路由器为 RTA,现在 NodeA 想发送数据报文到 NodeB,路由器重定向机制需要经过以下过程。

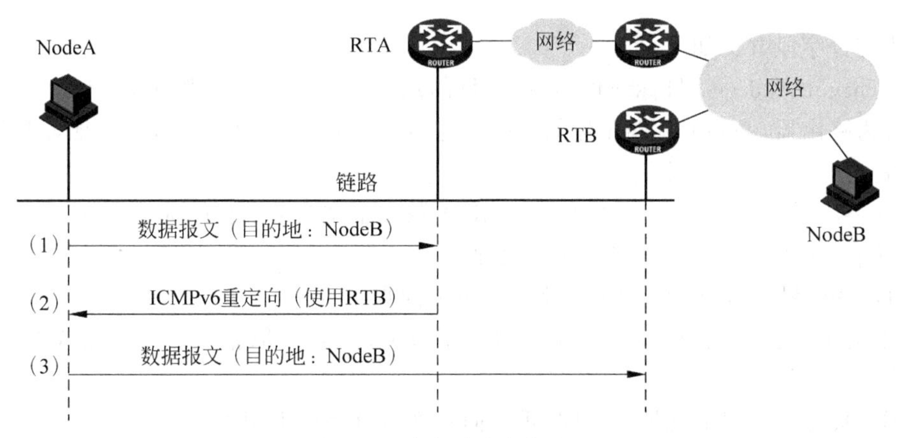


图 3-17 路由器重定向过程

(1) NodeA 首先传送第一个数据报文到它的默认路由器 RTA,当该报文经过 RTB 到达 NodeB 后,RTA 知道 RTB 是链路上转发报文的更好选择。

(2) RTA 向始发报文的 NodeA 发送一个 ICMPv6 重定向报文,目标地址中含 RTB 的

IPv6 地址，报文选项字段中目标链路层地址中含有 RTB 的链路层地址。

(3) NodeA 获悉 RTB 是到 NodeB 的更好路径后，修改自己的目的缓存表，当再发送到 NodeB 的报文时优先发送到 RTB，重定向完成。

如果报文要触发重定向机制，需满足以下条件。

(1) 经过路由器的数据报文的源地址是链路上的邻居，目的地址不能是组播地址。

(2) 转发路径上的某路由器发现对于该报文的目的地址而言存在更好的下一跳，并且就位于同一链路上。需要注意的是，重定向报文仅由始发节点与目的节点间的路径上的第一个路由器来发送，主机决不会发送重定向报文，路由器也决不会根据收到的重定向报文来更新它的路由表项。

## 3.4.2 重定向报文

路由器通过重定向报文通知主机到目的地有更好的下一跳地址，或者通知主机目的地址为链路上的邻居。重定向报文是 ICMPv6 中类型为 137 的报文，格式如图 3-18 所示。

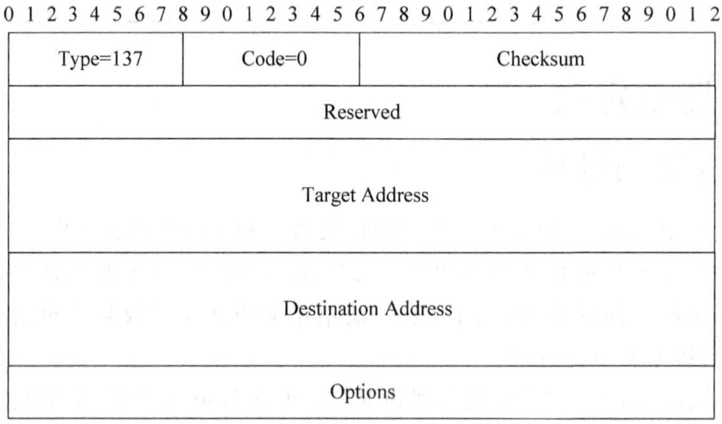

0 1 2 3 4 5 6 7 8 9 0 1 2 3 4 5 6 7 8 9 0 1 2 3 4 5 6 7 8 9 0 1 2

| Type=137 | Code=0 | Checksum |
| --- | --- | --- |
| Reserved | | |
| Target Address | | |
| Destination Address | | |
| Options | | |

图 3-18 重定向报文格式

其中部分字段含义如下。

(1) Target Address(目标地址)：到达目的地址的更好的下一跳地址，长度为 16 字节。如果目标为路由器，必须使用路由器的链路本地地址；如果目标是主机，目标地址和目的地址必须一致。

(2) Destination Address(目的地址)：IPv6 数据报文头部的目的地址，长度为 16 字节。

(3) Options(选项字段)：包含如下两种。

① 目标链路层地址选项，更好的下一跳的链路层地址。

② 重定向头选项，触发重定向报文的数据报文的摘要，取报文中尽可能多的部分进行填充。

根据目标地址和目的地址的不同，重定向报文可分为以下两种。

(1) Target Address 等同于 Destination Address：如果重定向报文的目标地址和目的地址相同，表示默认路由器将下一跳重定向到链路上的另一个节点，也就是目的地就在本链路上。

(2) Target Address 不等同于 Destination Address：如果目标地址和目的地址不同，表示默认路由器将下一跳重定向到另一个路由器。

## 3.5 本章总结

本章重点学习了以下内容。

(1) ND 协议的基本概念和基本功能。

(2) IPv6 的地址解析过程和交互报文的结构。

(3) IPv6 地址无状态自动配置的过程和交互报文的结构。

(4) IPv6 路由器重定向的基本过程和交互报文的结构。

通过本章学习,深入理解了 IPv6 中 ND 协议的基本架构和工作原理。本章为全书的重点之一,应该很好地掌握,为后续章节的学习打下坚实的基础。

# 第4章

# DHCPv6 和 DNS

DHCPv6(Dynamic Host Configuration Protocol for IPv6,IPv6 中的动态主机配置协议)属于有状态 IPv6 地址自动配置协议。相对于 IPv6 的无状态地址自动配置功能,DHCPv6 可以实现更好的地址管理,同时也可以提供更为丰富的配置信息。

本章对 DHCPv6 的消息交互流程进行了详细的分析,并介绍了 DHCPv6 消息类型、消息格式、常用选项、无状态 DHCPv6、DHCPv6 服务器等内容。另外,本章还将对 IPv6 中 DNS 功能的扩展进行简要的介绍。

通过本章的学习,应该掌握以下内容。

(1) DHCPv6 消息交互流程,消息类型、消息格式、常用选项。

(2) 无状态 DHCPv6。

(3) DHCPv6 服务器。

(4) IPv6 中 DNS 功能的扩展。

## 4.1 DHCPv6 协议交互

### 4.1.1 DHCPv6 概述

在 IPv6 网络中,主机可以在没有 DHCP 服务器的情况下,通过无状态自动配置动态获取地址。管理员需要做的仅仅是在 IPv6 路由器上配置前缀等信息。这大大提高了网络的灵活性,减少了网络配置的工作量。

然而,作为有状态地址自动配置的方式之一,DHCP 依旧有着无状态地址自动配置所不能比拟的诸多优势。当需要动态指定 DNS 服务器时,当不希望 MAC 地址成为 IPv6 地址一部分时,当需要良好的可扩展性时,DHCP 仍然是最好的选择。

IPv6 中的 DHCP 为 DHCPv6,在 RFC3315 中定义。相对于 DHCPv4,DHCPv6 在交互过程、消息格式和消息类型上都有所改变。

由于 IPv6 取消了广播,所以 DHCPv6 消息采用组播方式进行发送。在消息交互过程中,客户端使用 UDP 端口 546 接收 DHCP 消息,而服务器和中继代理使用 UDP 端口 547 接收 DHCP 消息。当客户端获取地址后,不同于 DHCPv4 中使用的免费 ARP,DHCPv6 通过 ND 协议中的 DAD 进行地址冲突检测。DHCPv6 使用 Solicit 消息和 Advertise 消息取代了 DHCPv4 中的 Discover 和 Offer 消息,使用 Reply 消息对各种请求进行回复,并采用状态编码来通知消息交互的结果。另外,DHCPv6 采用了更为灵活的消息结构,消息中只有少数的固定字段,绝大多数信息都置于选项中,提高了处理效率。

下面对 DHCPv6 的消息交互流程进行详细介绍。

### 4.1.2　DHCPv6 消息交互流程

DHCPv6 消息交互流程包括客户端与服务器之间的交互过程以及中继与服务器之间的交互过程。客户端与服务器交互过程分为客户端发起的交互过程和服务器发起的重配置过程。其中客户端发起的交互过程又包括地址和配置信息获取过程、地址延期过程、地址有效性确认过程、地址冲突通告过程等。

**1. 地址和配置信息获取过程**

和 DHCPv4 相似，IPv6 中客户端和服务器通过一系列 DHCPv6 消息，实现地址配置和参数获取。典型的地址和参数获取过程如图 4-1 所示。

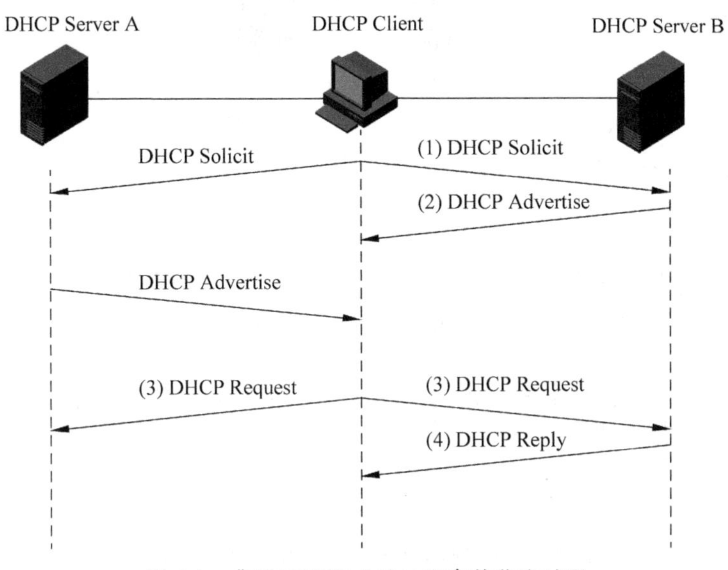


图 4-1　典型 DHCPv6 地址和参数获取过程

由图 4-1 可知，这个过程需要四个消息来完成。首先，DHCP 客户端发送 DHCP Solicit 消息来发现网络中的 DHCP 服务器。由于 IPv6 取消了广播，所以该消息采用组播方式进行发送，目的 IPv6 地址为所有 DHCP 服务器和中继代理组播地址(FF02::1:2)，源地址为客户端链路本地地址，该消息还可以包含客户端希望获取的一些参数信息。服务器收到 DHCP Solicit 消息后回复 DHCP Advertise 消息，向客户端表明自己的可用性。由于网络中可能存在不止一台 DHCP 服务器，所以客户端可能会收到多个 DHCP Advertise 消息。客户端通过分析 DHCP Advertise 消息，选择最合适的服务器并发送 DHCP Request 消息，请求地址或其他一些参数。最后，被客户端选择的服务器通过发送 DHCP Reply 消息对客户端的请求进行回复。

需要注意的是，只有客户端收到服务器发送的 Advertise 消息中有服务器单播选项(Server Unicast Option)，客户端才可以以单播方式发送消息；服务器通过客户端发送消息中的服务器 ID 选项(Server Identifier Option)来确定此消息是否需要应答。

在某些情况下，客户端和服务器可以只通过只有两个消息的交互实现快速的地址配置。比如当服务器上以前已经记录了客户端的地址和配置信息的时候，或当客户端并不需要服务器为其分配 IP 地址，而只需要获取诸如 DNS Server、NTP Server 等信息的时候，客户端和服务器可以只通过只有两个消息的交互，实现快速的地址配置和参数获取。

如图4-2(a)所示，Server A以前已经为Client A指定了地址和配置信息。这时，当Server A收到Client A发送的DHCP Solicit消息，并且该消息包含Rapid Commit选项，表明Client A想要接收一个快速回应消息，则Server A不必发送DHCP Advertise消息，而直接发送DHCP Reply消息进行应答。应答消息中的配置和地址信息可以被Client A立即使用。

如图4-2(b)所示，客户端B已经拥有IPv6地址，只需要获取其他一些参数信息。Client B向服务器B发送DHCP Information-request消息，包含Rapid Commit选项；Server B回复DHCP Reply消息，其中携带了Client B所需的配置信息。

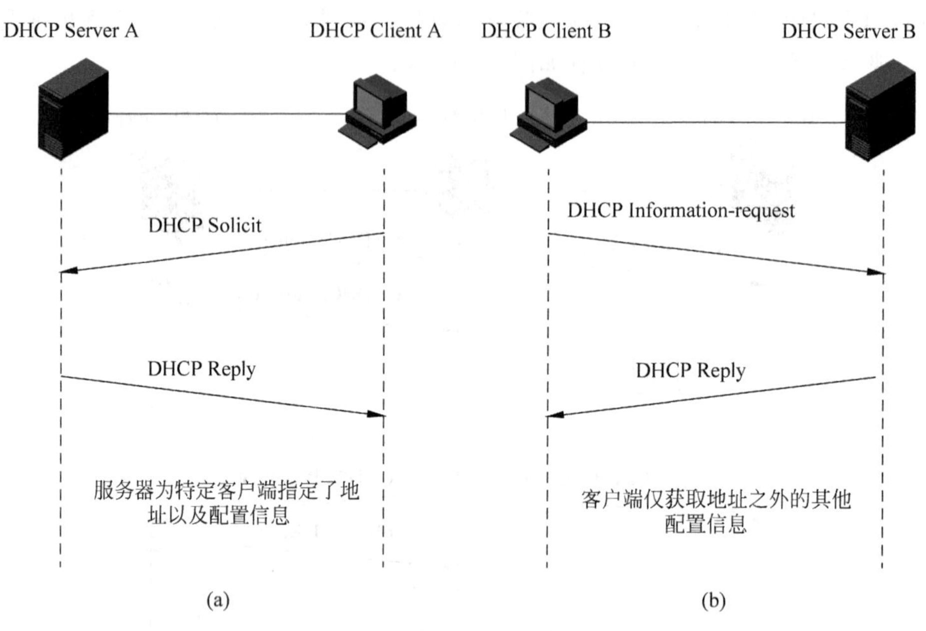


图4-2 包含两个消息的地址和参数获取过程

**2. 客户端发起的其他交互过程**

除地址获取外，客户端和服务器之间还可以通过其他一些交互过程实现地址延期、地址释放等功能。

当客户端获取的IPv6地址即将到期时，客户端可以通过发送Renew/Rebind消息来延长地址的使用期；当客户端切换了链路或从休眠模式恢复时可以向服务器发送Confirm消息来确认自己的地址是否仍然有效；当客户端不再使用某地址时可以发送Release消息给相应的服务器释放该地址；当客户端通过DAD检测，发现服务器分配给自己的地址已经被其他节点使用时，客户端向服务器发送Decline消息通知该地址不可用。服务器通过Reply消息对客户端的上述消息进行回复。上述过程中，客户端会以组播或单播方式发送消息，服务器以单播方式回复。图4-3简要描述了各消息交互过程。

**3. 服务器发起的重配置过程**

重配置是DHCPv6中的一个重要交互过程。当网络中增加新的DHCPv6服务器或部署新的应用时，服务器通过发送Reconfigure消息发起重配置过程，触发客户端更新地址或相应参数，从而提高了网络灵活性。

Reconfigure消息中包含Reconfigure Message选项，该选项用来确定客户端应该回应Renew消息还是Information-request消息。服务器以单播方式发送Reconfigure消息，客户

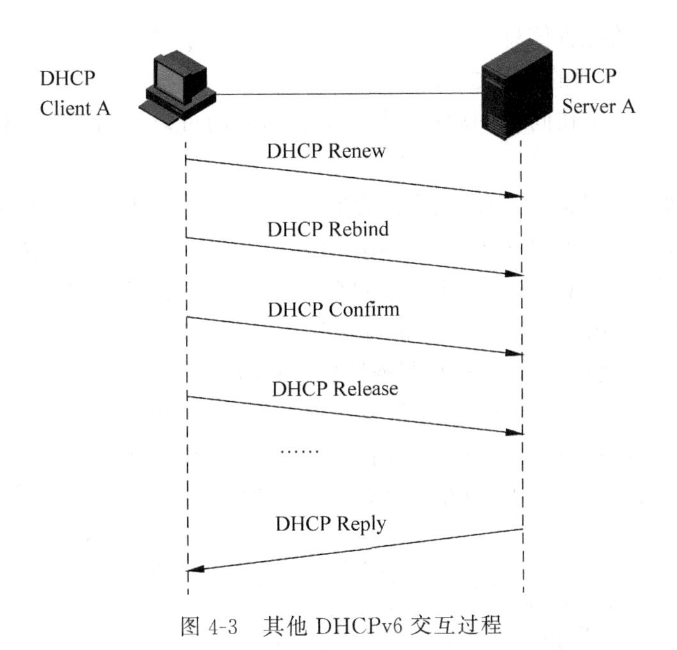


图 4-3 其他 DHCPv6 交互过程

端以组播或单播方式回复。重配置交互过程如图 4-4 所示。

如图 4-4(a)所示,Server A 以前为 Client A 指定了地址和配置信息,配置信息中指定了地址使用期。因为某种原因,Server A 需要增加 Client A 的地址使用期。这时,Server A 会发送一个 DHCP Reconfigure 消息,并在选项中指定客户端应该回应 Renew 消息。当 Client A 收到这个 Reconfigure 消息后,则回应 Renew 消息,然后 Server A 会发送 DHCP Reply 消息,Client A 根据 DHCP Reply 消息中的内容更新自己的地址配置信息。

如图 4-4(b)所示,Server B 想要改变 Client B 的某些地址配置参数,所以会发送 DHCP Reconfigure 消息,并在选项中指定客户端应该回应 Information-request 消息。Client B 向 Server B 发送 DHCP Information-request 消息后,Server B 回复 DHCP Reply 消息,其中携带

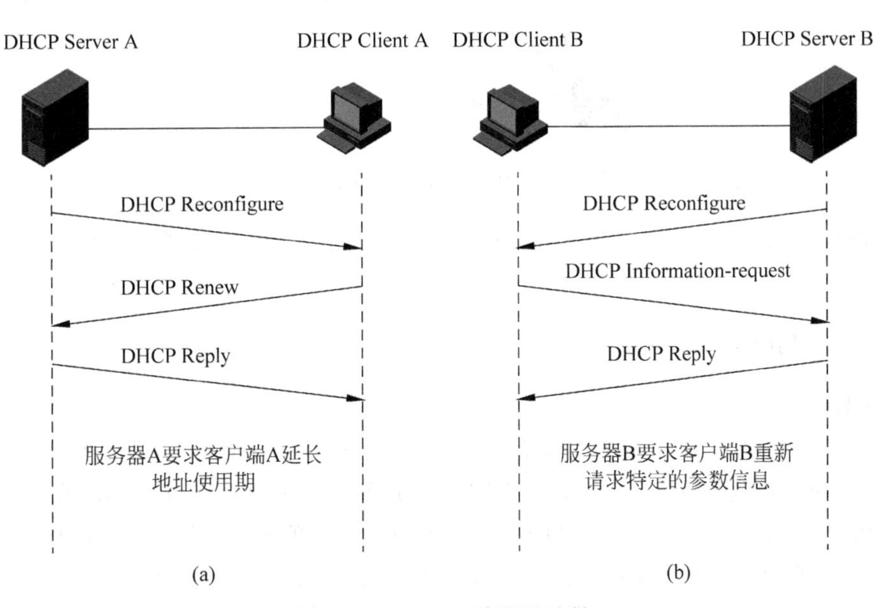


图 4-4 DHCPv6 重配置过程

了想要 Client B 改变的配置信息。

**4. 中继和服务器之间的交互过程**

当服务器和客户端不在同一网段时，为了使它们之间可以正常交互，需要使用 DHCP 中继代理。

对于服务器和客户端而言，中继代理的存在是透明的。中继代理可以中继客户端发出的消息以及其他中继代理发出的 Relay-forward 消息。当中继代理收到合法的需要中继的消息时，它会构建一个新的 Relay-forward 消息，将收到的数据报文的源 IP 地址填写在 Relay-forward 消息的 Peer-address 字段中，将收到的 DHCP 消息内容放在 Relay Message 选项中。

默认情况下，中继代理发给 DHCP 服务器的 DHCP 消息的目的 IPv6 地址为所有 DHCP 服务器组播地址(FF05::1:3)。不过，通常在代理上设置使用单播地址。

典型的中继处理过程如图 4-5 所示。图 4-5 中客户端 C 发送了一个消息 Message1，这个消息被中继代理使用 Relay-forward 消息中继给服务器。

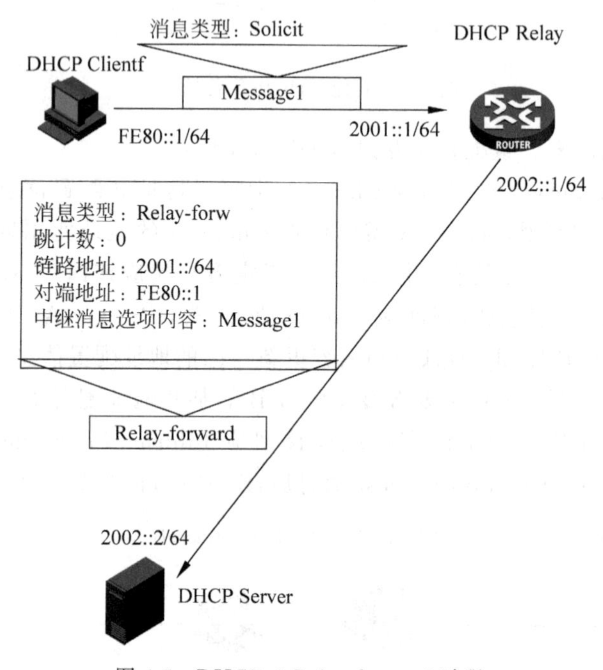


图 4-5 DHCPv6 Relay-forward 过程

服务器生成回复 Message2 置于 Relay-reply 消息中，并按照相同的路径，传递给客户端 C，如图 4-6 所示。

## 4.1.3 DUID 与 IA

**1. DUID**

每个 DHCPv6 客户端和服务器都有一个标识符 DUID( DHCP Unique Identifier，DHCP 唯一标识)。服务器使用 DUID 来识别不同的客户端，客户端则使用 DUID 来识别服务器。DUID 存在于 Client Identifier 选项和 Server Identifier 选项中，它的生成方式有三种：由“链路层地址＋时间”生成、由厂商定义的唯一标识生成、由链路层地址生成。

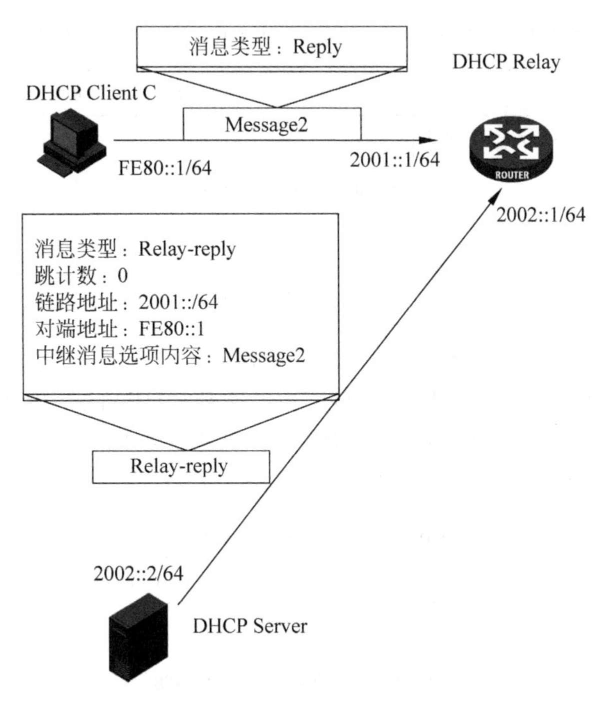


图 4-6　DHCPv6 Relay-reply 过程

（1）由“链路层地址＋时间”组成的 DUID（DUID-LLT）。DUID-LLT 包括两字节的类型字段，值为 1；两字节的硬件类型字段；四字节的时间字段和不定长度的链路层地址字段。其中时间值是 DUID 的产生时间距 2000 年 1 月 1 日 0 时 0 分 0 秒的秒数对 $2^{32}$ 取模的结果。DUID-LLT 结构如图 4-7 所示。

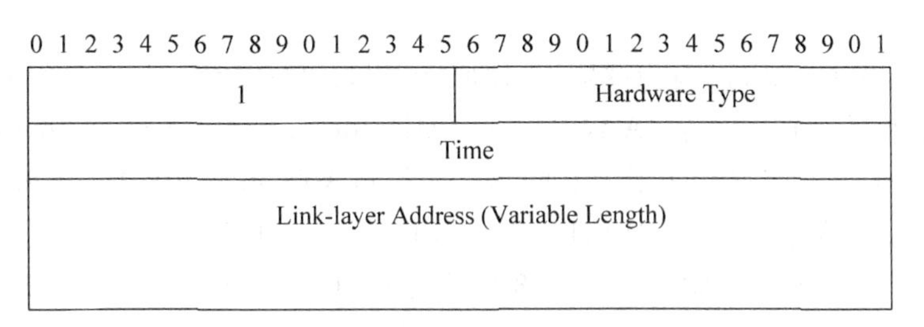


图 4-7　DUID-LLT 格式

链路层地址取自设备的某一个接口，这个接口的选择是任意的，只要该接口有唯一的链路层地址即可。

DUID 一旦生成，将用于设备上所有接口。使用此类 DUID 的设备必须将 DUID 稳定地保存起来，即使生成此 DUID 的接口被移除，DUID 必须仍然保持可用。不具备稳定存储能力的设备不能使用这种 DUID。一般建议台式计算机、笔记本计算机使用这种 DUID，对于打印机、路由器等具有非易失性内存的设备，也可以使用这种 DUID。

（2）由厂商定义的唯一标识生成的 DUID（DUID-EN）。这种 DUID 是由 IANA 维护的私有企业号码连同厂商定义的标识符组成的，其结构如图 4-8 所示。

其中的 Identifier 字段交给厂商自己定义，厂商必须保证自己出产的设备的 Identifier 互不相同。并且 Identifier 字段必须在设备生产的时候就要确定并写入设备的非易失存储介质

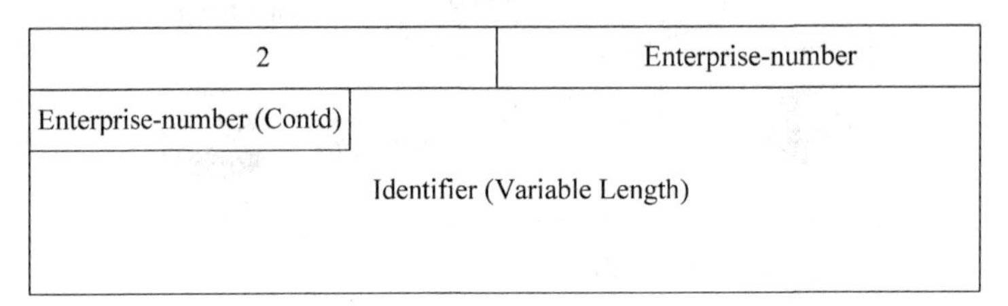


图 4-8　DUID-EN 格式

中。Enterprise-number 字段是 IANA 维护的厂商代码。

(3) 由链路层地址生成的 DUID(DUID-LL)。这种 DUID 的结构比较简单,链路层地址来自设备的某一个接口,这个接口的选择是任意的,只要该接口有唯一的链路层地址,且是固定在设备上不能移除的即可。其结构如图 4-9 所示。

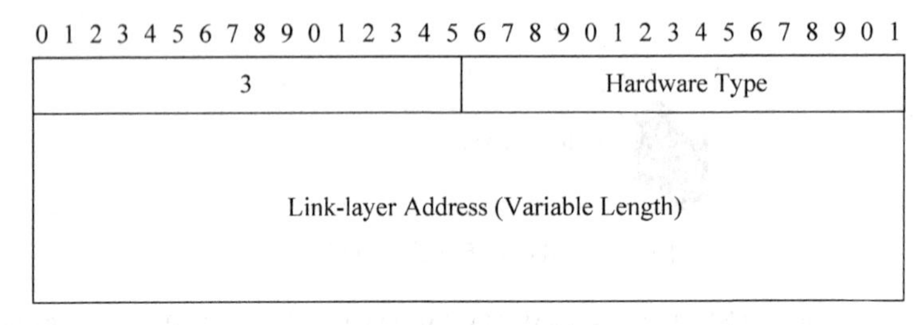


图 4-9　DUID-LL 格式

这种 DUID 适用于有固定的带有链路层地址的接口,且没有非易失性存储介质的设备,对于没有固定接口的设备,这种 DUID 不适用。

**2. IA**

IA(Identity Association,身份联盟)是使服务器和客户端能够识别、分组和管理一系列相关 IPv6 地址的数据结构。每个 IA 包括一个 IAID(Identity Association Identifier,IA 标识)和相关联的配置信息。客户端必须为它的每一个接口关联至少一个 IA 并利用 IA 从服务器获取配置信息。IA 信息位于 IA_NA、IA_TA 和 IA 地址选项中。

IA 的身份由 IAID 唯一确定,同一个客户端的 IAID 不能出现重复。IAID 不能因为设备的重启等因素发生丢失或改变。客户端必须通过将 IAID 保存在非易失性存储介质或使用可以产生相同输出的特定算法来维持 IAID 的一致性。

IA 中的配置信息由一个或多个 IPv6 地址以及用来触发 Renew 和 Rebind 消息的定时器组成。

### 4.1.4 无状态 DHCPv6

通常可以通过无状态自动配置和有状态自动配置这两种方式为客户端动态配置地址。当使用无状态自动配置方式时,就无法为客户端配置 DNS 和其他一些选项信息。RFC3736 为 IPv6 提出了一种新的服务:无状态 DHCP 服务。无状态 DHCP 不负责为客户端分配 IPv6 地址,它主要用来对客户端的 Information Request 消息进行回复。

无状态 DHCP 服务器还可以在为客户端提供无状态 DHCP 服务的同时,提供 DHCP 中继服务。

DHCPv6 客户端通过地址无状态自动配置功能成功获取 IPv6 地址后，如果接收到的 RA(Router Advertisement，路由器通告)报文中 M 标志位(Managed Address Configuration Flag，被管理地址配置标志位)取值为 0、O 标志位(Other Stateful Configuration Flag，其他配置标志位)取值为 1，则 DHCPv6 客户端会自动启动 DHCPv6 无状态配置功能，以获取除地址/前缀外的其他网络配置参数，如图 4-10 所示为 DHCPv6 无状态配置过程。

DHCPv6 无状态配置的具体过程如下。

(1) 客户端以组播的方式向 DHCPv6 服务器发送 Information-request 报文，该报文中携带 Option Request 选项，指定客户端需要从服务器获取的配置参数。

(2) 服务器收到 Information-request 报文后，为客户端分配网络配置参数，并单播发送 Reply 报文将网络配置参数返回给客户端。

(3) 客户端检查 Reply 报文中提供的信息，如果与 Information-request 报文中请求的配置参数相符，则按照 Reply 报文中提供的参数进行网络配置；否则，忽略该参数。如果接收到多个与请求相符的 Reply 报文，客户端将选择最先收到的 Reply 报文，并根据该报文中提供的参数完成客户端无状态配置。

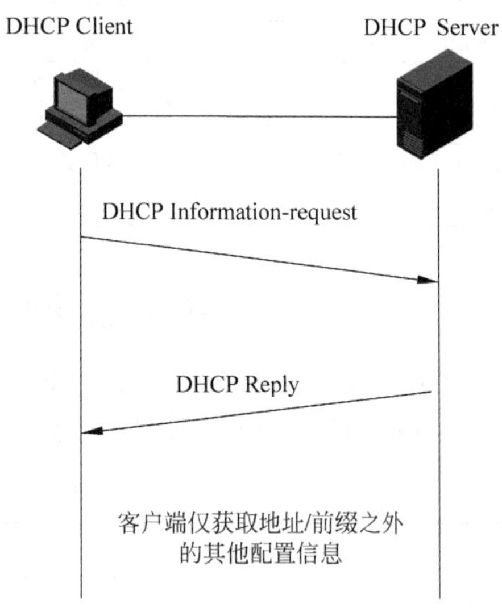


图 4-10 DHCPv6 无状态配置过程

### 4.1.5 DHCPv6 PD

PD(Prefix Delegation，前缀授权)是 DHCPv6 服务器为客户端分配前缀的机制。DHCPv6 PD 在 RFC3633 中进行了定义。

DHCPv6 服务器可以用来为 DHCPv6 客户端分配 IPv6 前缀。DHCPv6 客户端获取到 IPv6 前缀后，向所在网络组播发送包含该前缀信息的 RA 消息，以便网络内的主机根据该前缀自动配置 IPv6 地址。

DHCPv6 前缀绑定信息中记录了 IPv6 前缀、客户端 DUID、IAID、有效时间、首选时间、租约过期时间、申请前缀的客户端的 IPv6 地址等信息。

## 4.2 DHCPv6 消息

### 4.2.1 DHCPv6 消息类型

如表 4-1 所示为 DHCPv6 交互过程中使用到的各种消息类型。

表 4-1 DHCPv6 消息类型

| 消 息 类 型 | 描　　述 |
|---|---|
| Solicit(类型 1) | 客户端用来发现服务器 |
| Advertise(类型 2) | 服务器用来宣告自己能够提供 DHCP 服务 |
| Request(类型 3) | 客户端用来请求 IP 地址和其他配置信息 |
| Confirm(类型 4) | 客户端用来检查自己目前获得的 IP 地址是否依然有效 |
| Renew(类型 5) | 客户端用来延长地址的生存周期并更新配置信息 |

续表

| 消息类型 | 描述 |
|---|---|
| Rebind(类型 6) | 如果 Renew 消息没有得到应答,客户端向任意可达的服务器发送 Rebind 消息来延长地址的生存周期并更新配置信息 |
| Reply(类型 7) | 服务器用来回应客户端的请求 |
| Release(类型 8) | 客户端用来表明自己不再使用一个或多个地址 |
| Decline(类型 9) | 客户端用来声明服务器为其分配的一个或多个地址已经被使用了 |
| Reconfigure(类型 10) | 服务器用来提示客户端更新配置信息 |
| Information-request(类型 11) | 客户端用来请求配置信息,但是不请求 IP 地址 |
| Relay-forw(类型 12) | 中继代理用来向服务器发送要中继的信息 |
| Relay-reply(类型 13) | 服务器通过中继代理向客户端进行回复 |

### 4.2.2 DHCPv6 消息状态编码

DHCPv6 使用表 4-2 中的状态编码来通告客户端和服务器之间的消息交互是否成功,并且提供了附加的信息来通知导致消息交互失败的可能原因。

**表 4-2 DHCPv6 消息状态编码**

| 参数 | 值 | 描述 |
|---|---|---|
| Success | 0 | 成功 |
| Unspec Fail | 1 | 失败,原因未知 |
| No Addrs Avail | 2 | 服务器没有可用地址供分配 |
| No Binding | 3 | 客户端和指定地址没有绑定关系 |
| Not On Link | 4 | 地址前缀标识的地址和客户端不在同一链路 |
| Use Multicast | 5 | 强制客户端使用组播进行发送 |

### 4.2.3 DHCPv6 消息格式

DHCPv6 消息格式和 DHCPv4 有所不同,它只有少数几个固定字段,绝大多数信息都存在选项字段。所有的 DHCP 消息都包含一个固定的消息头部和一个变长的选项部分。所有选项在消息的选项域中按顺序存储,且选项之间没有填充。

**1. 客户端/服务器间消息格式**

客户端和服务器间消息格式如图 4-11 所示。

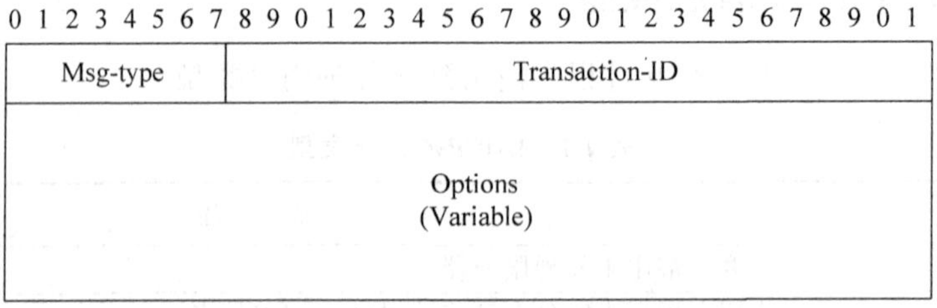

0 1 2 3 4 5 6 7 8 9 0 1 2 3 4 5 6 7 8 9 0 1 2 3 4 5 6 7 8 9 0 1

| Msg-type | Transaction-ID |
|---|---|
| Options (Variable) | |

图 4-11 DHCPv6 客户端和服务器之间的消息格式

其中各字段含义如下。

(1) Msg-type: DHCP 消息类型。

(2) Transaction-ID：消息 ID，用来匹配请求/回复消息。

(3) Options：消息携带的选项。

**2. 中继代理/服务器间消息格式**

中继代理和服务器间消息格式如图 4-12 所示。

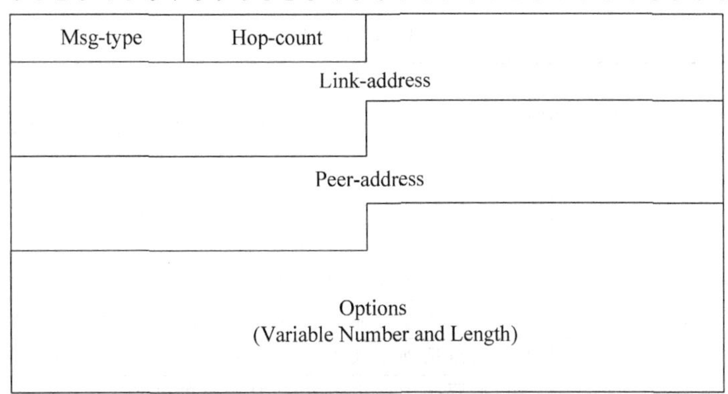


图 4-12 DHCPv6 中继代理和服务器之间的消息格式

(1) Relay-forward 消息。如果该消息为 Relay-forward 消息，则各字段含义如下。

① Msg-type：消息类型为 Relay-forw。

② Hop-count：消息已经经过的中继个数。

③ Link-address：全球单播或站点本地地址，服务器用来标识客户端所处链路。

④ Peer-address：发送或转发中继消息的客户端或中继代理的地址。

⑤ Options：选项域，其中必须包含 Relay Message 选项。

(2) Relay-Reply 消息。如果该消息是一个 Relay-Reply 消息，则各字段含义如下。

① Msg-type：消息类型为 Relay-reply。

② Hop-count：和 Relay-forward 中的对应值相同。

③ Link-address：和 Relay-forward 中的对应值相同。

④ Peer-address：和 Relay-forward 中的对应值相同。

⑤ Options：选项域，其中必须包含 Relay Message 选项。

## 4.2.4 DHCPv6 常用选项

由 DHCPv6 消息格式可以看出选项在 DHCP 交互过程中是不可或缺的。所有配置信息以及标识信息都位于相应的选项中，选项的通用格式如图 4-13 所示。

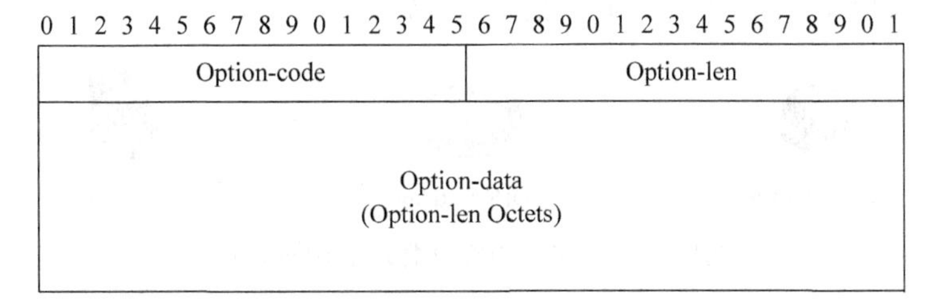


图 4-13 DHCPv6 选项通用格式

其中各字段含义如下。

(1) Option-code：选项类型值。

(2) Option-len：Option-data 域的长度，单位为字节。

(3) Option-data：选项内容，内容格式分别由各选项定义。

如表 4-3 所示为 DHCPv6 中的一些常用选项。

**表 4-3　DHCPv6 常用选项**

| 选项名 | 选项值 | 描述 |
| --- | --- | --- |
| Client Identifier | 1 | Client Identifier 选项包含客户端的 DUID 值，用来唯一标识一个客户端 |
| Server Identifier | 2 | Server Identifier 选项包含一个 DUID 值，用来唯一标识一个 DHCP 服务器 |
| IA 地址选项 | 5 | IA 地址选项包含获取的 IPv6 地址 |
| Option Request 选项 | 6 | 在客户端和服务器交互时，用来标识客户请求的选项 |
| 中继消息选项 | 9 | 中继消息选项用来承载 DHCP Relay-forward 消息或 Relay-reply 消息 |
| 状态编码选项 | 13 | 状态编码选项标识各 DHCP 消息的状态 |
| Rapid Commit 选项 | 14 | Rapid Commit 选项用来表明本次地址分配将使用包含两个消息的交互方式 |

DHCPv6 中还包含其他一些选项，如 IA_NA 选项、IA_TA 选项、Preference 选项、Elapsed Time 选项、Authentication 选项、Server Unicast 选项、User Class 选项、Vendor Class 选项、Vendor-specific Information 选项、Interface-ID 选项、Reconfigure Message 选项、Reconfigure Accept 选项等，今后根据实际应用需求可能还会定义一些新的选项。

# 4.3 DHCPv6 应用

因为 DHCPv6 可以采用无状态及有状态两种方式给客户端分配 IPv6 地址/前缀以及其他配置参数，所以在实际网络应用中，会根据应用环境选择合适的 DHCPv6 服务器方式。

## 4.3.1 DHCPv6 典型应用环境

DHCPv6 服务器应用环境分为以下两种。

**1. DHCPv6 服务器为客户端分配 IPv6 地址和其他网络配置参数**

如图 4-14 所示的应用环境中，为了便于集中管理 IPv6 地址，简化网络配置，DHCPv6 服务器用来为 DHCPv6 客户端提供诸如 IPv6 地址、域名后缀、DNS 服务器地址等网络配置参数。DHCPv6 客户端根据服务器分配的参数实现主机的配置。DHCPv6 中继负责将 DHCPv6 服务器和 DHCPv6 客户端间的报文进行转发。

图 4-14　服务器为客户端分配 IPv6 地址

DHCPv6 服务器为客户端分配的 IPv6 地址分为以下两类。

(1) 临时 IPv6 地址：在短期内经常变化且不用续约的地址；临时地址由 IA_TA 选项来定义。

(2) 非临时 IPv6 地址：正常使用，可以进行续约的地址；非临时地址由 IA_NA 选项来定义。

**2. DHCPv6 服务器为客户端分配 IPv6 前缀**

如图 4-15 所示的应用环境中，为了便于集中管理 IPv6 地址，简化网络配置，DHCPv6 服务器用来为 DHCPv6 客户端分配 IPv6 前缀。DHCPv6 客户端获取到 IPv6 前缀后，向所在网络组播发送包含该前缀信息的 RA 消息，以便网络内的主机根据该前缀自动配置 IPv6 地址。IPv6 前缀由 IA_PD 选项及 IA_PD 前缀选项来定义。DHCPv6 中继负责将 DHCPv6 服务器和 DHCPv6 客户端间的报文进行转发。

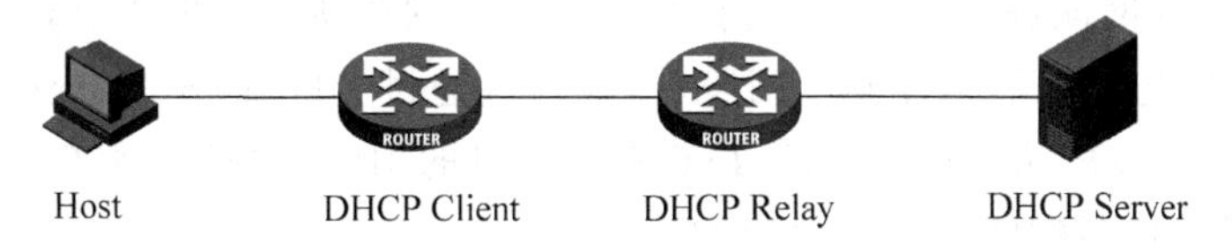


图 4-15　服务器为客户端分配 IPv6 前缀

## 4.3.2　DHCPv6 地址池

每个 DHCPv6 地址池都拥有一组可供分配的 IPv6 地址、IPv6 前缀和网络配置参数。DHCPv6 服务器从地址池中为客户端选择并分配 IPv6 地址、IPv6 前缀及其他参数。

**1. DHCPv6 地址池的地址管理方式**

DHCPv6 地址池的地址管理方式有以下两种。

(1) 静态绑定 IPv6 地址，即通过将客户端 DUID 和 IAID 与 IPv6 地址绑定的方式，实现为特定的客户端分配特定的 IPv6 地址。

(2) 动态选择 IPv6 地址，即在地址池中指定可供分配的 IPv6 地址范围，当收到客户端的 IPv6 地址申请时，从该地址范围中动态选择 IPv6 地址，分配给该客户端。

在 DHCPv6 地址池中指定可供分配的 IPv6 地址范围时，需要做到以下两点。

(1) 指定动态分配的 IPv6 地址网段。

(2) 将该网段划分为非临时地址范围和临时地址范围。每个地址范围内的地址必须属于该网段，否则无法分配。

采用动态选择 IPv6 地址方式时，如果接收到客户端的地址申请，则 DHCPv6 服务器选择一个合适的地址池，并按照客户端申请的地址类型(非临时地址或临时地址)，从该地址池对应的地址范围(非临时地址范围或临时地址范围)中选择合适的 IPv6 地址分配给客户端。

**2. DHCPv6 地址池的前缀管理方式**

DHCPv6 地址池的前缀管理方式有以下两种。

(1) 静态绑定 IPv6 前缀，即通过将客户端 DUID 和 IAID 与 IPv6 前缀绑定的方式，为特定的客户端分配特定的 IPv6 前缀。

(2) 动态选择 IPv6 前缀，即在地址池中指定可供分配的 IPv6 前缀范围，当收到客户端的 IPv6 前缀申请时，从该前缀范围中动态选择 IPv6 前缀，分配给该客户端。

在 DHCPv6 地址池中指定可供分配的 IPv6 前缀范围时，需要做到以下三点。

(1) 创建前缀池，指定前缀池中包括的 IPv6 前缀范围。

(2) 在地址池中指定动态分配的 IPv6 地址网段。

(3) 在地址池中引用前缀池。

DHCPv6 服务器为客户端分配 IPv6 地址或前缀时，地址池的选择原则如下。

(1) 如果存在将客户端 DUID、IAID 与 IPv6 地址或前缀静态绑定的地址池，则选择该地址池，并将静态绑定的 IPv6 地址或前缀及该地址池中的网络参数分配给客户端。

(2) 如果接收到 DHCPv6 请求报文的接口引用了某个地址池，则选择该地址池，从该地址池中选取 IPv6 地址或前缀及网络配置参数分配给客户端。

(3) 如果不存在静态绑定的地址池，且接收到 DHCPv6 请求报文的接口没有引用地址池，则按照以下方法选择地址池。

① 如果客户端与服务器在同一网段，则将接收到 DHCPv6 请求报文的接口的 IPv6 地址与所有地址池配置的网段进行匹配，并选择最长匹配的网段所对应的地址池。

② 如果客户端与服务器不在同一网段，即客户端通过 DHCPv6 中继获取 IPv6 地址或前缀，则将离 DHCPv6 客户端最近的 DHCPv6 中继接口的 IPv6 地址与所有地址池配置的网段进行匹配，并选择最长匹配的网段所对应的地址池。

配置地址池动态分配的网段和 IPv6 地址范围时，请尽量保证与 DHCPv6 服务器接口或 DHCPv6 中继接口的 IPv6 地址所在的网段一致，以免分配错误的 IPv6 地址。

### 4.3.3 地址/前缀的选择优先顺序

DHCPv6 服务器为客户端分配 IPv6 地址/前缀的优先顺序如下。

(1) DUID、IAID 与客户端 DUID、IAID 匹配，且与客户端期望地址/前缀匹配的静态绑定地址/前缀。

(2) DUID、IAID 与客户端 DUID、IAID 匹配的静态绑定地址/前缀。

(3) DUID 与客户端的 DUID 匹配，且与客户端期望地址/前缀匹配的静态绑定地址/前缀，该地址/前缀中未指定客户端的 IAID。

(4) DUID 与客户端 DUID 匹配的静态绑定地址/前缀，该地址/前缀中未指定客户端的 IAID。

(5) 服务器记录的曾经分配给客户端的地址/前缀。

(6) 地址池/前缀池中与客户端期望地址/前缀匹配的空闲地址/前缀。

(7) 地址池/前缀池中的其他空闲地址/前缀。

(8) 如果未找到可用的地址/前缀，则依次查询租约过期地址/前缀、曾经发生过冲突的地址，如果找到则进行分配，否则将不予处理。

如果客户端的网段发生变化，服务器不会为客户端分配曾经分配给它的地址/前缀，而是从匹配新网段的地址池中重新选择地址/前缀等信息。

## 4.4 IPv6 中 DNS 功能的扩展

在 IPv4 中，DNS 用来实现域名到地址以及地址到域名的映射，IPv6 中也是如此，并且由于 IPv6 地址长度的增加，要记忆一个 IPv6 地址变得更加困难，所以 DNS 在 IPv6 中显得更重要了。在 IPv4/v6 并存的环境中，DNS 服务器上需要为双栈主机至少保存两条 DNS 记录，分别记录主机 IPv4 地址到域名的映射和 IPv6 地址到域名的映射。IETF 为 IPv6 的 DNS 定义了两种新的记录类型：AAAA 记录类型和 A6 记录类型。其中 A6 记录仅在实验环境中使用，这里不再介绍。

在 IPv4 的 DNS 中，用 A 记录来存储 IPv4 地址。由于 IPv6 地址长度为 IPv4 地址长度的

4 倍，所以将记录 IPv6 地址的这种记录起名为 AAAA 记录。这种类型记录的 DNS 值为 28。一台主机可以拥有多个 IPv6 地址，此时每一个地址会对应一个 AAAA 记录。该记录对应的反向解析域为 IP6.APPA，反向解析记录是类型为 12 的 PTR 记录。

一个 AAAA 记录的例子如下所示。

```
blog.campus.net IN AAAA 1234:0:1:2:3:4:567:89AB
```

对于反向解析，IP6.ARPA 域下的每一个子域为 128 位 IPv6 地址中的 4 个比特，并且按照和 IPv6 地址相反的顺序进行显示，在这种显示方式下，省略的前导 0 必须补回，所以对于上面的 AAAA 记录，它的 PTR 如下所示。

```
B.A.9.8.7.6.5.0.4.0.0.0.3.0.0.0.2.0.0.0.1.0.0.0.0.0.0.0.4.3.2.1.IP6.ARPA.IN
PTR blog.campus.net
```

## 4.5 本章总结

本章系统介绍了 DHCPv6，并简要介绍了 IPv6 中 DNS 功能的扩展，主要讨论了如下内容。

(1) DHCPv6 协议、报文，以及数据交互流程。

(2) DNS 扩展，介绍了 AAAA 记录。

# 第5章

# IPv6路由协议

在互联网中进行路由选择要使用路由器，路由器根据所收到的报文的目的地址选择一条合适的路由，并将报文传送到下一个路由器。路径中最后的路由器负责将报文送交目的主机。路由信息保存在路由表中，它可以通过链路层直接发现生成，可以通过手动静态配置生成，也可以通过路由协议动态生成。

本章首先对IPv6中的路由表进行介绍，并对路由的各种生成方式以及路由协议的分类进行概述，然后分别对RIPng、OSPFv3、BGP4+和IPv6-IS-IS进行详细讲解。

通过学习本章，应该掌握以下内容。

(1) IPv6路由表的构成。

(2) IPv6路由的生成方式以及路由协议的分类。

(3) 各种路由协议的运行机制以及同IPv4中对应协议的比较。

## 5.1 IPv6路由类型

### 5.1.1 IPv6路由表

IPv6网络中每一台路由器都维护一个IPv6路由表，它是路由器进行IPv6报文转发的基础。

对于每一个接收的IPv6报文，路由器都会根据报文的目的地址，在路由表中查询报文转发的下一跳以及出接口等信息。典型的IPv6路由表如下所示。

```
[RTA]display ipv6 routing-table

Destinations : 8        Routes : 8

Destination : ::1/128                    Protocol   : Direct
NextHop     : ::1                        Preference : 0
Interface   : InLoop0                    Cost       : 0

Destination : 1::/64                     Protocol   : Direct
NextHop     : ::                         Preference : 0
Interface   : GE0/1                      Cost       : 0

Destination : 1::2/128                   Protocol   : Direct
NextHop     : ::1                        Preference : 0
Interface   : InLoop0                    Cost       : 0

Destination : 2::/64                     Protocol   : Direct
```

```
NextHop     : ::                        Preference : 0
Interface   : GE0/0                     Cost       : 0

Destination : 2::1/128                  Protocol   : Direct
NextHop     : ::1                       Preference : 0
Interface   : InLoop0                   Cost       : 0

Destination : 3::/64                    Protocol   : RIPng
NextHop     : FE80::8CD7:48FF:FE7A:106  Preference : 100
Interface   : GE0/1                     Cost       : 1

Destination : FE80::/10                 Protocol   : Direct
NextHop     : ::                        Preference : 0
Interface   : InLoop0                   Cost       : 0

Destination : FF00::/8                  Protocol   : Direct
NextHop     : ::                        Preference : 0
Interface   : NULL0                     Cost       : 0
```

路由表中的每条路由都包含如下信息。

(1) 目的地址和前缀长度：用来和接收报文的目的地址进行匹配。

(2) 下一跳：到达目的地址的路径上的下一跳 IPv6 地址。

(3) 接口：到达下一跳地址的本地接口。

(4) 优先级：标识生成本条路由的协议的优先级。数值越小优先级越高。其中直连路由优先级最高为 0，静态路由优先级为 60，而每一种动态路由协议都有其对应的优先级。

(5) 开销：通过本路由到达对应目的地址所需要的路径开销。不同的路由协议有不同的开销衡量标准，它们之间不能进行比较。直连路由和静态路由的开销值为 0。

(6) 协议：用来表明该路由是通过哪种方式生成的。

## 5.1.2 路由分类

IPv6 路由可以通过三种方式生成，分别是通过链路层协议直接发现而生成的直连路由，通过手动配置生成的静态路由，以及通过路由协议计算生成的动态路由。

**1. 直连路由**

直连路由主要是指路由器自身接口的主机路由和所属前缀的路由(也可能包括链路层协议如 PPP 发现的对端主机路由等)，在路由表中这类路由的 Preference 为 0，即会被最优先使用，其类型被标识为 Direct 路由。

**2. 静态路由**

静态路由是指手动配置的路由，在路由器上配置一条 IPv6 静态路由的命令如下所示。

```
[RTA] ipv6 route - static ipv6 - address prefix - length [ interface - type interface - number ]
nexthop - address [ preference preference - value ]
```

例如，配置命令为 ipv6 route-static 2::1 64 1::1 preference 80，会在路由表中生成如下表项。

```
Destination : 2::/64                    Protocol   : Static
NextHop     : 1::2                      Preference : 80
Interface   : GE0/1                     Cost       : 0
```

**3. 动态路由**

动态路由由各种路由协议生成。根据其作用范围，路由协议可分为以下两种。

(1) 内部网关协议(Interior Gateway Protocol，IGP)：在一个自治系统内部运行，常见的IGP包括RIPng、OSPFv3和IPv6-IS-IS。

(2) 外部网关协议(Exterior Gateway Protocol，EGP)：运行于不同自治系统之间，如BGP4＋。

根据所使用的算法，路由协议又可分为以下两种。

(1) 距离矢量(Distance-Vector)协议：包括RIPng和BGP4＋。其中，BGP也被称为路径矢量(Path-Vector)协议。

(2) 链路状态(Link-State)协议：包括OSPFv3和IPv6-IS-IS。

## 5.2 RIPng

### 5.2.1 RIPng简介

RIPng(RIP next generation，下一代RIP)是RIP针对IPv6网络而进行的修改和增强。它与RIPv2同样是基于距离矢量(Distance-Vector，D-V)算法的路由协议，具有典型距离矢量路由协议的所有特点。为了在IPv6网络中应用，RIPng对原有的RIP进行了如下修改。

(1) UDP端口号：使用UDP的521号端口发送和接收路由信息。

(2) 组播地址：使用FF02::9作为链路本地范围内的RIPng路由器组播地址。

(3) 前缀长度：目的地址使用128位的前缀长度。

(4) 下一跳地址：使用128位的IPv6地址。

(5) 源地址：使用链路本地地址FE80::/10作为源地址发送RIPng路由信息更新报文。

### 5.2.2 RIPng工作机制

RIPng的工作机制与RIPv2基本相同，在此简要阐述一下。

相邻的RIPng路由器彼此通过UDP端口521交换路由信息报文。与RIP一样，RIPng使用跳数来衡量到达目的地址的距离。在RIPng中，从一个路由器到其直连网络的跳数为0，通过与其相连的路由器到达另一个网络的跳数为1，其余以此类推。当跳数大于或等于16时，目的网络或主机就被认为不可达。

默认情况下，RIPng每30s发送一次路由更新报文。如果在180s内没有收到网络邻居的路由更新报文，RIPng将从邻居学到的所有路由标识为不可达。如果再过120s内仍没有收到邻居的路由更新报文，RIPng将从路由表中删除这些路由。

为了提高性能并避免形成路由环路，RIPng既支持水平分割也支持毒性逆转。此外，RIPng还可以从其他的路由协议引入路由。

每个运行RIPng的路由器都管理一个路由数据库，该路由数据库包含了到所有可达目的地的路由项，这些路由项包含下列信息。

(1) 目的地址：主机或网络的IPv6地址。

(2) 下一跳地址：为到达目的地，需要经过的相邻路由器的接口IPv6地址。

(3) 出接口：转发IPv6报文通过的出接口。

(4) 度量值：本路由器到达目的地的开销。

(5) 路由时间：从路由项最后一次被更新到当前时刻所经过的时间，路由项每次被更新时，其路由时间重置为0。

(6) 路由标记(Route Tag)：用于标识外部路由，以便在路由策略中根据Tag对路由进行灵活的控制。

但因为RIPng的运行机制与RIPv2基本相同，所以也有与RIPv2一样的限制。RIPng规定，目标网络的跳数大于或等于16即为不可达，所以运行RIPng的网络直径不能超过15台路由器；并且，RIPng交互路由信息是周期性的，所以它的协议收敛时间较长；RIPng仅仅以跳数衡量到达目的地址的距离，没有反映链路的带宽。上述这些特点决定了RIPng仅适合于对路由协议性能要求不高的小型IPv6网络中。

## 5.2.3 RIPng的报文

RIPng属于应用层协议，承载在UDP之上，端口号是521，其格式如图5-1所示。

图5-1 RIPng报文格式

**1. RIPng报文的基本格式**

RIPng报文由头部(Header)和若干路由表项(Route Table Entry，RTE)组成，每个路由表项的长度为20字节。与RIPv2协议中一个报文仅能携带最多25条RTE不同的是，在同一个RIPng报文中，RTE的最大条数只受限于发送接口的MTU值。

RIPng报文基本格式如图5-2所示。

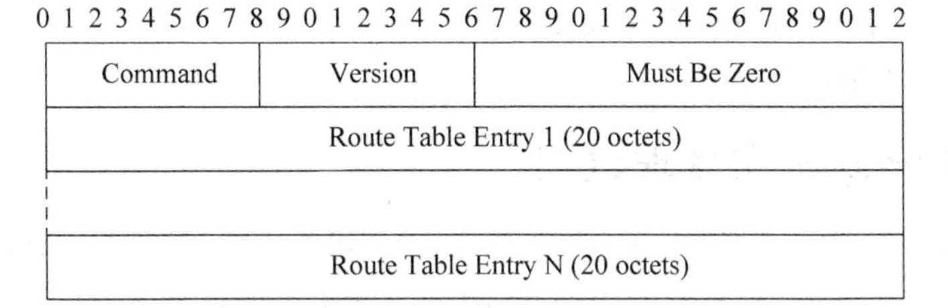


图5-2 RIPng报文基本格式

其中部分字段的含义如下。

(1) Command：定义报文的类型。0x01表示Request报文，0x02表示Response报文。

(2) Version：RIPng的版本，目前其值只能为0x01。

(3) Route Table Entry(RTE)：路由表项，每项的长度为20字节。

**2. RTE的格式**

在RIPng里有两类RTE，分别是下一跳RTE和IPv6前缀RTE，它们的作用不同，如图5-3所示。下一跳RTE携带下一跳IPv6地址信息，它位于一组具有相同下一跳的IPv6前缀RTE的前面；而IPv6前缀RTE用来描述RIPng路由表项中的目的IPv6地址、路由标记、

| RIPng报文头 | 下一跳RTE 1 | 前缀RTE 1 | 前缀RTE 2 | 下一跳RTE 2 | 前缀RTE 3 | 前缀RTE 4 |
|---|---|---|---|---|---|---|

图5-3 RTE格式

前缀长度以及度量值等路由属性。

（1）下一跳 RTE 的格式如图 5-4 所示。

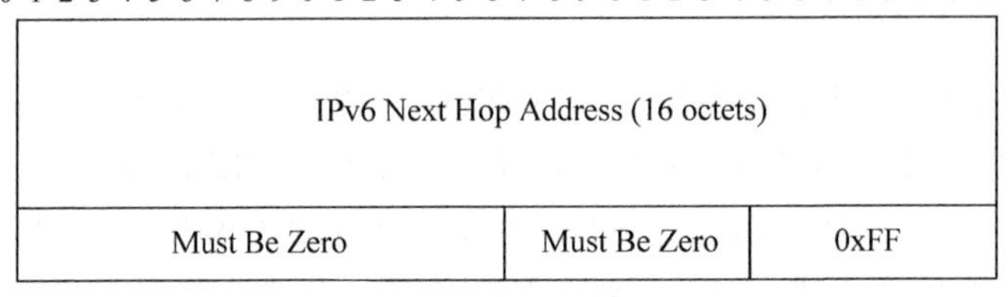


图 5-4 下一跳 RTE 格式

其中，IPv6 Next Hop Address 表示下一跳的 IPv6 地址。

（2）IPv6 前缀 RTE 的格式如图 5-5 所示。

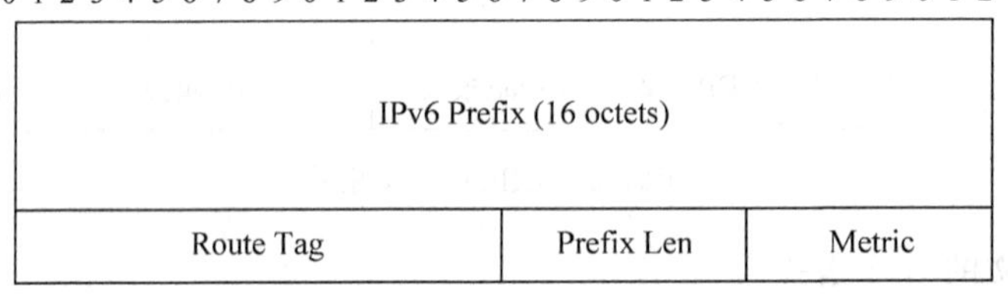


图 5-5 IPv6 前缀 RTE 格式

报文中各字段的解释如下。

① IPv6 Prefix：目的 IPv6 地址的前缀。

② Route Tag：路由标记。

③ Prefix Len：IPv6 地址的前缀长度。

④ Metric：路由的度量值。

### 5.2.4 RIPng 报文处理过程

如前所述，RIPng 报文包含 Request 与 Response 报文。为了增强 RIPng 协议的安全性，路由器发出 RIPng 报文时，把承载 RIPng 的 IPv6 报文头中的跳数的值设置为 255；路由器在收到 RIPng 报文后会对跳数值进行检查，如果跳数值不是 255 则认为是非法报文；通过这种方法，能够保证接收到的 RIPng 报文一定是从邻居发来的。

启用 RIPng 协议的路由器会对这两种报文做相应的处理，从而更新路由表。

**1. Request 报文**

当 RIPng 路由器启动后或者需要更新部分路由表项时，便会发出 Request 报文，向邻居请求需要的路由信息。通常情况下以组播方式发送 Request 报文，但在 NBMA（非广播性多点访问）网络中，管理员可配置为单播方式发送。收到 Request 报文的 RIPng 路由器会对其中的 RTE 进行处理，但并不对本机路由表进行更新。

Request 报文有两种类型，通用 Request 报文和指定 Request 报文。

通用 Request 报文通常在路由器启动时，需要快速获得网络中的路由信息时发出。通用 Request 报文中只有一项 RTE，且 IPv6 前缀和前缀长度都为 0，度量值为 16，表示请求邻居发送全部路由信息。被请求路由器收到后会将当前路由表中的全部路由信息以 Response 报文形式发回给请求路由器。

指定 Request 报文用于特殊用途，如监视工作站想要获得全部或部分路由信息时。指定 Request 报文有多项 RTE，被请求路由器将对报文中的 RTE 逐项处理。首先路由器将检查每条 RTE 中的前缀信息，看是否在本地路由数据库中有相应的前缀。如果有，则用本地路由数据库中相应前缀的度量值替换 RTE 中的度量值；如果没有，则在 RTE 中写入一个无穷大的度量值(16)，最后将此 Request 报文改写成 Response 报文，发送回请求路由器。可以看到，这种情况下，水平分割规则是没有生效的，因为路由器认为此时的 Request 报文的用途是网络诊断。

**2. Response 报文**

Response 报文是对 Request 报文的回应，但路由器也会主动发出 Response 报文。Response 报文中包含了本地路由表的信息。

对 Request 报文回应 Response 报文时，Response 报文的目的地址是 Request 报文的源地址，报文中包含全部路由信息或 Request 报文请求的路由信息。

路由器在两种情况下会主动发出 Response 报文：作为更新报文周期性地发出，或在路由发生变化时触发更新。此时 Response 报文的目的地址是 FF02::9，报文中包含了除水平分割过滤掉的路由之外的其他全部路由信息。

为了保证路由的准确性，RIPng 路由器会对收到的 Response 报文进行有效性检查，比如源 IPv6 地址是否是链路本地地址，端口号是否正确等。如果报文没有通过检查，则不会被路由器用于路由更新。

有效性检查通过后，路由器会更新自己的 RIPng 路由表。包括添加新的前缀到自己的路由表中、重新计算度量值、更新下一跳、重置路由时间等。

# 5.3 OSPFv3

OSPFv2(Open Shortest Path First version 2，开放式最短路径优先协议版本 2)在报文格式、运行机制等方面与 IPv4 地址联系紧密，这大大制约了它的可扩展性。为了使 OSPF 能够很好地应用于 IPv6 同时保留其众多优点，IETF 在 1999 年制定了应用于 IPv6 的 OSPF，即 OSPFv3(Open Shortest Path First version 3，开放式最短路径优先协议版本 3)。本节对 OSPFv3 进行介绍，内容着重于 OSPFv3 相对于 OSPFv2 的不同点。

## 5.3.1 运行机制的变化

OSPFv3 沿袭了 OSPFv2 的协议框架，其网络类型、邻居发现和邻接建立机制、协议状态机、协议报文类型和 OSPFv2 基本一致，下面对两个版本运行机制的不同之处进行介绍。

**1. 协议基于链路运行**

在 OSPFv2 中，协议的运行是基于子网的，路由器之间形成邻居关系的条件之一就是两端接口的 IP 地址必须属于同一网段。

OSPFv3 基于链路运行，同一个链路上可以有多个 IPv6 子网。OSPFv2 中的网段、子网等概念在 OSPFv3 中都被链路所取代。由于 OSPFv3 不受网段的限制，所以两个具有不同 IPv6 前缀的节点可以在同一条链路上建立邻居关系。

**2. 独立于网络层协议**

OSPFv3 中，IPv6 地址信息仅包含在部分 LSA 的载荷中。其中 Router-LSA 和 Network-LSA 中不再包含地址信息，仅用来描述网络拓扑；Router ID、Area ID 和 Link State ID 仍保

留为 32 位，不以 IPv6 地址形式赋值；Transit 链路（穿越链路，包括广播链路和 NBMA 链路）中的 DR（Designated Router，指定路由器）和 BDR（Backup Designated Router，备份指定路由器）也只通过 Router ID 来标识，不通过 IPv6 地址进行标识。

通过取消协议报文和 LSA 头中的地址信息，OSPFv3 可以独立于网络层协议运行，大大提高了协议的扩展性。针对特定的网络层协议，仅需要定义与之相适应的 LSA 即可满足要求，而不需要对协议基本框架进行修改。

**3. LSA 的变化**

由于 OSPFv3 中 Router-LSA 和 Network-LSA 不再包含地址信息，所以增加了一种新的 LSA——Intra-Area-Prefix-LSA 来携带 IPv6 地址前缀，用于发布区域内的路由。Intra-Area-Prefix-LSA 在区域范围内泛滥。

OSPFv3 还新增了一种 LSA——Link-LSA，用于路由器向链路上其他路由器通告自己的链路本地地址以及本链路上的所有 IPv6 地址前缀。该 LSA 还可以在 Transit 链路上为 DR 提供 Network-LSA 中 Options 字段的取值。Link-LSA 只在本地链路范围内泛滥。

除了新增加两种 LSA 外，OSPFv3 还对 Type-3 LSA 和 Type-4 LSA 的名称进行了修改。在 OSPFv3 中 Type-3 LSA 更名为 Inter-Area-Prefix-LSA，Type-4 LSA 更名为 Inter-Area-Rouer-LSA。

**4. 使用链路本地地址**

在 OSPFv2 中，每一个运行 OSPF 的接口都必须配置一个全局的 IPv4 地址，协议的运行和路由的计算都依赖于它。在这点上 OSPFv3 有所不同。

在 IPv6 中，每个接口都会分配链路本地地址，这种地址只会在本地链路发布，不会传播到整个网络。OSPFv3 使用了链路本地地址作为协议报文的源地址（虚连接除外，虚连接使用全球单播地址或站点本地地址作为报文的源地址），所有路由器都会学习本链路上其他路由器的链路本地地址，并将它们作为路由的下一跳。此时，网络中只负责转发报文的路由器可以不用配置全局的 IPv6 地址，这样既可以节省大量的全局 IPv6 地址资源，又便于 IPv6 地址的分配和管理。

**5. 明确 LSA 泛滥范围**

OSPFv3 对 LSA 中的 LS Type 字段做了扩展，其不再仅仅标识 LSA 的类型，还指明路由器对该 LSA 的处理方式和该 LSA 的泛滥范围。LS Type 字段格式如图 5-6 所示。

其中 U 位表示对 LSA 的处理方式，其具体取值含义如下所示。

(1) U 位为 0：该 LSA 当作 Link-local 泛滥范围的 LSA 来处理。

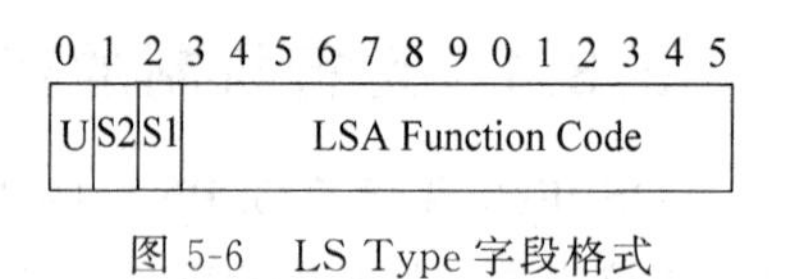


图 5-6 LS Type 字段格式

(2) U 位为 1：当作已知 LSA 处理，按照 S1 位和 S2 位所定义的泛滥范围泛滥该 LSA。

S 位定义了 LSA 的泛滥范围，具体含义如表 5-1 所示。

**表 5-1 S 位取值与泛滥范围**

| S1 | S2 | 泛滥范围 |
|---|---|---|
| 0 | 0 | Link-local 范围 |
| 0 | 1 | Area 范围 |
| 1 | 0 | AS 范围 |
| 1 | 1 | 保留 |

具有 Link-local 范围的 LSA 仅在本地链路上泛滥，如 Link-LSA；具有 Area 范围的 LSA 在单个 OSPF 域内泛滥，包括 Router-LSA、Network-LSA、Inter-Area-Prefix-LSA、Inter-Area-Router-LSA 和 Intra-Area-Prefix-LSA；具有 AS 范围的 LSA 在整个 OSPF 路由域内泛滥，如 AS-External-LSA。

通过明确规定 LSA 的泛滥范围，OSPFv3 可以支持将未知类型的 LSA 在规定的范围内进行泛滥，而不是简单地做丢弃处理。

**6. Stub 区域支持的变化**

OSPFv3 同样支持 Stub 区域，用于减少区域内路由器的 LSDB 和路由表的规模。但是由于 OSPFv3 中允许发布未知类型的 LSA，如果不对这些 LSA 进行控制，可能会使具有 AS 泛滥范围的 LSA 发布到 Stub 区域，使得 Stub 区域的 LSDB 过大，超出路由器的处理能力。

为了避免上述问题，未知类型 LSA 在 Stub 区域发布时必须满足：该 LSA 具有 Area 或 Link-local 泛滥范围，并且该 LSA 的 U 位设置为 0。这样，对于一个具有 AS 泛滥范围的未知类型 LSA，即使其 U 位为 1，也不能被发布到 Stub 区域，而必须被丢弃。

**7. 验证方式改变**

OSPFv3 取消了报文中的验证字段，改为使用 IPv6 中的扩展头 AH 和 ESP 来保证报文的完整性和机密性。这在一定程度上简化了 OSPF 协议的处理。

## 5.3.2 功能的扩展

OSPFv3 在 OSPFv2 基础上还对一些功能进行了扩展。

**1. 单链路上支持多个实例**

OSPFv3 在协议报文中增加了 Instance ID 字段，用于标识不同的实例。路由器在报文接收时对该字段进行判断，只有报文中的实例号与接口配置的实例号相匹配时报文才会处理，否则丢弃。这样，一条链路可以运行多个 OSPF 实例，且各实例独立运行，互相之间不受影响。

如图 5-7 所示，RTA 和 RTB 属于 AS100，RTC 和 RTD 属于 AS200，且各路由器连接在同一链路。配置 RTA 和 RTB 在链路上接口的 OSPF 实例号为 50，配置 RTC 和 RTD 在链路

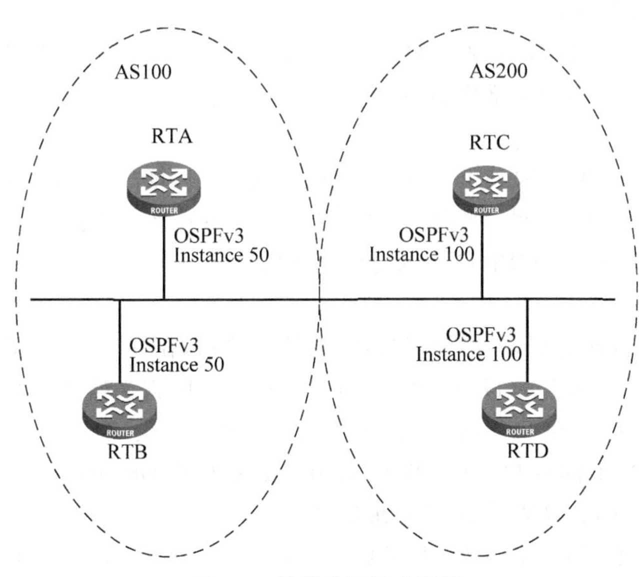


图 5-7 单链路运行多实例

上接口的 OSPF 实例号为 100。此时，RTA 和 RTB 只会接收并处理实例号为 50 的 OSPF 报文，当收到实例号为 100 的 OSPF 报文时会丢弃。

**2. 支持未知 LSA 类型的处理**

在 OSPFv2 中，当路由器收到自己不支持的 LSA 时，仅仅做简单的丢弃处理。这样，当处理能力不同的路由器一起工作时，整个网络的能力就被处理能力最低的路由器限制了。最为典型的就是在 Transit 链路上，如果 DR 不支持某种类型的 LSA，则 DR-Other 路由器之间就不能交互这些 LSA 了，因为 DR-Other 路由器是通过 DR 实现 LSDB 同步的。

在 OSPFv3 中，通过对 LSA 处理方式和泛滥范围的明确定义，可以支持对未知类型 LSA 的处理。当未知类型 LSA 的 U 位为 0 时，该 LSA 会作为 Link-local 泛滥范围的 LSA 处理；其 U 位为 1 时，该 LSA 会当做已知类型的 LSA 处理并根据其 S2 位和 S1 位定义的范围进行泛滥。这样一来，即使网络中的某些路由器能力有限也不会影响一些特殊 LSA 的泛滥，使得协议具备了更好的适用性。

### 5.3.3 OSPFv3 协议报文格式

OSPFv3 运行机制的改变和功能的扩展直接反映在了协议报文和 LSA 的格式的变化中。本小节对 OSPFv3 协议报文的格式进行介绍。

**1. IPv6 报文封装**

OSPFv3 协议号为 89，对应 IPv6 报文的 Next Header 字段为 0x59。OSPFv3 协议报文的源 IPv6 地址除了虚连接外，一律使用链路本地地址。虚连接使用全球单播地址或站点本地地址作为协议报文的源地址。

目的 IPv6 地址则是根据不同应用场合选择 AllSPFRouters、AllDRouters 以及邻居路由器 IPv6 地址这三种地址中的一种。AllSPFRouters 为 IPv6 组播地址 FF02::5，所有运行 OSPFv3 的路由器都需要接收目的地址为该地址的 OSPFv3 协议报文，如 Hello 报文。AllDRouters 为 IPv6 组播地址 FF02::6，DR 和 BDR 都需要接收目的地址为该地址的 OSPFv3 协议报文，如由于链路发生变化导致 DR-Other 发送的 LSU 报文。

**2. OSPFv3 报文头格式**

OSPF 有 5 种协议报文，分别为 Hello、Database Description、LSR、LSU 和 LSAck。这 5 种报文都以一个 16 字节的头部作为报文的开始。如图 5-8 所示为 OSPFv3 和 OSPFv2 报文头格式的对比。

由图 5-8 可知，OSPFv3 取消了 OSPFv2 中的验证字段，增加了 Instance ID 字段用于区分同一链路上的不同 OSPF 实例。此外，OSPFv3 的 Version 字段的值为 3，表示该报文是一个 OSPFv3 报文，其他字段和 OSPFv2 中的对应字段保持一致。

**3. Hello 报文**

Hello 报文用来发现邻居以及维护邻居间的邻接关系，在 Transit 链路上 Hello 报文还负责 DR/BDR 的选举。OSPFv3 Hello 报文和 OSPFv2 Hello 报文格式的对比，如图 5-9 所示。

由图 5-9 可以看到，OSPFv3 的 Hello 报文取消了掩码字段，增加了 Interface ID 字段用于标识同一路由器上的不同接口。OSPFv3 Hello 报文中的 DR、BDR 和邻居路由器都使用 Router ID 进行标识，彻底取消了 IPv6 地址信息。

Hello 报文中保留了 Options 字段，并将其扩展到 24 位，其格式和 OSPFv2 中的 Options 字段有所不同，下面对 OSPFv3 协议报文中的 Options 字段进行介绍。

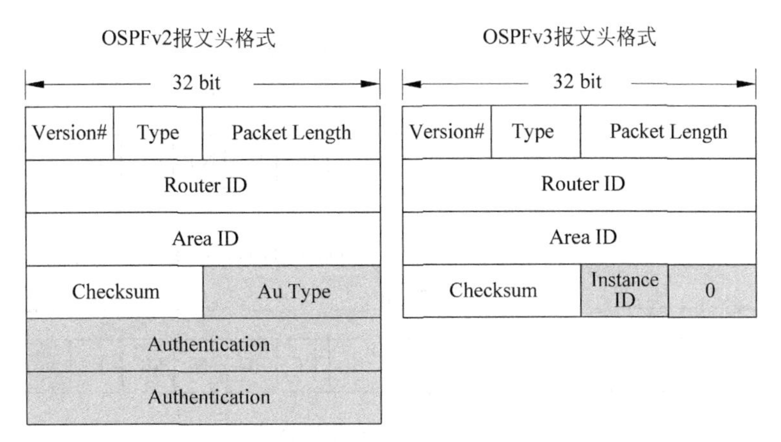


图 5-8 OSPFv3 和 OSPFv2 报文头格式的对比

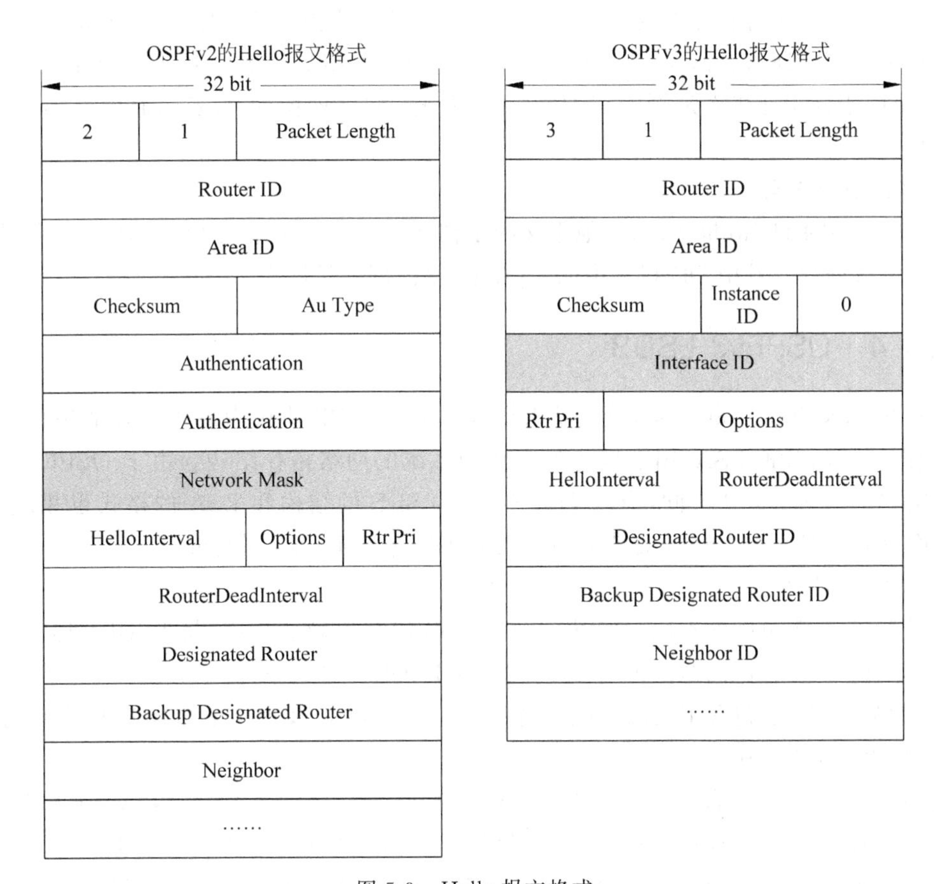


图 5-9 Hello 报文格式

**4. Options 字段**

OSPFv3 协议报文的 Options 字段存在于 Hello、Database Description、Router-LSA、Network-LSA、Inter-Area-Router-LSA 和 Link-LSA 中，用来描述路由器可支持的能力，其格式如图 5-10 所示。

相对于 OSPFv2 中的 Options 字段，OSPFv3 中的 Options 字段取消了 EA 位，增加了 R 位和 V6 位。

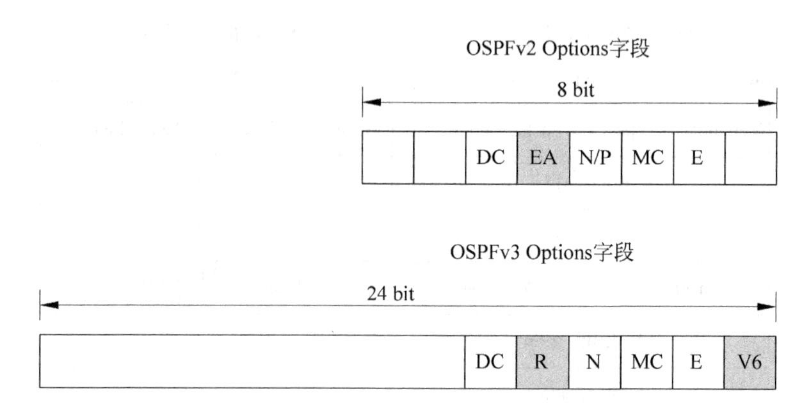


图 5-10 Options 字段格式

R 位用于标识通告者是否为 Active Router，如果该位为 0，说明通告者不能参与数据转发。该位主要用在通告者需要建立路由表，但不负责转发报文的情况下，如通告者为多宿主机时。V6 位用于标识通告者是否参与 IPv6 路由计算，如果该位为 0，表明通告者不参加 IPv6 路由计算。

**5. 其他协议报文**

OSPFv3 中除 Hello 报文外，其他报文的结构和字段含义基本与 OSPFv2 中的保持一致，这里不再进行介绍。其中 DD 报文中的 Options 字段同样扩展为 24 位。

## 5.3.4 OSPFv3 LSDB

LSDB(Link-State Database，链路状态数据库)是 OSPF 协议中最为重要的组件，它包含 AS 区域内交互的各种 LSA，用于描述整个自治系统的网络拓扑结构。由于 OSPFv3 的部分运行机制和 OSPFv2 有所不同，所以 OSPFv3 中 LSDB 的结构和 LSA 的格式也相应有所变化。下面对 OSPFv3 中 LSDB 的结构和组成 LSDB 的各种 LSA 进行介绍。

**1. LSDB 的结构**

根据 LSA 泛滥范围的不同，OSPFv3 对 LSDB 的结构做了扩展，将 LSDB 划分为三种类型，每种类型包含一种泛滥范围的 LSA。这 3 种 LSDB 分别如下。

(1) 链路 LSDB：包含了泛滥范围为链路本地的 LSA 以及类型未知且 U 位为 0 的 LSA。Link-LSA 就包含在其中。

(2) 区域 LSDB：包含了泛滥范围为 Area 的 LSA。Router-LSA、Network-LSA、Inter-Area-Prefix-LSA、Inter-Area-Router-LSA 和 Intra-Area-Prefix-LSA 就在其中。

(3) AS LSDB：包含了泛滥范围为 AS 的 LSA。AS-External-LSA 就在其中。

**2. LSA 头格式**

LSDB 中的每一个 LSA 都由 LSA 头和 LSA 载荷组成。OSPFv3 中的 LSA 头长度为 20 字节，其格式如图 5-11 所示。

由图 5-11 可以看到，OSPFv3 中的 LSA 头去掉了 Options 字段，Options 字段被置于某些 LSA 的载荷中。OSPFv3 LSA 中的 Link State ID 的含义也有所变化，它不再包含地址信息。对于不同的 LSA 类型，该字段的含义如表 5-2 所示。除 Network-LSA 和 Link-LSA 外，其他类型 LSA 中的 Link State ID 仅用来区分同一个路由器产生的多个 LSA。

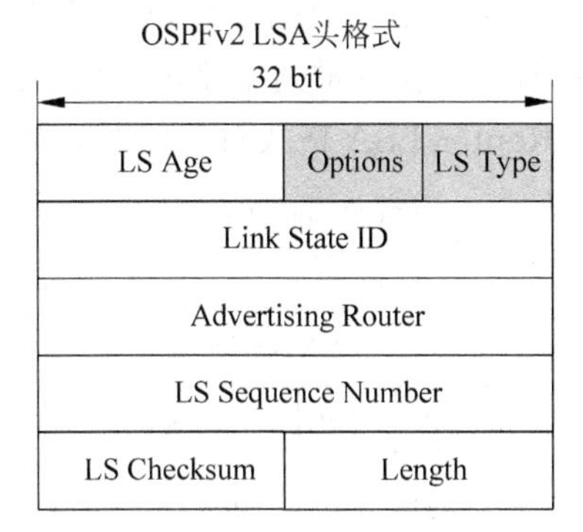


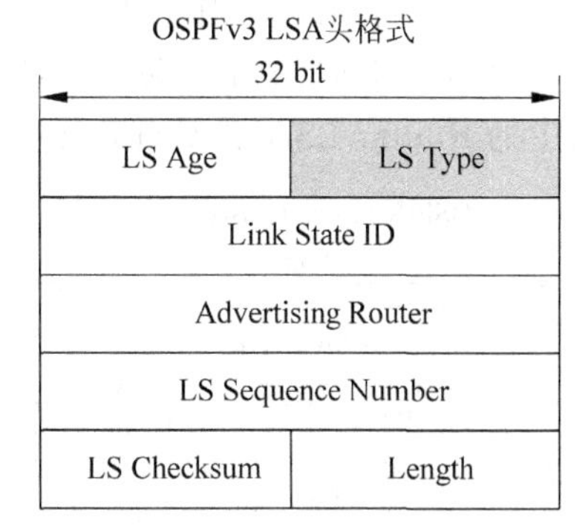


图 5-11 LSA 头格式

**表 5-2 OSPFv3/v2 中 Link State ID 含义的对比**

| LSA | OSPFv2 Link State ID | OSPFv3 Link State ID |
|---|---|---|
| Router-LSA | Router ID | 本地唯一的 32 位整数 |
| Network-LSA | DR 的 IPv4 地址 | DR 的接口 ID |
| Type 4 LSA | Router ID | 本地唯一的 32 位整数 |
| Type 3、5、7 LSA | IPv4 网段 | 本地唯一的 32 位整数 |
| Link-LSA | — | 路由器在本链路上的接口 ID |
| Intra-Area-Prefix-LSA | — | 本地唯一的 32 位整数 |

LS Type 字段在前面介绍 LSA 泛滥范围的时候已经讲到，它从 8 位扩展到 16 位，并增加了 U 位、S2 位和 S1 位用于明确 LSA 的处理方式和泛滥范围，这里不再重复。LS Type 中的 LSA Function Code 字段和 OSPFv2 中相应字段功能相同，用于区分不同类型的 LSA。OSPFv3 共定义了 9 种 LSA 类型，如表 5-3 所示。

**表 5-3 OSPFv3 中 LSA 的类型**

| LS 功能代码 | LS 类型 | 描　述 |
|---|---|---|
| 1 | 0x2001 | Router-LSA |
| 2 | 0x2002 | Network-LSA |
| 3 | 0x2003 | Inter-Area-Prefix-LSA |
| 4 | 0x2004 | Inter-Area-Router-LSA |
| 5 | 0x4005 | AS-External-LSA |
| 6 | 0x2006 | Group-Membership-LSA |
| 7 | 0x2007 | Type-7-LSA |
| 8 | 0x0008 | Link-LSA |
| 9 | 0x2009 | Intra-Area-Prefix-LSA |

下面对各种 LSA 进行详细介绍。由于 OSPFv3 中 Group-Membership-LSA 格式没有变化，而 Type-7-LSA 的格式和 AS-External-LSA 的格式基本相同，所以下述介绍不包含这两种 LSA。

**3. Router-LSA**

Router-LSA 具有 Area 泛滥范围，用于描述路由器在某个区域内的所有链路连接情况。OSPFv3 中 Router-LSA 描述的链路类型有三种：点到点、虚连接和 Transit 链路。Stub 链路不在 Router-LSA 中进行描述，它作为前缀信息在 Intra-Area-Prefix-LSA 中发布。

OSPFv3 的 Router-LSA 中不再包含地址前缀信息，仅仅描述了路由器周围的拓扑连接情况。OSPFv3 中的 Router-LSA 和 OSPFv2 中的 Router-LSA 格式对比如图 5-12 所示。

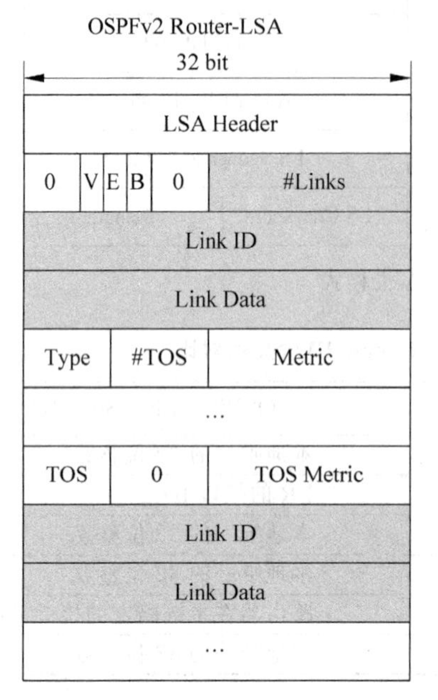


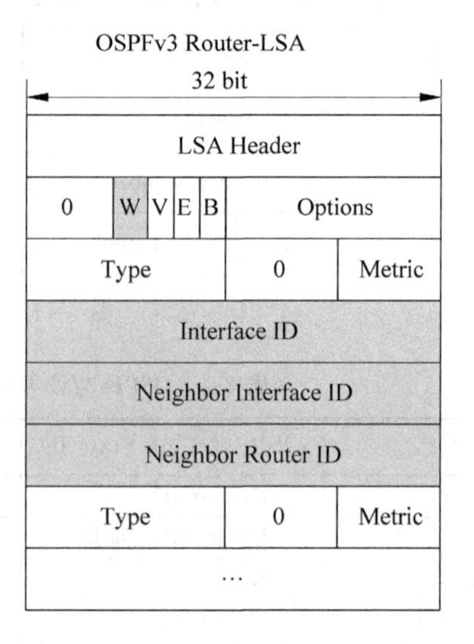


图 5-12 OSPFv2 与 OSPFv3 中的 Router-LSA 格式对比

由图 5-12 可以看到，OSPFv3 中的 Router-LSA 中增加了 W 位，该位为组播标识位，当该位置 1 时表示路由器是一个组播接收者，当运行 MOSPF(Multicast OSPF，组播 OSPF)时，路由器会接收所有的组播路由数据。

OSPFv3 中的 Router-LSA 取消了长度不确定的附加 ToS 字段，每个链路描述的长度都是固定的，因此通过 LSA 头中的长度字段就可以确定 Router-LSA 中的链路描述个数，而不再需要通过 OSPFv2 中的#Links 字段来指明接口链路描述的个数。

OSPFv3 中的 Router-LSA 使用 Interface ID 区分接口链路，使用 Neighbor Interface ID 和 Neighbor Router ID 来描述 Interface ID 标识的接口所对应的邻居。对于不同的链路类型，这两个字段取值不同，具体内容见表 5-4。

**表 5-4 不同接口类型下 Neighbor Router ID 和 Neighbor Interface ID 的取值**

| 链路类型 | 描　　述 | Neighbor Router ID | Neighbor Interface ID |
|---|---|---|---|
| 1 | 点到点连接到另一台路由器 | 邻居的 Router ID | 邻居的接口 ID |
| 2 | 连接到 Transit 网 | DR 的 Router ID | DR 的接口 ID |
| 3 | 保留 | — | — |
| 4 | 虚连接 | 邻居的 Router ID | 邻居的 V-link 接口 ID |

**4. Network-LSA**

Network-LSA 具有 Area 泛滥范围，由 DR 生成，记录了 Transit 链路上的所有路由器，包括 DR 本身。DR-Other 通过 Network-LSA 可以很方便地了解 Transit 链路上的拓扑情况。OSPFv3 中的 Network-LSA 和 OSPFv2 中的 Network-LSA 格式对比如图 5-13 所示。

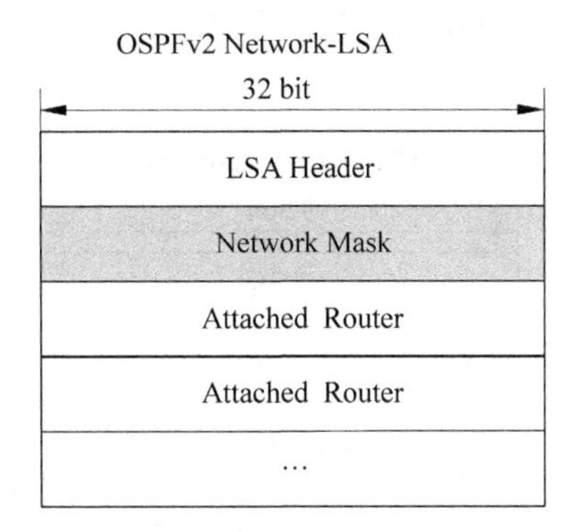


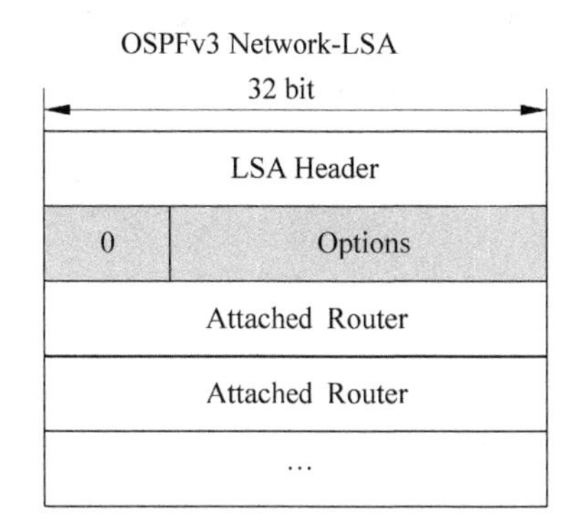


图 5-13 OSPFv2 与 OSPFv3 中的 Network-LSA 格式对比

OSPFv3 的 Network-LSA 取消了掩码字段，增加了 Options 字段，它不再包含地址前缀信息，仅仅用来描述 Transit 链路上的拓扑连接情况。

**5. Link-LSA**

Link-LSA 是 OSPFv3 中新增加的一种 LSA，它具有 Link-local 泛滥范围。路由器通过 Link-LSA 向链路上的其他路由器通告自己的链路本地地址，作为它们路由时的下一跳地址，并通告本链路上的所有 IPv6 前缀。在 Transit 链路上还可以为 DR 提供 Options 取值。OSPFv3 Link-LSA 格式如图 5-14 所示。

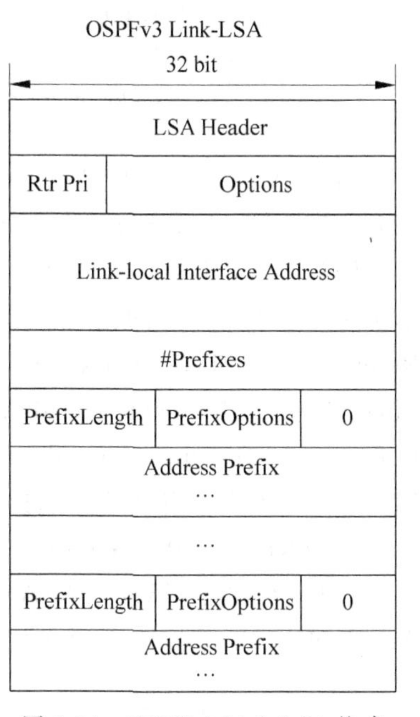


图 5-14 OSPFv3 Link-LSA 格式

Link-LSA 通过 Link-local Interface Address 字段通告自己的链路本地地址，链路本地地址仅在本地链路有效，所以它仅允许在 Link-LSA 中发布，其他 LSA 中不得包含链路本地地址信息。

Link-LSA 通过前缀选项通告本链路上的 IPv6 前缀，#Prefixes 字段表示该 Link-LSA 中包含的所有 IPv6 前缀个数。下面介绍如何通过前缀选项携带地址信息。

在 OSPFv2 中，使用“IP 网段＋掩码”来表示地址信息，而且这两段信息在不同 LSA 中的位置各不相同，结构不够清晰。在 OSPFv3 的 LSA 中，使用三元组(PrefixLength，PrefixOptions，Prefix)来表示前缀信息。其中，PrefixLength 表示以位为单位的 IPv6 地址前缀长度，对于默认路由该字段取值为 0；Prefix 表示具体的 IPv6 地址前缀信息，其长度不定，为 4 字节的倍数，它的长度可以是 0、4、8、12、16 字节；PrefixOptions 为前缀选项，用来描述前缀的某些特殊属性，其格式如图 5-15 所示。

其中，NU 为非单播位，如果该位为 1 表示该前缀将不参加 IPv6 的单播路由计算；LA 为本地地址位，如果为 1 表示该地址为本地地址，对应的 Prefix-Length 为 128；MC 为组播位，如果为 1 表示该地址将参加 IPv6 的组播路由计算；P 为传播位，如果为 1 表示 NSSA 区域的 ABR 需要向其他区域传播该前缀。

**6. 新增 Intra-Area-Prefix-LSA**

OSPFv2 中使用 Router-LSA 和 Network-LSA 来发布区域内路由，在 OSPFv3 中这两类 LSA 不再包含地址信息，而使用新增的 Intra-Area-Prefix-LSA 发布区域内路由。一个路由器可以生成多个 Intra-Area-Prefix-LSA，通过 Link State ID 进行区分。OSPFv3 Intra-Area-Prefix-LSA 格式如图 5-16 所示。

| 0 | 1 | 2 | 3 | 4 | 5 | 6 | 7 |
|---|---|---|---|---|---|---|---|
| | | | | P | MC | LA | NU |

图 5-15　PrefixOptions 格式

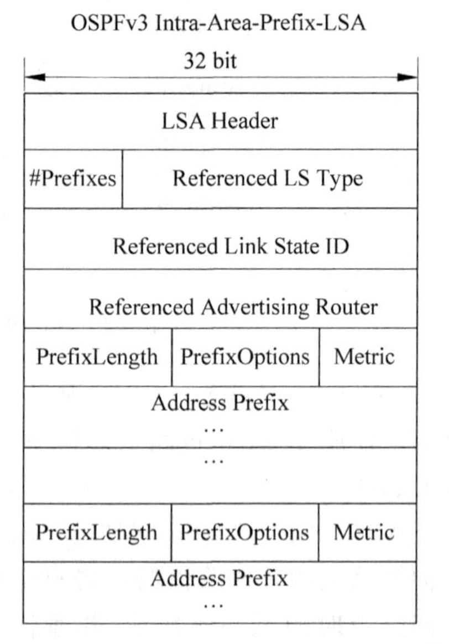


图 5-16　OSPFv3 Intra-Area-Prefix-LSA 格式

Intra-Area-Prefix-LSA 中的＃Prefixes 字段表示该 LSA 包含的前缀个数，具体前缀通过三元组(Prefix-Length，PrefixOptions，Prefix)表示。

Referenced LS Type、Referenced Link State ID 和 Referenced Advertising Router 字段表示该 LSA 中所包含的地址前缀和 Router-LSA 相关联还是和 Network-LSA 相关联。当 Referenced LS Type 为 0x2001 时表示该 LSA 和 Router-LSA 相关联，对应的 Referenced Link State ID 为 0，Referenced Advertising Router 为生成该 LSA 的路由器的 Router ID；当 Referenced LS Type 为 0x2002 时表示该 LSA 和 Network-LSA 相关联，对应的 Referenced Link State ID 为链路上 DR 的接口 ID，Referenced Advertising Router 为 DR 的 Router ID。

**7. Inter-Area-Prefix-LSA**

在 OSPFv2 中，Type-3 LSA 被称为 Type 3 Summary-LSA。在 OSPFv3 中，更名为 Inter-Area-Prefix-LSA，用于描述其他区域的地址前缀信息。Type-3 LSA 格式的对比如图 5-17 所示。

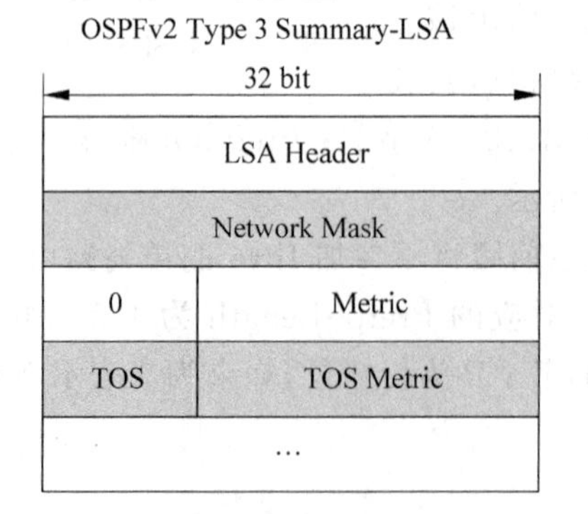


图 5-17　Type-3 LSA 格式对比

Inter-Area-Prefix-LSA 具有 Area 泛滥范围，由 ABR 生成。每个 Inter-Area-Prefix-LSA 包含一条地址前缀信息，且不能包含链路本地地址信息。Inter-Area-Prefix-LSA 中不再包含掩码信息，地址前缀通过三元组(Prefix-Length，PrefixOptions，Prefix)表示。Inter-Area-Prefix-LSA 中不再包含附加 ToS 信息。

**8. Inter-Area-Router-LSA**

在 OSPFv2 中，Type-4 LSA 称为 Type 4 Summary-LSA。在 OSPFv3 中，更名为 Inter-Area-Router-LSA，用于描述到达 ASBR 的路由信息。OSPFv2 中的 Type-4 LSA 与 Inter-Area-Router-LSA 的对比如图 5-18 所示。

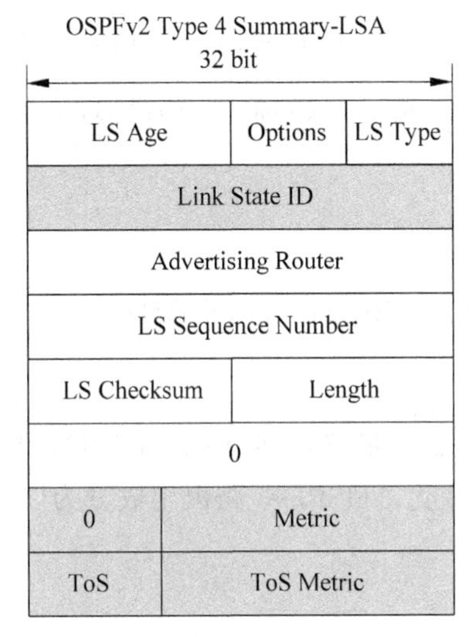


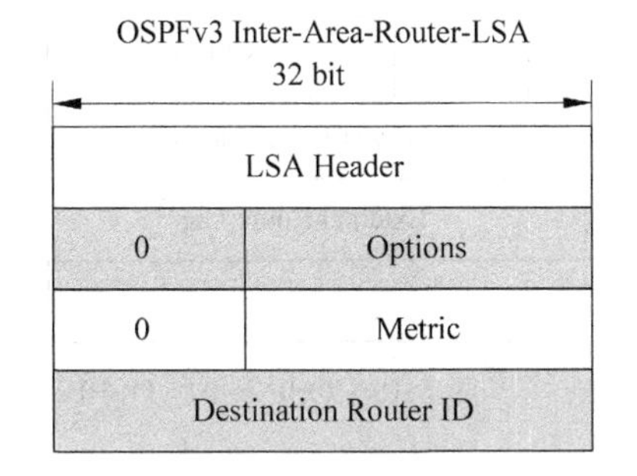


图 5-18 Type-4 LSA 格式对比

Inter-Area-Router-LSA 具有 Area 泛滥范围，由 ABR 生成。每个 Inter-Area-Router-LSA 包含一条目的 ASBR 信息。OSPFv2 Type-4 LSA 的 Link StateID 字段为 ASBR 的 Router ID，用来标识其他区域的 ASBR。OSPFv3 的 Inter-Area-Router-LSA 中，Link StateID 不再有具体含义，它通过 Destination Router ID 字段来标识 ASBR。

**9. AS-External-LSA**

AS-External-LSA 具有 AS 泛滥范围，由 ASBR 生成，描述到 AS 外部的路由信息。每个 AS-External-LSA 包含一条地址前缀信息，且不能包含本地链路地址信息。OSPFv3 中的 AS-External-LSA 和 OSPFv2 中的 AS-External-LSA 格式对比如图 5-19 所示。

OSPFv3 的 AS-External-LSA 中不再包含掩码信息，地址前缀通过三元组(Prefix-Length，PrefixOptions，Prefix)表示。AS-External-LSA 中不再包含附加 TOS 信息。

在 OSPFv3 的 AS-External-LSA 中，增加了两个标识位：F 和 T。F 位如果置 1，表示该 LSA 中包含 Forwarding Address；T 位如果置 1，表示该 LSA 中包含 External Route Tag。

OSPFv3 的 AS-External-LSA 中的 Refereced LS Type 和 Refereced Link State ID 用来表示该 LSA 参考的 LSA。这两个字段是可选字段，被 AS 边界路由器用来传递路由信息，其具体细节不在本文讨论。

## 5.3.5 OSPFv3 路由的生成

当网络中路由器的 LSDB 同步之后，就可以开始进行 SPF(Shortest Path First，最短路径

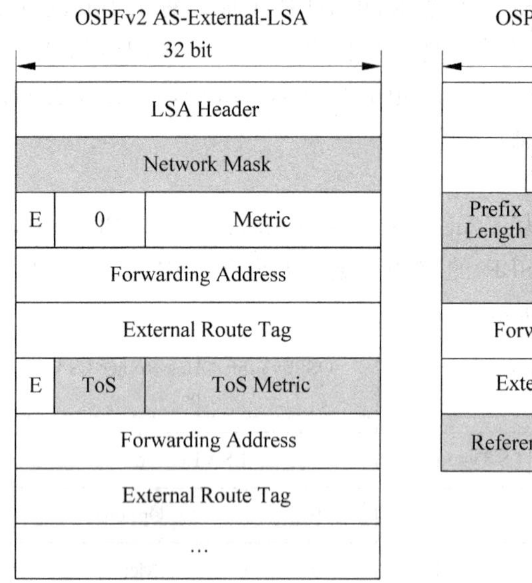


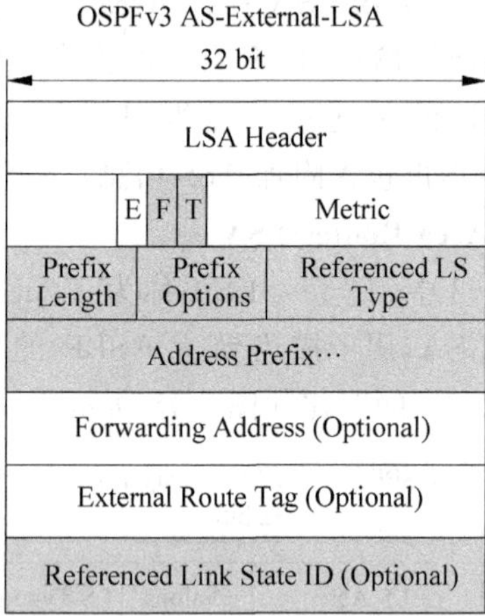


图 5-19　OSPFv2 与 OSPFv3 中的 AS-External-LSA 格式对比

优先)计算并生成 OSPF 路由了。

OSPFv3 路由生成步骤和 OSPFv2 中路由生成的步骤相同,但是由于 OSPFv3 中一些运行机制的变动,使得路由生成的一些细节发生了变化。OSPFv3 路由生成分为以下三个步骤。

(1) 区域内路由的生成。

(2) 区域间路由的生成。

(3) 外部路由的生成。

下面用一个例子来介绍 OSPFv3 路由的生成过程,网络结构如图 5-20 所示,N1、N2、N3 和 N4 代表包含 IPv6 地址前缀的网络。

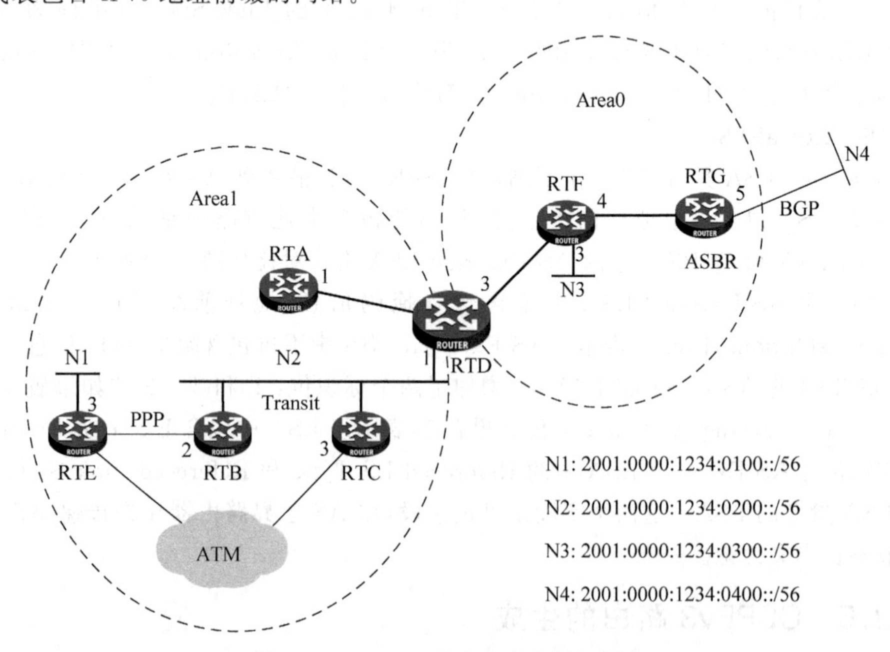


图 5-20　OSPFv3 路由生成案例组网图

1. 区域内路由的生成

通过 5.3.4 小节介绍的 Router-LSA 的格式可以看到，每个 Router-LSA 都描述了发布该 LSA 的路由器周围的链路拓扑情况，包括点到点连接到另一台邻居路由器或连接到 Transit 链路或通过虚连接连接到另一台 ABR 路由器。而从 Network-LSA 的格式，可以了解到某个 Transit 链路上连接了哪些路由器。

通过将区域内的 Router-LSA 和 Network-LSA 相结合，就可以得到区域内网络的完整拓扑。图 5-21 为计算得到的 Area1 的逻辑拓扑图，显然 Area1 中每台路由器得到的拓扑图都是相同的。

得到区域内网络的逻辑拓扑后，路由器以自己为根，结合各路径上的开销值进行 SPF 计算，可以得出到达区域内各节点的最短路径树。最短路径树的节点由路由器和 Transit 链路组成，其中路由器通过 Router ID 标识，Transit 链路通过 DR 的 Router ID 和 DR 在该链路上的接口 ID 进行标识。由于 Router-LSA 和 Network-LSA 不再包含地址前缀信息，所以此时只能得到去往区域内某台路由器或某个 Transit 链路的最佳路径，而得不到去往区域内具体地址的路由。以 RTA 为例，以其为根的 Area1 内的最短路径树如图 5-22 所示，各路由器得到的最短路径树是不同的。

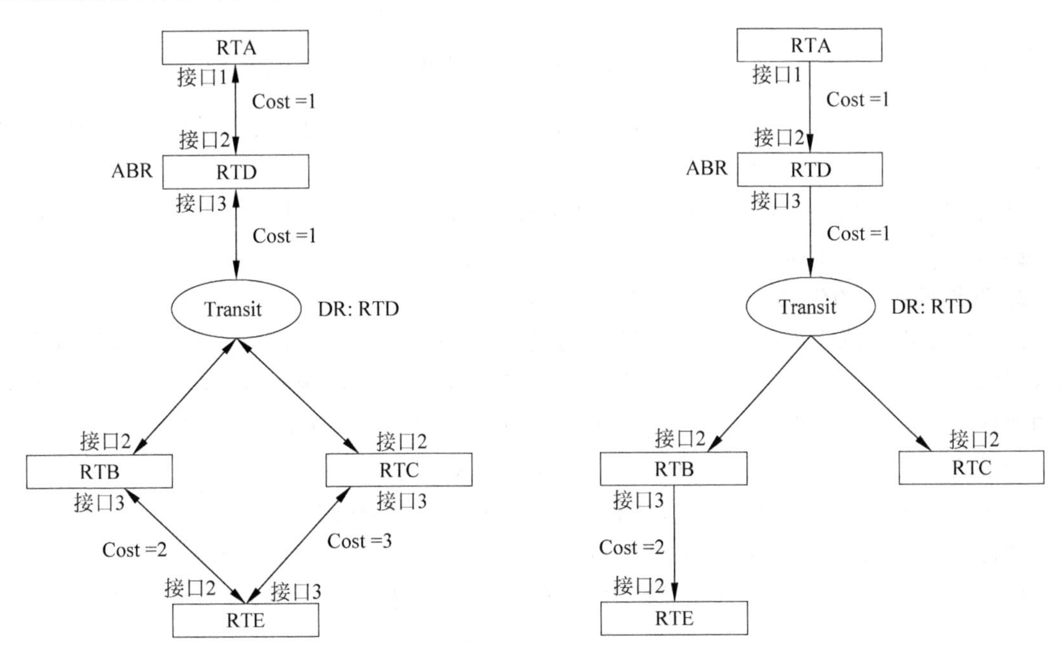


图 5-21 Area1 的逻辑拓扑结构　　图 5-22 以 RTA 为根的最短路径树

区域内的地址信息保存在了 Link-LSA 和 Intra-Area-Prefix-LSA 中。计算出最短路径树后，路由器将 Link-LSA 和 Intra-Area-Prefix-LSA 中包含的地址前缀信息添加到最短路径树上。由于 Link-LSA 有发布者的 Router ID 信息，而 Intra-Area-Prefix-LSA 通过察看其 Referenced 信息也可以得到发布者的 Router ID 或 Transit 链路上 DR 的相关信息，所以这些地址前缀可以准确无误地添加到最短路径树的对应节点上。图 5-23 为 RTA 计算得到的 Area1 中的路由。

计算出去往节点的最短路径，并清楚该节点上拥有哪些地址前缀，此时，区域内到达某地

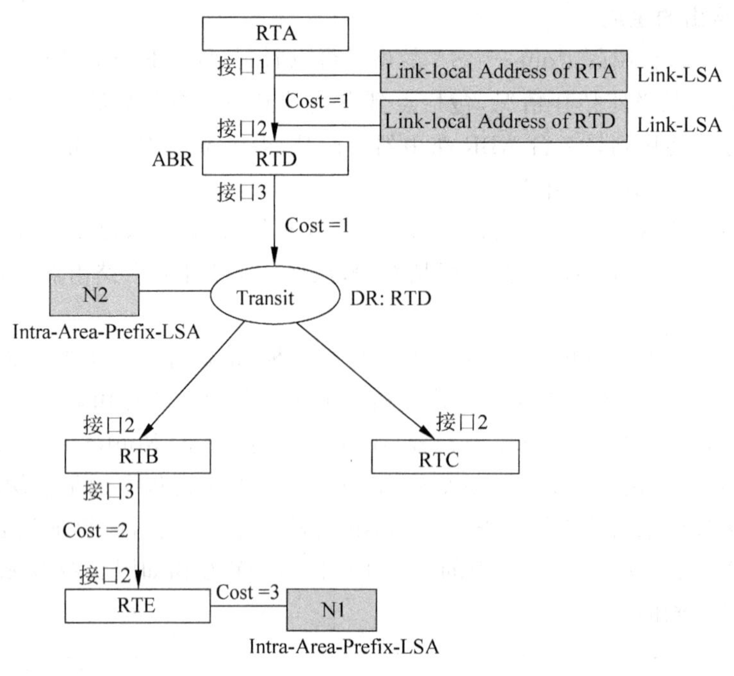


图 5-23 Area1 内的路由

址的最短路径或路由就确定了。需要指出的是，通过路由计算，可能得到去往某节点的等价路由，这些路由都会被保存下来。

最后，通过 Link-LSA 中的 Link-local Interface Address 可以得到路径上的下一跳路由器，也就是直连路由器的地址，该地址为链路本地地址。

**2. 区域间路由的生成**

区域内路由生成之后，本区域的 ABR 通过生成 Inter-Area-Prefix-LSA 向其他区域发布本区域的路由，其中发布者 ID 为 ABR 的 Router ID。这样其他区域的路由器就会学习到本区域的地址前缀信息并将其添加到最短路径树上生成相应的路由，此时到达区域外某地址的最短路径必然经过 ABR。路由下一跳地址计算方式和区域内相同。

本例中，RTD 将 N3 的地址前缀信息生成 Inter-Area-Prefix-LSA 向 Area1 中发布，RTA 会收到这个 LSA 并将其添加到自己生成的最短路径树上。由于 RTD 发布该 LSA 时将发布者 ID 设置为自己的 Router ID，所以在 RTA 的最短路径树上，到达 N3 的前一站为 RTD，如图 5-24 所示。

**3. 外部路由的生成**

区域内的路由器通过 ABR 发送的 Inter-Area-Router-LSA 可以获得 ASBR 的路由信息，并将其添加到最短路径树上。ASBR 负责将 AS 外部地址前缀信息包含在 AS-External-LSA 中，并将其在 AS 内发布。AS-External-LSA 会在整个 AS 内泛滥，AS 中每个区域内的路由器都会收到这些 LSA，并将这些 LSA 中包含的地址信息添加到最短路径树上，此时到达 AS 外部某地址的最短路径必然经过 ASBR。路由下一跳地址计算方式和区域内相同。本例中，RTA 通过 RTD 发布的 Inter-Area-Router-LSA，学习到 ASBR 即 RTG 的路由，并将其添加到自己的最短路径树上，然后将 AS-External-LSA 中包含的 N4 网络的地址前缀信息添加到自己的最短路径树上。此时，RTA 的完整的最短路径树以及完整的路由信息就建立起来了，如图 5-25 所示。

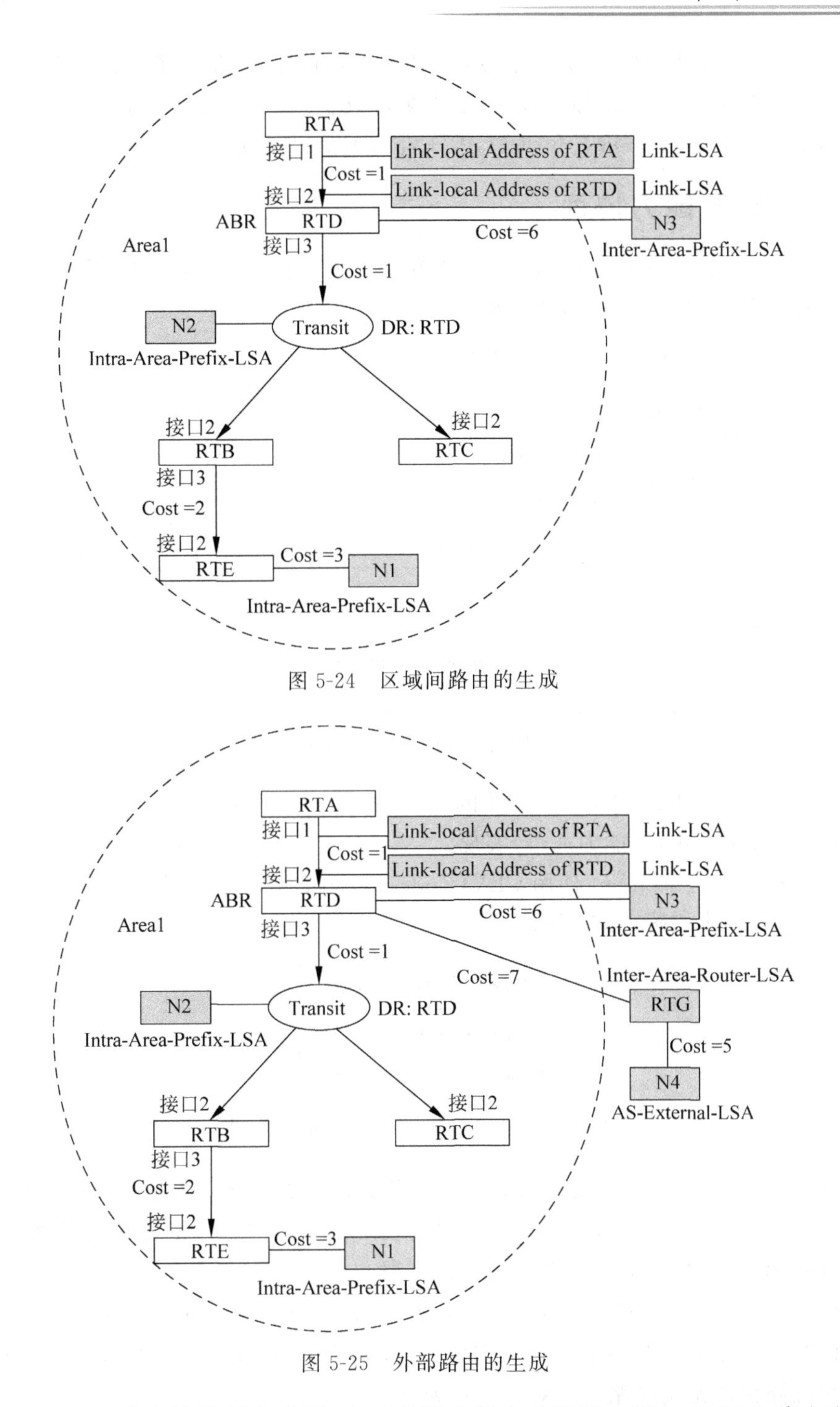


图 5-24 区域间路由的生成

图 5-25 外部路由的生成

至此，OSPFv3 路由计算就完成了，生成的路由信息会被路由器加入 IPv6 路由表。

# 5.4 BGP4+

## 5.4.1 BGP4+简介

传统的 BGPv4(Border Gateway Protocol version 4，边界网关协议版本 4)只能管理和发布 IPv4 路由信息，对于使用其他网络层协议(如 IPv6 等)的应用，在跨自治系统时会受到一定限制。为了提供对多种网络层协议的支持,IETF 对 BGPv4 进行了扩展,提出了 BGP4+(Multiprotocol Extensions for BGP-4,BGP-4 多协议扩展)。BGP4+可以提供对 IPv6、IPX 和 MPLS VPN 的支持,本节重点介绍 BGP4+针对 IPv6 的扩展。

### 5.4.2 BGP 能力协商

BGP 对等体在建立 BGP 连接、发布 IPv6 路由之前,首先需要发送 OPEN 消息进行 BGP 能力协商。OPEN 消息格式如图 5-26 所示。

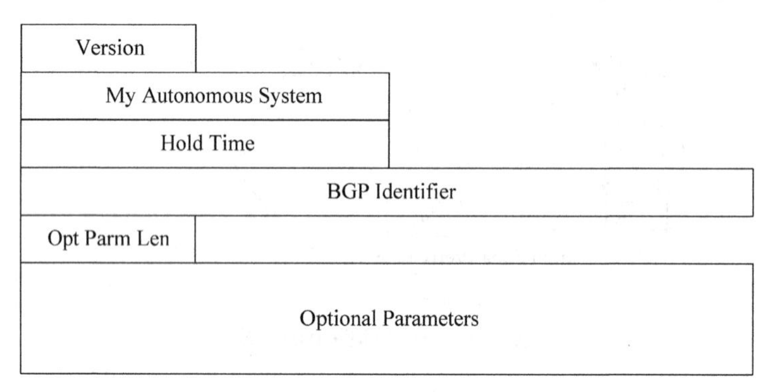


图 5-26 OPEN 消息格式

BGP 能力协商由 RFC3392 中定义的一种新的 Optional Parameter(可选参数)——Capabilities Advertisement(能力通告)实现。

Capabilities Advertisement 使用 CLV(Code,Length,Value)格式,用于通告本路由器支持的多种能力,其格式如图 5-27 所示。

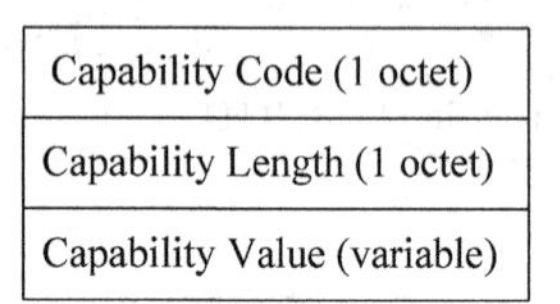


图 5-27 Capabilities Advertisement 格式

其中,Capability Code 用于表明 BGP 通告者支持什么能力,值为 1 表示支持 BGP4+;Capability Length 指明 Capability Value 字段的长度;Capability Value 用来具体解释所支持的能力。针对 BGP4+能力,Capability Value 字段包含 AFI(Address Family Identifier,地址族标识)、RES(预留)和 SAFI(Subsequent Address Family Identifier,次级地址族标识)三部分信息,其中,AFI 用来指明网络层协议类型,例如是 IPv4 还是 IPv6;SAFI 用于指明 NLRI 携带的是单播路由还是组播路由;RES 设置为 0。

BGP 对等体交互 Open 消息完成能力协商,并通过 Keepalive 消息确认连接后,BGP 连接就建立了。BGP 连接建立之后,BGP 对等体通过 Update 消息通告路由。为了使 BGP 能够通告 IPv6 路由,BGP4+新增加了两种属性,下面对这两种属性进行介绍。

### 5.4.3 BGP4+属性扩展

在 BGPv4 中,只有三部分信息和 IPv4 地址相关,分别如下。

(1) NLRI(Network Layer Reachable Information,网络层可达信息)。

(2) Next_hop。

(3) Aggregator 和 Open 消息中的 BGP 标识。

为了实现对 IPv6 的支持,BGP4+需要将 IPv6 地址信息反映到 NLRI 及 Next_hop 属性中。由于 BGP4+中的 BGP 标识仍然使用 32 位的 IPv4 地址格式,所以 Aggregator 属性和 Open 消息不需要进行改动。

针对上述目标,BGP4+引入两个新的属性: MP_Reach_NLRI(Multiprotocol Reachable NLRI,多协议可达 NLRI)属性和 MP_Unreach_NLRI(Multiprotocol Unreachable NLRI,多协议不可达 NLRI)属性。其中 MP_Reach_NLRI 属性用于发布可达路由及下一跳信息,MP_Unreach_NLRI 属性用于撤销不可达路由。

由于 Next_hop 属性只在发布可达性信息时使用,所以在 BGP4+中将 IPv6 路由的 Next_hop 信息和 MP_Reach_NLRI 属性结合在一起。而没有单独定义 IPv6 中的 Next_hop 属性。

BGP4+中,BGP 协议原有的消息机制和路由机制并没有改变。

**1. MP_Reach_NLRI**

MP_Reach_NLRI 位于 BGP4+ Update 消息的路径属性字段,属于可选非过渡属性,用于携带可达目的网络信息以及相应的下一跳信息。MP_Reach_NLRI 属性的格式如图 5-28 所示。

| Address Family Identifier (2 octets) |
|---|
| Subsequent Address Family Identifier (1 octet) |
| Length of Next Hop Network Address (1octet) |
| Network Address of Next Hop (variable) |
| Number of SNPAs(1octet) |
| Length of First SNPA (1octet) |
| First SNPA (variable) |
| Length of Second SNPA (1octet) |
| Second SNPA (variable) |
| … |
| Length of Last SNPA (1octet) |
| Last SNPA (variable) |
| Network Layer Reachability Information (variable) |

图 5-28 MP_Reach_NLRI 属性格式

IPv6 中没有使用 SNPA(Subnetwork Points of Attachment),所以 SNPA 个数字段值为 0。其他字段含义如下。

(1) Address Family Identifier: 地址族标识,表示网络层协议类型,值为 1 表示为 IPv4,值为 2 表示为 IPv6

(2) Subsequent Address Family Identifier: 次级地址族标识,用于指明本属性中的 NLRI 用于单播转发还是组播转发或是同时用于单播和组播转发。

(3) Length of Next Hop Network Address: 下一跳地址的长度。

（4）Network Address of Next Hop：到达目的网络的下一跳地址信息。

（5）Network Layer Reachability Information：NLRI 信息，包含可达地址前缀以及前缀长度信息。

**2. MP_Unreach_NLRI**

MP_Unreach_NLRI 位于 BGPv4 Update 消息的路径属性字段，属于可选非过渡属性，用于撤销不可达的路由。

MP_Unreach_NLRI 属性格式如图 5-29 所示。

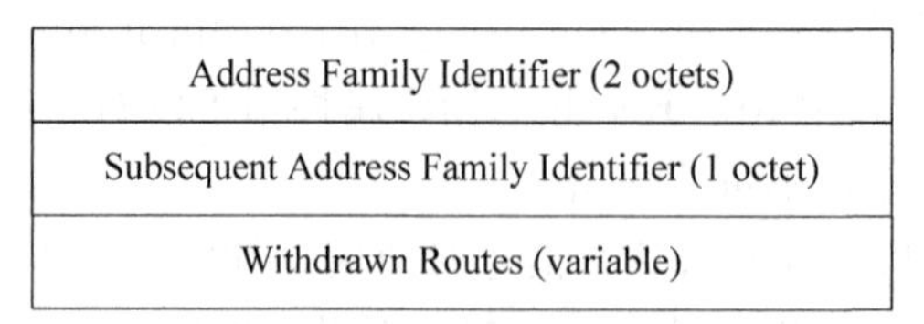


图 5-29　MP_Unreach_NLRI 属性格式

其中，AFI 字段和 SAFI 字段含义和 MP_Reach_NLRI 中对应字段含义相同。Withdrawn Routes 字段包含被撤销路由的信息。MP_Unreach_NLRI 不包含下一跳等相关信息。

## 5.4.4　BGP4＋扩展属性在 IPv6 网络中的应用

下面用一个典型的组网来分析 BGP4＋扩展属性在 IPv6 网络中的应用。网络拓扑如图 5-30 所示。

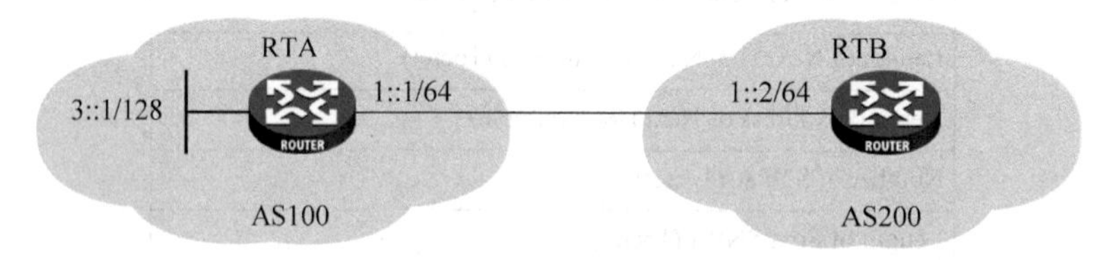


图 5-30　BGP4＋网络拓扑

首先，RTA 和 RTB 会发送 Open 消息，图 5-31 为 RTB 发给 RTA 的 Open 消息。

```
⊞ Ethernet II, Src: Hangzhou_43:11:36 (00:0f:e2:43:11:36), Dst: Hangzhou_42:f3:4b (00:0f:e2:42:f3:4b)
⊞ Internet Protocol Version 6
⊞ Transmission Control Protocol, Src Port: 1036 (1036), Dst Port: bgp (179), Seq: 1, Ack: 1, Len: 39
⊟ Border Gateway Protocol
  ⊟ OPEN Message
      Marker: 16 bytes
      Length: 39 bytes
      Type: OPEN Message (1)
      Version: 4
      My AS: 200
      Hold time: 180
      BGP identifier: 2.2.2.2
      Optional parameters length: 10 bytes
    ⊟ Optional parameters
      ⊟ Capabilities Advertisement (10 bytes)
          Parameter type: Capabilities (2)
          Parameter length: 8 bytes
        ⊟ Multiprotocol extensions capability (6 bytes)
            Capability code: Multiprotocol extensions capability (1)
            Capability length: 4 bytes
          ⊟ Capability value
              Address family identifier: IPv6 (2)
              Reserved: 1 byte
              Subsequent address family identifier: Unicast (1)
        ⊟ Route refresh capability (2 bytes)
            Capability code: Route refresh capability (2)
            Capability length: 0 bytes
```

图 5-31　Open 消息

可以看到 Open 消息的可选参数字段使用能力通告和 BGP 对端协商所支持的 BGP 扩展能力。本例中，能力通告包括两部分内容：多协议扩展能力以及路由刷新能力。其中多协议扩展能力中的能力编码为 1，表示该路由器支持 BGP4+。

RTA 和 RTB 的 BGP 连接建立后，通过发送 Update 消息通告路由信息。图 5-32 为 RTA 向 RTB 通告目的地 3::1/128 可达且到达该目的地的下一跳为 1::1。

```
⊟ Border Gateway Protocol
  ⊟ UPDATE Message
      Marker: 16 bytes
      Length: 83 bytes
      Type: UPDATE Message (2)
      Unfeasible routes length: 0 bytes
      Total path attribute length: 60 bytes
    ⊟ Path attributes
      ⊞ ORIGIN: INCOMPLETE (4 bytes)
      ⊞ AS_PATH: 100 (7 bytes)
      ⊞ MULTI_EXIT_DISC: 0 (7 bytes)
      ⊟ MP_REACH_NLRI (42 bytes)
        ⊞ Flags: 0x90 (Optional, Non-transitive, Complete, Extended Length)
          Type code: MP_REACH_NLRI (14)
          Length: 38 bytes
          Address family: IPv6 (2)
          Subsequent address family identifier: Unicast (1)
        ⊟ Next hop network address (16 bytes)
            Next hop: 1::1 (16)
          Subnetwork points of attachment: 0
        ⊟ Network layer reachability information (17 bytes)
          ⊟ 3::1/128
              MP Reach NLRI prefix length: 128
              MP Reach NLRI prefix: 3::1
```

图 5-32 Update 消息通告可达路由

从图 5-32 可以看到该 Update 消息的路径属性中包含 Origin、As_path、Med 和 MP_Reach_NLRI 属性。MP_Reach_NLRI 属性中 Address Family 字段显示地址族为 IPv6；SAFI 字段表明本消息中的 NLRI 用于单播转发；NLRI 字段显示可达目的地前缀为 3::1 以及前缀长度为 128；Next Hop 字段显示到达目的地所经过的下一跳地址为 1::1。

当某条路由不可用时，路由器会发送包含 MP_Unreach_NLRI 属性的 Update 消息撤销该路由。图 5-33 为 RTA 向 RTB 通告 3::1 不可达，该消息中不包含下一跳字段。

```
⊟ Border Gateway Protocol
  ⊟ UPDATE Message
      Marker: 16 bytes
      Length: 56 bytes
      Type: UPDATE Message (2)
      Unfeasible routes length: 0 bytes
      Total path attribute length: 33 bytes
    ⊟ Path attributes
      ⊟ MP_UNREACH_NLRI (33 bytes)
        ⊞ Flags: 0x90 (Optional, Non-transitive, Complete, Extended Length)
          Type code: MP_UNREACH_NLRI (15)
          Length: 29 bytes
          Address family: IPv6 (2)
          Subsequent address family identifier: Unicast (1)
        ⊟ Withdrawn routes (26 bytes)
          ⊞ 1::/64
          ⊟ 3::1/128
              MP Unreach NLRI prefix length: 128
              MP Unreach NLRI prefix: 3::1
```

图 5-33 Update 消息撤销路由

从图 5-33 中可以看到该 Update 消息的路径属性中只包含 MP_Unreach_NLRI 属性。MP_Reach_NLRI 属性中 Withdrawn Routes 字段显示本 Update 消息要撤销 1::/64 和 3::1/128 两条路由。

# 5.5 IPv6-IS-IS

## 5.5.1 IPv6-IS-IS 简介

IS-IS(Intermediate System-to-Intermediate System Intra-domain Routing Information Exchange Protocol,中间系统对中间系统域内路由信息交换协议)是一种采用链路状态算法的内部网关路由协议。IS-IS 协议最初是通过 OSI 移植到 IP,因此和 IP 协议的关联并不紧密。再加上 IS-IS 采用了 TLV(Type-Length-Value)结构,所以它能够很容易地支持多种网络层协议,其中包括 IPv6 协议。支持 IPv6 协议的 IS-IS 路由协议又称为 IPv6-IS-IS 动态路由协议。IETF 的 draft-ietf-isis-ipv6-05 中规定了 IS-IS 为支持 IPv6 所新增的内容,主要是新添加了支持 IPv6 协议的两个 TLV 和一个 NLPID(Network Layer Protocol Identifier,网络层协议标识符)值。

## 5.5.2 IPv6-IS-IS 报文

所有的 IS-IS 报文都是直接封装在数据链路层的帧结构中的,称之为 PDU(Protocol Data Unit,协议数据单元)。PDU 由通用报头、专用报头和变长字段部分组成,其格式如图 5-34 所示。对于所有 PDU 来说,通用报头都是相同的,但专用报头根据 PDU 类型的不同而有所差别,由通用报头中的 PDU Type(PDU 类型)字段值来指明。

而 PDU 中的变长字段部分又是由多个 TLV(Type-Length-Value)三元组组成的。其格式如图 5-35 所示。

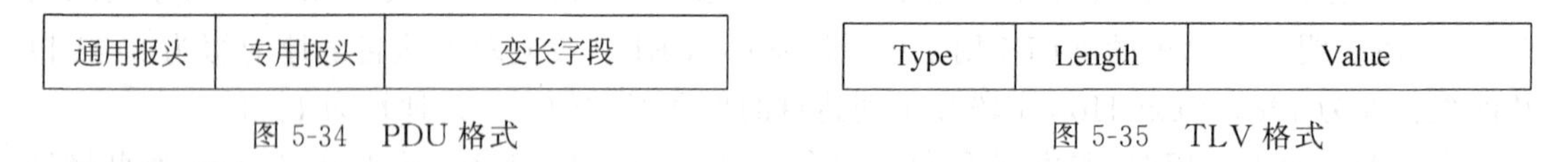


图 5-34 PDU 格式　　　图 5-35 TLV 格式

在 IS-IS 中,仅有少量 TLV 是与地址相关的。比如,在 IPv4-IS-IS 中,仅有 IP 接口地址 TLV(IP Interface Address,Code 值为 132)、IP 内部可达性 TLV(IP Internal Reachability Information,Code 值为 128)和 IP 外部可达性 TLV(IP External Reachability Information,Code 值为 130)携带了 IPv4 地址信息。其他的 TLV 用来完成建立邻居关系、交换链路状态信息等功能,具有地址无关性。所以,只要定义新的带有 IPv6 地址信息的 TLV,IS-IS 就能够很好地支持 IPv6。

新的能够支持 IPv6 的 TLV 有两个,分别如下。

(1) IPv6 Reachability: Code 值为 236,通过定义路由信息前缀、度量值等信息来表示网络的可达性。

(2) IPv6 Interface Address: Code 值为 232,它对应于 IPv4 中的 IP Interface Address TLV,只不过把原来的 32 位的 IPv4 地址改为 128 位的 IPv6 地址。

另外,为了支持 IPv6,IS-IS 定义了新的 NLPID 值 142(0x8E)。NLPID 是标识网络层协议报文的一个 8 位字段,又称为 Protocols Supported 域,用来指明 IS-IS 能够支持何种网络层协议。支持 IPv6-IS-IS 的路由器进行邻居关系建立及交换链路状态信息时,必须在相关协议报文中携带此信息。

启动了 IS-IS 的路由器在链路上接收到对端路由器发出的 IS-IS 协议报文后,会检查

NLPID 字段值并与自己的值进行比较，如果相同，则认为双方所能支持的网络层协议相同，则正常建立邻居关系并交换链路状态信息；如果不同，则不会建立邻居关系，也不交换链路状态信息。

## 5.5.3 IPv6-IS-IS 相关 TLV 格式

**1. IPv6 Reachability TLV**

IPv6 Reachability TLV 格式如图 5-36 所示。

0 1 2 3 4 5 6 7 8 9 0 1 2 3 4 5 6 7 8 9 0 1 2 3 4 5 6 7 8 9 0 1 2

<table>
<tr><td>Type=236</td><td>Length</td><td colspan="5">Metric</td></tr>
<tr><td colspan="2">Metric</td><td>U</td><td>X</td><td>S</td><td>Reserve</td><td>Prefix Len</td></tr>
<tr><td colspan="7">Prefix…</td></tr>
<tr><td>Sub-TLV Len(*)</td><td colspan="6">Sub-TLV Len(*)…</td></tr>
</table>

*表示如果存在

图 5-36 IPv6 Reachability TLV 格式

其中部分字段含义如下。

(1) Type：TLV 中的类型，236 表示此 TLV 是 IPv6 Reachability TLV。

(2) Length：TLV 中的长度。

(3) Metric：度量值。

(4) U：上行/下行(Up/Down)位，取值为 1 表示从高 Level 引入低 Level，例如 L2 引入 L1 的路由，或者路由从两个 Area 的同一 Level 引入，用于避免环路。

(5) X：外部起源(External Original)位。表示此前缀是否从其他路由协议引入 IS-IS。

(6) S：子 TLV 存在位。

**2. IPv6 Interface Address TLV**

IPv6 Interface Address TLV 格式如图 5-37 所示。

0 1 2 3 4 5 6 7 8 9 0 1 2 3 4 5 6 7 8 9 0 1 2 3 4 5 6 7 8 9 0 1 2

<table>
<tr><td>Type=232</td><td>Length</td><td colspan="2">Interface Address 1(*) …</td></tr>
<tr><td colspan="4">Interface Address 1(*) …</td></tr>
<tr><td colspan="4">Interface Address 1(*) …</td></tr>
<tr><td colspan="4">Interface Address 1(*) …</td></tr>
<tr><td colspan="2">Interface Address 1(*) …</td><td colspan="2">Interface Address 2(*) …</td></tr>
</table>

图 5-37 IPv6 Interface Address TLV 格式

其中部分字段含义如下。

(1) Type：TLV 中的类型，232 表示此 TLV 是 IPv6 Interface Address TLV。

(2) Length：TLV 中的长度。

(3) Interface Address：接口地址，可携带多个。

关于 IPv6-IS-IS 的工作机制，报文类型、交互流程等，是 IS-IS 协议中的通用部分，无论是

IPv6-IS-IS 还是 IPv4-IS-IS,都是一样的,所以本章不再详述。读者想要了解此方面内容,可参见 H3CSE 教材中相关章节。

## 5.6 本章总结

本章主要学习了 IPv6 路由协议,包括 RIPng、OSPFv3、BGP4+和 IPv6-IS-IS。通过学习本章内容,读者可以了解各种路由协议在 IPv6 网络中的运行机制,及其与 IPv4 路由协议的不同。读者可以发现,在 IPv6 网络中路由协议的运行原理和 IPv4 相差不大。

# 第6章

# IPv6安全技术

网络安全的实现包含多个方面内容。从信息管理的角度来看,网络安全侧重于对网络的访问进行控制;从通信管理的角度来看,则主要侧重报文的加密、防篡改以及身份验证。本章结合安全的两个方面对 IPv6 中的访问控制列表以及安全协议进行详细的介绍。

通过本章的学习,应该掌握以下内容。

(1) IPv6 访问控制列表的功能及分类。

(2) IPv6 安全协议。

## 6.1 IPv6 安全概述

IPv4 的开发者在设计之初并没有系统地考虑安全性,这是因为当时的网络还仅仅是由一些互相信任的人来使用,在网络层面并不需要考虑身份的验证以及数据的加密,对信息进行访问控制通常是通过应用层的验证和授权(如在 FTP 中使用用户名和密码)来实现的。

随着网络规模不断扩大,通信双方不可避免地要跨越一些不安全的网络,此时网络通信过程中的安全问题渐渐暴露出来。网络中的安全威胁主要来自于各种网络攻击,常见的攻击手段包含如下。

(1) 地址扫描。

(2) 数据报头及内容的篡改。

(3) 碎片报文攻击。

(4) 网络层和传输层欺骗。

(5) 拒绝服务攻击(DoS)。

(6) ARP 和 DHCP 攻击。

(7) 路由攻击。

(8) 病毒及其他攻击。

在 IPv6 网络中,通信服务同样面临着网络攻击的威胁。IPv6 中网络攻击的原理和特征和 IPv4 中的基本相同,但是由于 IPv6 地址的扩展以及内嵌了安全协议,一些攻击的行为特点随之发生了改变,此类攻击包括地址扫描、报文篡改等。

地址扫描通常是黑客在网络中搜索攻击目标的首选方法,是网络攻击的第一步。在 IPv4 网络中地址扫描比较容易实现,因为在大多数网段中主机数量只有几百台。但在 IPv6 网络中,情况发生了变化。由于 IPv6 地址扩展到 128 位,通常情况下接口 ID 占用 64 位,任何一个网段中都可能有 $2^{64}$ 台主机,这是一个天文数字。假设使用地址扫描软件 NMAP 每秒可以完成 100 万台主机的扫描,那么对于 IPv6 一个网段的扫描大概需要 5 万年。从这个角度看地址扫描在 IPv6 中已经不再适用。

但是和 IPv4 一样，IPv6 网络中必须存在 DNS 服务器，而 DNS 服务器是相对容易找到的。如果 DNS 服务器被攻占，攻击者就可以获取大量在线的 IPv6 地址信息，从而完成下一步的攻击。要防止这种攻击，必须在网络边界过滤掉不信任的 IPv6 地址，此外还要过滤掉不需要的服务，因为任何这些服务都可能会成为攻击的目标，此时需要用到访问控制技术。6.2 节会对 IPv6 中的访问控制列表技术进行介绍。

由于 IPv4 是一个开放式的协议，设计之初并没有涉及安全、加密等内容，这使得网络中的攻击者较容易做到报文拦截、内容篡改和身份欺骗。IETF 在 1998 年着手制定了一套用于保护 IP 通信的协议——IPSec(IP Security)，作为 IPv4 网络部署时的可选组件。但由于是可选组件，很多没有部署 IPSec 的网络仍然会面临上述各种威胁，IPv6 在这一点进行了改善。IPv6 内嵌了 IPSec，用于身份验证、完整性检查、数据加密和防重放(Anti-Replay)，可以说在 IPv6 网络中报文传输的安全性得到很大加强。

## 6.2 IPv6 的 ACL

ACL(Access Control List，访问控制列表)是用来实现流识别功能的。ACL 根据一系列的匹配条件对报文进行分类，这些条件可以是报文的源地址、目的地址、端口号等。由 ACL 定义的报文匹配规则，可以被其他需要对流量进行区分的场合引用，如 QoS 中流分类规则的定义、对特定流进行 IPSec 加密传输、路由策略中过滤路由信息等。

网络设备可以使用 ACL 来实现网络中的数据报文过滤，部署了 ACL 实现数据报文过滤的设备可称为包过滤防火墙。为了过滤报文，需要配置一系列的匹配规则，以识别出特定的报文，然后根据预先设定的策略，允许或禁止该报文通过，如图 6-1 所示。

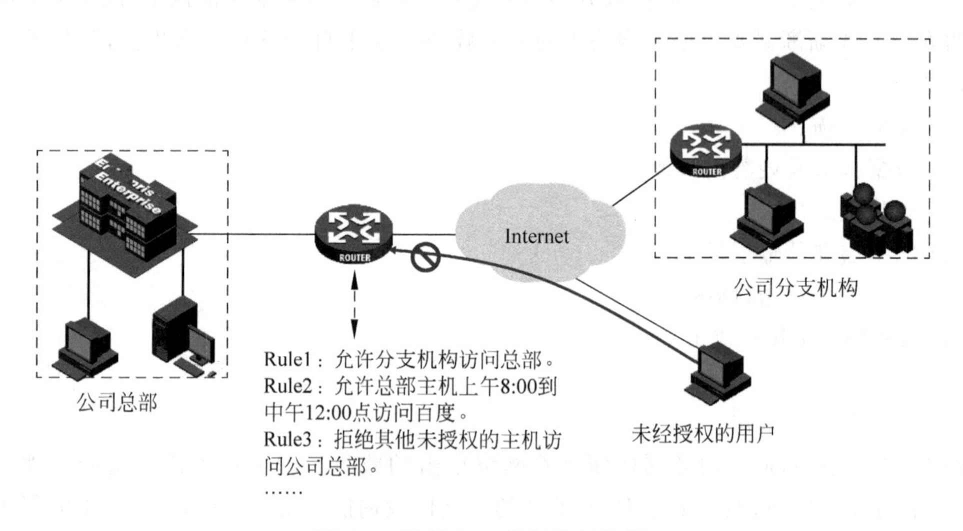


图 6-1 使用 ACL 进行访问控制

在 H3C 网络设备中，ACL 中的每条匹配规则都可选择一个生效时间段。在配置时间段后，这条 ACL 规则只在该指定的时间段内生效。

IPv6 和 IPv4 中的 ACL 使用方法基本相同，本节对 IPv6 中的 ACL 分类以及规则匹配顺序进行介绍。

## 6.2.1 IPv6 ACL 分类

IPv6 ACL 根据序号区分不同种类的 ACL,在 H3C 网络设备中,IPv6 ACL 分为三种类型。

**1. 基本 IPv6 ACL**

基本 IPv6 ACL 只根据源 IPv6 地址信息来进行规则匹配。基本 IPv6 ACL 序号为 2000～2999,和 IPv4 中的基本 ACL 序号范围相同,但在配置的时候需要显式地指定是 IPv6 ACL。

如图 6-2 所示,要求源 IPv6 地址前缀为 2001::/64 的主机可以访问公司内部网络,源 IPv6 地址前缀为 2002::/64 的主机禁止访问公司内部网络。

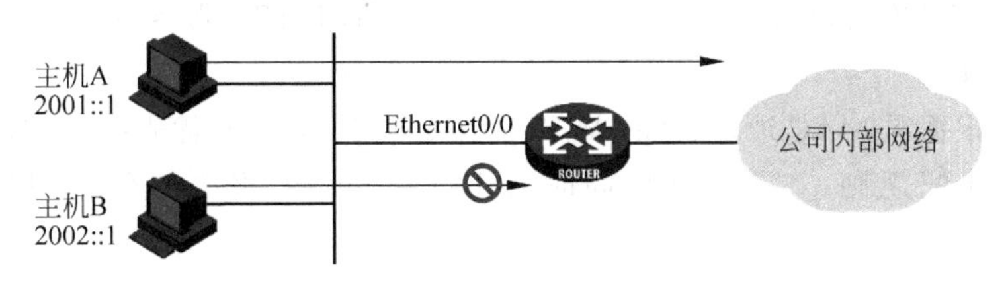


图 6-2　基本 IPv6 ACL

根据要求创建基本 IPv6 ACL,序号为 2000,配置如下。

```
[H3C] acl ipv6 basic 2000
[H3C - acl - ipv6 - basic - 2000] rule permit source 2001::/64
[H3C - acl - ipv6 - basic - 2000] rule deny source 2002::/64
```

在路由器接口 Gt0/0 上应用 IPv6 ACL 2000,并指明对入接口方向的报文进行过滤。

```
[H3C] interface GigabitEthernet 0/0
[H3C - GigabitEthernet0/0] packet - filter ipv6 2000 inbound
```

此时 IPv6 地址为 2001::1 的 HostA 可以通过防火墙访问公司内部网络;而 IPv6 地址为 2002::1 的 HostB 将无法通过防火墙访问公司内部网络。

**2. 高级 IPv6 ACL**

高级 IPv6 ACL 根据报文的源 IPv6 地址信息、目的 IPv6 地址信息、IP 承载的协议类型、协议的特性等三层、四层信息进行规则匹配。高级 IPv6 ACL 序号为 3000～3999,和 IPv4 中的高级 ACL 序号范围相同,也需要在配置的时候显式地指定是 IPv6 ACL。

如图 6-3 所示,要求源 IPv6 地址前缀为 2001::/64 的主机可以访问 IPv6 地址前缀为 2002::/64 的主机,但禁止访问 IPv6 地址前缀为 2003::/64 的主机。

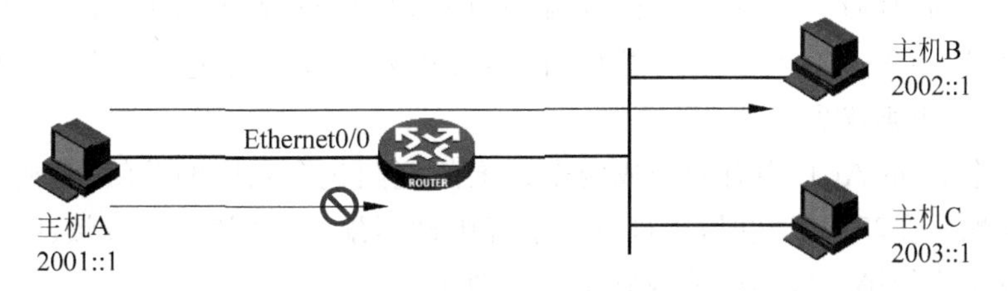


图 6-3　高级 IPv6 ACL

根据要求创建高级 IPv6 ACL,序号为 3000,配置如下。

```
[H3C] acl ipv6 advanced 3000
[H3C - acl - ipv6 - adv - 3000] rule permit ipv6 source 2001::/64 destination 2002::/64
```

```
[H3C-acl-ipv6-adv-3000] rule deny ipv6 source 2001::/64 destination 2003::/64
```

在路由器接口 G0/0 上应用 IPv6 ACL 3000,并指明对入接口方向的报文进行过滤。

```
[H3C] interface GigabitEthernet0/0
[H3C-GigabitEthernet0/0] packet-filter ipv6 3000 inbound
```

此时 IPv6 地址为 2001::1 的主机 A 可以通过防火墙访问 IPv6 地址为 2002::1 的主机 B,但是无法访问 IPv6 地址为 2003::1 的主机 C。

通过使用高级 IPv6 ACL,还可以对具体的应用层数据流进行过滤,例如允许主机 A 和主机 B 之间建立 FTP 连接,禁止主机 A 访问主机 C 提供的 HTTP 服务等。

**3. 二层 ACL**

二层 ACL 根据源 MAC 地址、目的 MAC 地址、IEEE 802.1p 优先级、链路层协议类型等二层信息制定匹配规则。二层 ACL 同时对 IPv6 和 IPv4 报文有效,二层 ACL 序号为 4000～4999。

### 6.2.2 IPv6 ACL 的匹配顺序

访问控制列表可能会包含多个匹配规则,每个规则都指定不同的报文匹配选项。这样,在匹配报文时就会出现匹配顺序的问题。IPv6 ACL 支持两种匹配顺序：按配置顺序匹配和自动排序匹配。

按配置顺序匹配时,直接按照用户配置规则编号由小到大进行匹配。如果用户没有指定配置规则编号,则系统会自动指定,通常先配置的规则编号要小。

按照自动排序匹配时,把指定报文地址范围最小的规则排在最前面,也称为深度优先匹配。这一点可以通过比较前缀长度来实现,越长的前缀指定的地址范围越小。例如,2050:6070::/96 比 2050:6070::/64 指定的地址范围小,按照深度优先方式,2050:6070::/96 范围优先匹配。

基本 IPv6 ACL 和高级 IPv6 ACL 深度优先判断的原则有所不同。

基本 IPv6 ACL 进行深度优先判断时,先比较源 IPv6 地址范围,源 IPv6 地址范围小(前缀长)的规则优先；如果源 IPv6 地址范围相同,则先配置的规则优先。

高级 IPv6 ACL 进行深度优先判断时,先比较协议范围,指定了 IPv6 协议承载的协议类型的规则优先；如果协议范围相同,则比较源 IPv6 地址范围,源 IPv6 地址范围小(前缀长)的规则优先；如果协议范围、源 IPv6 地址范围相同,则比较目的 IPv6 地址范围,目的 IPv6 地址范围小(前缀长)的规则优先；如果协议范围、源 IPv6 地址范围和目的 IPv6 地址范围相同,则比较四层端口号(TCP/UDP 端口号)范围,四层端口号范围小的规则优先；如果上述范围都相同,则先配置的规则优先。

如果同一个 IPv6 ACL 中有两个或两个以上的规则包含相同的前缀,就要根据它们的配置顺序进行匹配。在匹配报文时,一旦有一条规则被匹配,报文就不再继续匹配其他规则了,设备将对该报文执行第一次匹配的规则指定的动作。

## 6.3 IPSec

IPSec 是 IETF 制定的三层隧道加密协议,它为 Internet 上传输的数据提供了高质量、可互操作、基于密码学的安全保证。IPSec 为通信双方提供了下述的安全服务。

（1）数据机密性（Confidentiality）。

（2）数据完整性（Data Integrity）。

（3）数据来源认证（Data Origin Authentication）。

（4）防重放（Anti-Replay）。

IPSec 是一个协议套件，在它的框架中包含安全协议、认证和加密算法、工作模式、安全策略、安全联盟和密钥管理。相对于 IPv4 中的 IPSec，IPv6 中 IPSec 处理流程基本没有变化，但是由于 IPv6 采用全新的报文结构，增加了扩展头部，使得安全协议的封装格式相对于 IPv4 中有所不同，本节将对 IPv6 中 IPSec 安全协议的封装进行分析。

## 6.3.1　ESP 在 IPv6 中的封装

ESP 在 RFC4303 中定义，协议号为 50。ESP 可以在传输模式和隧道模式中工作，通过这两种模式，ESP 可以用来保护 TCP、UDP 等上层协议数据，也可以保护整个 IPv6 报文。

ESP 头位于 IPv6 头和上层协议头之间，如果存在扩展头，则 ESP 头必须位于逐跳选项头、路由头、分段扩展头和认证头（如果有）之后。由于 ESP 只对 ESP 头之后的数据加密，所以通常将目的地选项头置于 ESP 头之后。图 6-4 为传输模式下报文封装格式以及 ESP 加密、验证范围。

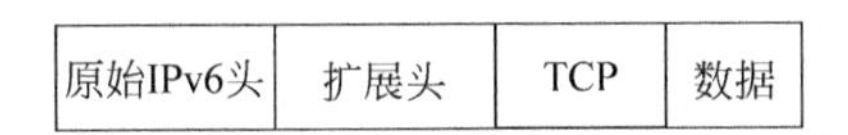


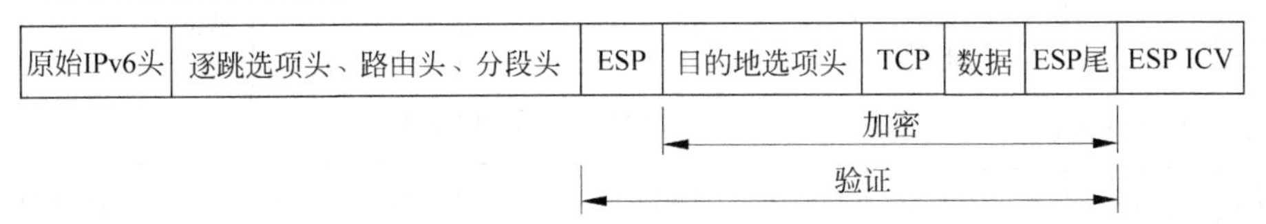


图 6-4　ESP 传输模式下报文的封装格式及加密、验证范围

传输模式下，IPv6 报头和逐跳选项头等处于 ESP 头之前的数据段不能被加密，因为如果对逐跳选项头进行加密，传输路径上的其他路由器将无法识别该扩展头。如果想加密整个报文，可以使用 ESP 隧道模式。此时内部报头包含原始报文的源地址和目的地址，外部报头包含隧道的源地址和目的地址。隧道模式下报文封装格式以及 ESP 加密、验证范围如图 6-5 所示。

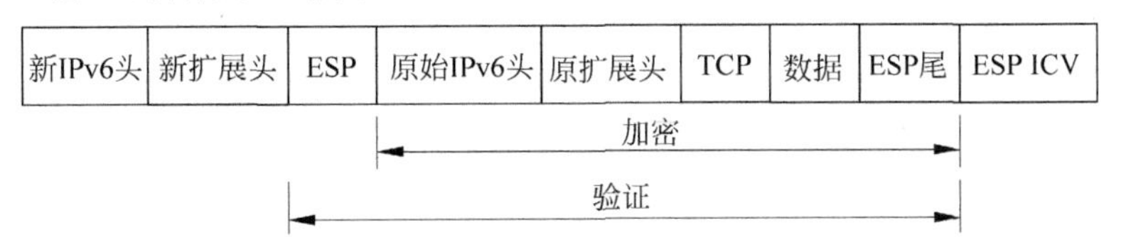


图 6-5　ESP 隧道模式下报文的封装格式及加密、验证范围

由 ESP 的封装格式可以看出，ESP 验证范围包含 ESP 头，而 ESP 的加密范围不包含 ESP 头。这是因为，接收到报文之后，ESP 的处理顺序为：首先查验序列号，然后查验数据的重复性和完整性，最后对数据进行解密。由于解密是最后一步，解密之前需要看到 ESP 头中的序列号，所以 ESP 头不能被加密。

### 6.3.2 AH 在 IPv6 中的封装

AH 在 RFC4302 中定义，协议号为 51。AH 也提供了数据完整性、数据源验证以及抗重放攻击的能力。但是不能用它来保证数据的机密性。正是由于这个原因，AH 头比 ESP 简单得多。

AH 头位于 IPv6 头和上层协议头之间，如果存在扩展头，则 AH 头必须位于逐跳选项头、路由头和分段扩展头之后。AH 的验证范围与 ESP 有区别，AH 验证范围包括整个 IPv6 报文。

由于 IPv6 报文中的一些字段如 DSCP、Flow Label 和 Hop Limit 在传输过程中可能会被中间设备修改，因此，AH 对这些不确定的字段进行了统一说明，并要求在生成验证数据时，必须将这些字段按零值处理。接收方同样也将这些字段值视为零来进行校验，这样就可以不用考虑这些字段在传输过程中是否发生了变化。

AH 同样可以在传输模式和隧道模式中工作，传输模式下报文封装格式以及验证范围如图 6-6 所示。

隧道模式下报文封装格式以及验证范围如图 6-7 所示。

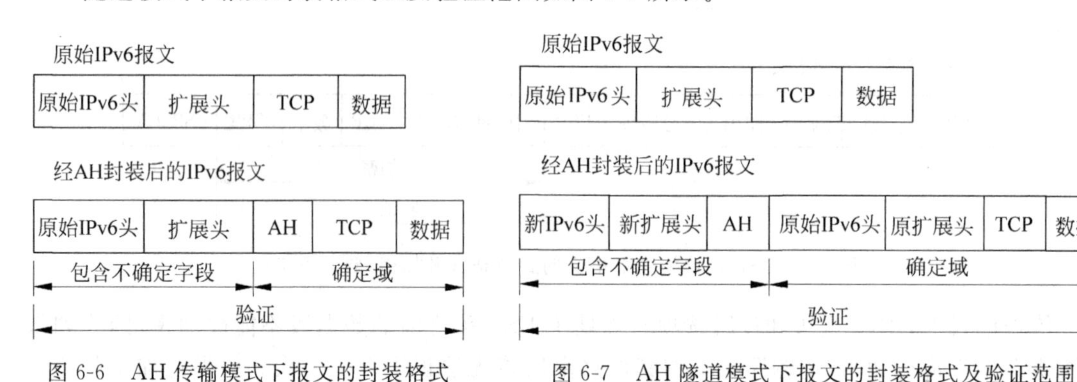


图 6-6 AH 传输模式下报文的封装格式及验证范围

图 6-7 AH 隧道模式下报文的封装格式及验证范围

## 6.4 本章总结

本章从访问控制和数据传输两个方面对 IPv6 中的安全技术进行了介绍。首先分析了 IPv6 和 IPv4 中网络攻击手段的相同点和不同点，然后对 IPv6 中的 ACL 进行了介绍，最后介绍了 IPv6 中安全协议的封装方式。

# 第7章

# IPv6 的 VRRP

VRRP(Virtual Router Redundancy Protocol,虚拟路由冗余协议)通过在局域网络上指定主用/备用路由器,对网络内主机的默认网关设备实现备份,减少单台网关设备故障对网络上主机通信的影响。本章对 IPv6 的 VRRP 协议进行全面细致的介绍。

通过本章的学习,应该掌握以下内容。

(1) IPv6 的 VRRP 工作原理。

(2) IPv6 的 VRRP 报文结构和状态机。

(3) IPv6 的 VRRP 负载均衡模式。

## 7.1 IPv6 的 VRRP 概述

在 IPv6 网络中,主机通过接收路由器发送的 Router Advertisement 消息可以学到一个或多个默认路由器,其中一台路由器会作为主机的默认网关,为主机配置地址前缀、MTU 等信息。典型的 IPv6 局域网如图 7-1 所示。

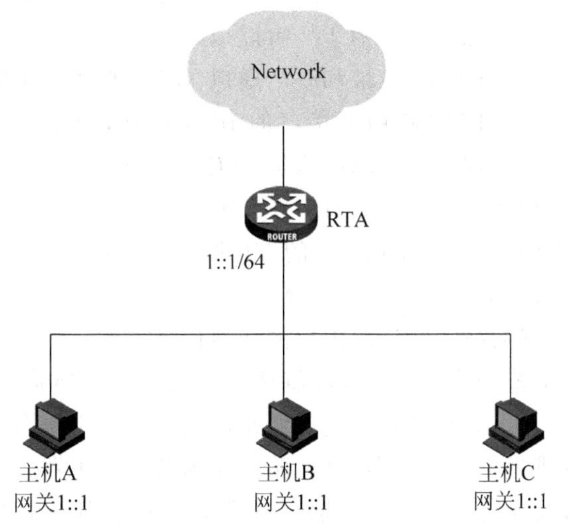


图 7-1 典型 IPv6 局域网

如果默认网关出现故障,主机可以在默认路由器列表中选择合适的路由器作为自己新的默认网关。检测默认网关的可达性可以通过 ND 协议中的邻居可达性检测功能来实现,不过,按照默认的参数,从感知网关故障到选择新的默认网关需要约 40s 的时间,这个时延对于一些对时间敏感的用户是不可忍受的。

当然可以通过调整 ND 协议中的参数,加快协议报文发送频率,从而更快地检测故障,但是这样会大大增加协议开销。特别是当网络中许多主机都试图检测网关可达性时，网络中会充斥大量的协议报文，降低了网络的可用带宽。

VRRP 能够解决上述问题。

H3C 设备支持以下两种工作模式的 VRRP。

(1) 标准协议模式：基于 RFC 实现的 VRRP。

(2) 负载均衡模式：在标准协议模式的基础上进行扩展，实现负载均衡功能。

VRRP 包括 VRRPv2 和 VRRPv3 两个版本，VRRPv2 版本只支持 IPv4 VRRP，VRRPv3 版本支持 IPv4 VRRP 和 IPv6 VRRP。

### 7.1.1 VRRP 简介

VRRP 是在局域网路由器之间运行的一种实现路由器冗余功能的协议，支持 IPv6 的 VRRP 版本为 VRRPv3。

不同于 ND 协议，默认路由器被动地等待主机来探测可达状态，VRRP 协议中路由器状态的维护和检测在路由器之间进行，主用路由器的故障可以很快地被备用路由器察觉到。故障发生后，优先级较高的备用路由器会接替故障主用路由器的工作，这个切换仅仅需要约 3s 的时间。并且，由于 VRRP 仅在路由器之间运行，不涉及网络中的主机，所以在很大程度上减少了网络中协议报文的流量。

### 7.1.2 IPv6 的 VRRP 工作原理

局域网中运行 VRRP 的路由器称为 VRRP 路由器，每台 VRRP 路由器都具有一个 VRID (Virtual Router Identifier，虚拟路由器标识)和一个优先级。具有相同 VRID 的 VRRP 路由器共同组成一个备份组，在功能上就相当于一台虚拟路由器。

虚拟路由器具有一个虚拟 IPv6 地址和一个虚拟 MAC 地址。虚拟 IPv6 地址可以由用户自行配置，也可以直接使用 VRRP 路由器接口的 IPv6 地址，当使用某 VRRP 路由器接口的 IPv6 地址时，该 VRRP 路由器称为 IPv6 地址所有者。虚拟 MAC 地址是一个 IEEE 802 MAC 地址，其格式为：00-00-5E-00-02-{VRID}。其中，00-00-5E 为 IANA 规定的 OUI 地址；00-02 表明该地址是为 IPv6 协议分配(IPv4 的 VRRP 中该部分为 00-01)的。路由器发送 ND 协议报文时使用虚拟 MAC 地址作为报文源 MAC 地址，被网络中的主机学习。主机与虚拟路由器直接通信，无须了解网络上物理路由器的任何信息。

VRRP 优先级的取值范围为 0～255，数值越大表明优先级越高，其中 0 被系统保留，255 则保留给 IPv6 地址所有者。VRRP 根据优先级来确定备份组中每台路由器的角色，备份组中优先级最高的路由器将成为主用路由器，其他路由器为备用路由器。当优先级相同时，将会比较接口的主 IPv6 地址，地址越大越优先选取。备份组中的主用路由器负责报文转发，当主用路由器出现故障时，备用路由器快速切换为新的主用路由器。

在实际应用中，一台 VRRP 路由器可能不仅仅属于一个备份组。通过在接口上配置多个 VRID，一台 VRRP 路由器可以属于多个备份组，为多台虚拟路由器做备份，该工作模式称为多备份组模式。工作在多备份组模式的 VRRP 路由器可以在某个备份组中充当主用路由器，而在其他备份组中作为备用路由器，此时可以实现备份组之间的负载分担。

下面结合单备份组和多备份组两种工作场景对 VRRP 的工作原理进行详细分析。

**1. 单备份组**

图 7-2 显示了 VRRP 单备份组的工作过程。RTA 和 RTB 同属于 VRID 为 1 的 VRRP 备份组，其中 RTA 的优先级为 110，而 RTB 的优先级为默认值 100。经过 VRRP 选举，RTA 被选为主用路由器，RTB 为备用路由器，虚拟路由器 IPv6 地址为 FE80::1，发往该 IPv6 地址的报文由 RTA 进行响应。

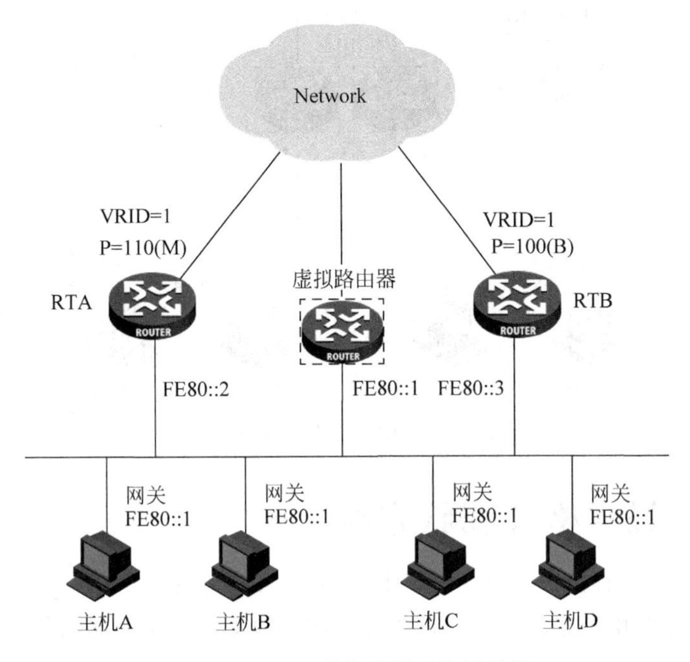


图 7-2 VRRP 单备份组工作示意图

主用路由器在对 Router Solicitation 报文进行回复时使用虚拟 IPv6 地址 FE80::1 作为 Router Advertisement 报文的源地址，使用虚拟 MAC 地址作为 Router Advertisement 报文的源 MAC 地址，该例中虚拟 MAC 地址为 00-00-5E-00-02-01，其中 01 为 VRID。局域网内的所有主机都会学习到该虚拟 IPv6 地址 FE80::1，并将其视为自己的默认网关地址。之后主机就通过这个虚拟的路由器与其他网络进行通信。

在图 7-2 中，如果将虚拟 IPv6 地址设置为 FE80::2，此时 RTA 作为虚拟 IPv6 地址的所有者，其在备份组 1 中的优先级将为 255，RTB 会为 FE80::2 做备份。当 RTA 出现故障时，RTB 会切换为主要路由器并为主机提供网关服务。

**2. 多备份组**

如图 7-3 所示，在备份组 1(VRID=1)中，RTA 优先级较高为主用路由器，RTB 为备用路由器；在备份组 2(VRID=2)中，RTB 优先级较高为主用路由器，RTA 为备用路由器。设置局域网中一部分主机以 FE80::1 作为自己的默认网关地址，另一部分主机以 FE80::4 作为自己的默认网关地址，则默认网关为 FE80::1 的主机会通过 RTA 访问外部网络，默认网关为 FE80::4 的主机会通过 RTB 访问外部网络，此时网络中的数据流实现了负载分担。当 RTA 发生故障后，RTB 会接替 RTA 成为备份组 1 中的主用路由器。同样，当 RTB 发生故障后，RTA 会接替 RTB 成为备份组 2 中的主用路由器。

Network
VRID=1
P=110(M)
VRID=2
P=100(B)
虚拟
路由器
VRID=1
P=100(B)
VRID=2
P=110(M)
RTA
RTB
ROUTER
FE80::2
FE80::1
FE80::4
FE80::3
网关
FE80::1
网关
FE80::1
网关
FE80::4
网关
FE80::4
主机A
主机B
主机C
主机D

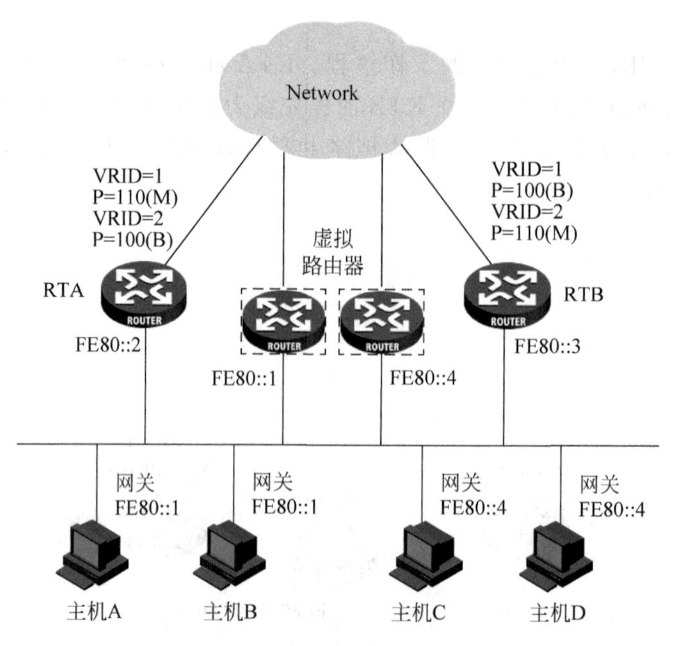

图 7-3　VRRP 多备份组工作示意图

# 7.2　VRRP 报文格式和状态机

VRRP 只定义了一种协议报文——VRRP Advertisement，这是一种组播报文，为了减少网络负荷，仅由主用路由器定时发送。该报文可用于检测虚拟路由器的各种参数，还可用于主用路由器的选举。

下面对 VRRP 的报文格式进行介绍。

## 7.2.1　VRRP 报文格式

VRRP 报文由主用路由器发送，通告其优先级和状态信息。VRRP 报文源地址为发送接口的 IPv6 链路本地地址，目的地址为 IANA 分配的 IPv6 组播地址 FF02:0:0:0:0:0:0:12。报文中的 Hop Limit 值必须为 255，Hop Limit 不为 255 的 VRRP 报文将被丢弃，这样可以防止收到非本链路的 VRRP 报文。报文中 Next Header 值为 112，表明该报文是一个 VRRP 报文。

VRRP 报文格式如图 7-4 所示。

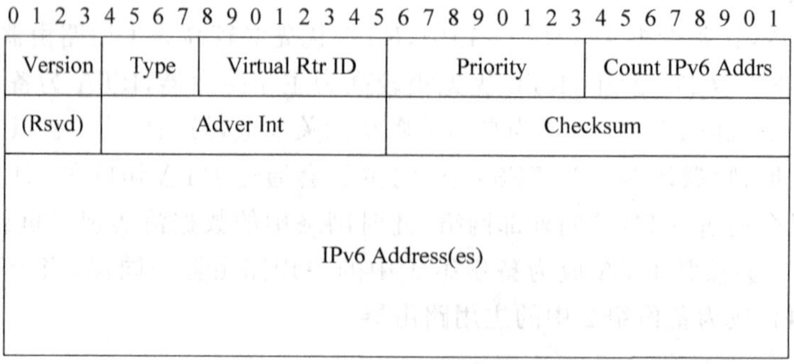

0 1 2 3 4 5 6 7 8 9 0 1 2 3 4 5 6 7 8 9 0 1 2 3 4 5 6 7 8 9 0 1
Version
Type
Virtual Rtr ID
Priority
Count IPv6 Addrs
(Rsvd)
Adver Int
Checksum
IPv6 Address(es)

图 7-4　VRRP 报文格式

其中各字段含义如下。

(1) Version：协议版本号，IPv6 的 VRRP 为版本 3。

(2) Type：报文类型，只有一种取值为 1，表明为 Advertisement 报文，含有未知类型的报文将被丢弃。

(3) Virtual Rtr ID(VRID)：虚拟路由器号，取值范围为 1～255。

(4) Priority：优先级，取值范围为 0～255，默认值是 100。

(5) Count IPv6 Addrs：该 VRRP 协议报文中包含的 IPv6 地址的个数，最小值为 1。在 1 个备份组中可配置多个虚拟地址。

(6) Rsvd：发送时必须设置为 0，接收时忽略该域。

(7) Adver Int：发送 VRRP 协议报文的时间间隔，默认值为 1s。

(8) Checksum：校验和。

(9) IPv6 Address(es)：配置的备份组虚拟地址的列表(一个备份组可支持多个地址)。地址个数在 CountIP Addr 域中指定。地址列表中的第一个地址必须为虚拟路由器关联的 IPv6 链路本地地址。

## 7.2.2 VRRP 协议状态机

组成虚拟路由器的 VRRP 路由器有三种状态，分别是 Initialize、Master 和 Backup。VRRP 路由器为每一个自己参与的虚拟路由器维护一个状态机实例。VRRP 状态迁移如图 7-5 所示。

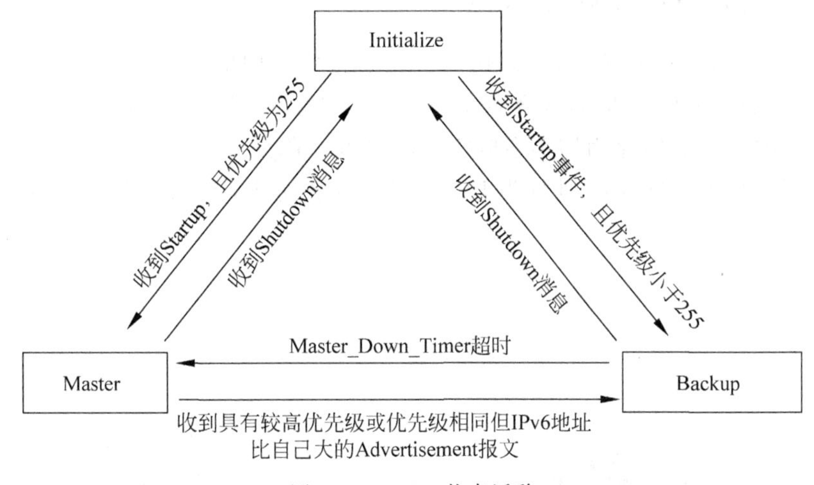


图 7-5 VRRP 状态迁移

路由器启动后，会首先进入 Initialize 状态，在这个状态路由器会等待接口使能 VRRP。当接口使能 VRRP 后，路由器会根据优先级确定自己在对应备份组中的初始角色。如果路由器在该备份组中的优先级小于 255，则先进入 Backup 状态；如果路由器在该备份组中的优先级为 255，说明路由器是该备份组中的虚拟 IPv6 地址所有者，则此时路由器会直接进入 Master 状态。

路由器在 Backup 状态时，会检测当前主用路由器的状态和可用性，这是通过接收并分析主用路由器定期发送的 Advertisement 报文来实现的。如果路由器在 Master_Down_Timer 定时器超时之前没有收到当前主用路由器发送的 Advertisement 报文，则路由器会转入 Master 状态，并开始自己发送 Advertisement 报文。

路由器在 Master 状态会定时发送 Advertisement 报文，并负责转发目的地为虚拟 MAC 地址的报文。当该路由器收到其他路由器发送的 Advertisement 报文，且报文中的优先级比本地优先级高，或是报文优先级和本地优先级相同但 IPv6 地址比自己地址大时，该路由器会终止发送 Advertisement 报文，并转入 Backup 状态。

当路由器在 Master 状态和 Backup 状态时，如果收到接口 Shutdown 事件，会转入 Initialize 状态。

## 7.3 IPv6 的 VRRP 负载均衡模式

如前文所述，如果设备工作在 VRRP 标准协议模式中，只有 Master 路由器可以转发报文，Backup 路由器处于监听状态，无法转发报文。虽然创建多个备份组可以实现多台路由器之间的负载分担，但是局域网内的主机需要设置不同的网关，增加了配置的复杂性。

VRRP 负载均衡模式在 VRRP 提供的虚拟网关冗余备份功能基础上，增加了负载均衡功能。其实现原理为：将一个虚拟 IP 地址与多个虚拟 MAC 地址对应，VRRP 备份组中的每台路由器都对应一个虚拟 MAC 地址；使用不同的虚拟 MAC 地址应答主机的 ND 请求，从而使得不同主机的流量发送到不同的路由器，备份组中的每台路由器都能转发流量。

在 VRRP 负载均衡模式中，只需创建一个备份组，就可以实现备份组中多台路由器之间的负载分担，避免了标准协议模式下 VRRP 备份组中 Backup 路由器始终处于空闲状态、网络资源利用率不高的问题。

### 7.3.1 虚拟 MAC 地址分配

VRRP 负载均衡模式中，Master 路由器负责为备份组中的路由器分配虚拟 MAC 地址，并为来自不同主机的 ND 请求，应答不同的虚拟 MAC 地址，从而实现流量在多台路由器之间分担。备份组中的 Backup 路由器不会应答主机的 ND 请求。

如图 7-6 所示，在虚拟 IPv6 地址为 FE80::1 的备份组中，RTA 作为 Master 路由器，RTB

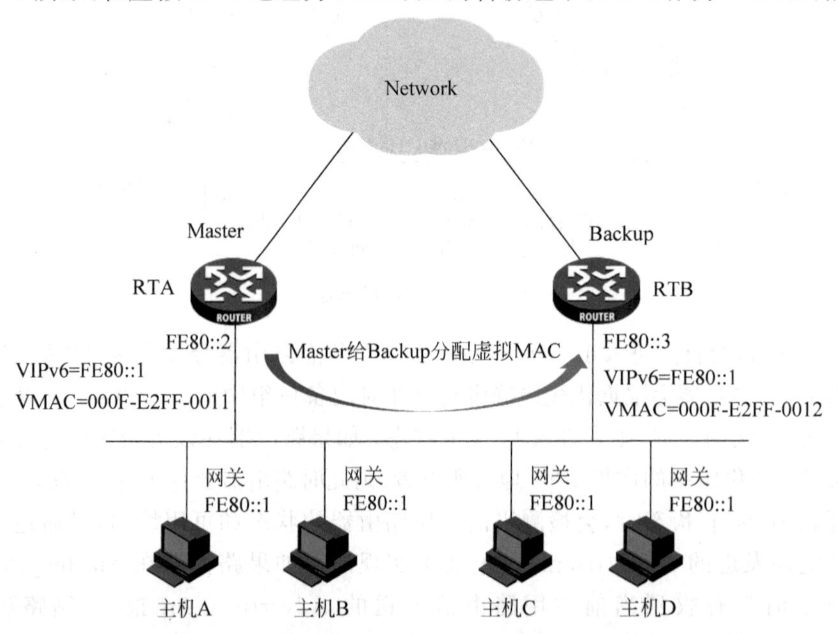


图 7-6 Master 分配虚拟 MAC 地址

作为 Backup 路由器。RTA 为自己分配虚拟 MAC 地址 000F-E2FF-0011，为 RTB 分配虚拟 MAC 地址 000F-E2FF-0012。

Master 路由器接收到主机发送的目标 IPv6 地址为虚拟 IPv6 地址的 NS 请求后，根据负载均衡算法使用不同的虚拟 MAC 地址应答。

如图 7-7 所示，主机 A、主机 B 发送 NS 请求获取网关 FE80::1 对应的 MAC 地址时，Master 路由器(即 RTA)使用 RTA 的虚拟 MAC 地址(000F-E2FF-0011)应答该请求；主机 C、主机 D 发送 NS 请求获取网关 FE80::1 对应的 MAC 地址时，Master 路由器使用 RTB 的虚拟 MAC 地址(000F-E2FF-0012)应答该请求。

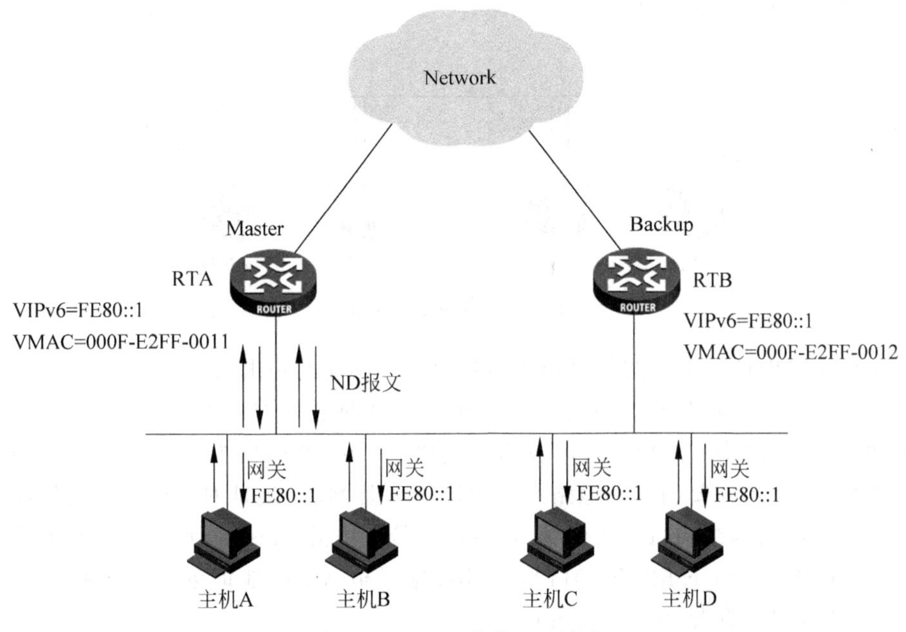


图 7-7 Master 应答 ND 请求

通过使用不同的虚拟 MAC 地址应答主机的 NS 请求，可以将不同主机的流量发送给不同的路由器。

如图 7-8 所示，主机 A、主机 B 认为网关的 MAC 地址为 RTA 的虚拟 MAC 地址，从而保证主机 A、主机 B 的流量通过 RTA 转发；主机 C、主机 D 认为网关的 MAC 地址为 RTB 的虚拟 MAC 地址，从而保证主机 C、主机 D 的流量通过 RTB 转发。

## 7.3.2 虚拟转发器

虚拟 MAC 地址的分配，可以让不同主机将流量发送给备份组中不同的路由器。为了使备份组中的路由器能够转发主机发送的流量，需要在路由器上创建虚拟转发器。每个虚拟转发器都对应备份组的一个虚拟 MAC 地址，负责转发目的 MAC 地址为该虚拟 MAC 地址的流量。

**1. 虚拟转发器创建**

备份组中的路由器获取到 Master 路由器为其分配的虚拟 MAC 地址后，创建该 MAC 地址对应的虚拟转发器，该路由器称为此虚拟 MAC 地址对应虚拟转发器的 VF Owner(Virtual Forwarder Owner，虚拟转发器拥有者)。

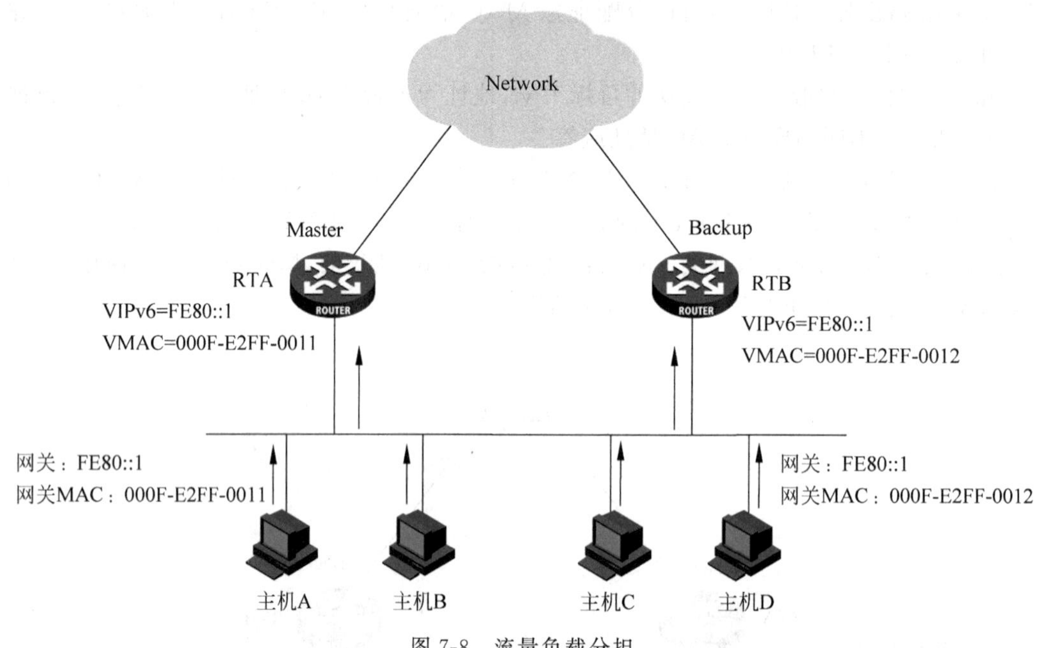


图 7-8　流量负载分担

VF Owner 将虚拟转发器的信息通告给备份组内其他的路由器。

备份组内的路由器接收到虚拟转发器信息后，在本地创建对应的虚拟转发器。

由此可见，备份组中的路由器上不仅需要创建 Master 路由器为其分配的虚拟 MAC 地址对应的虚拟转发器，还需要创建其他路由器通告的虚拟 MAC 地址对应的虚拟转发器。

如图 7-9 所示的网络中，RTA 作为 VRRP 备份组中的 Master，负责给备份组内的 RTA 分配虚拟 MAC 地址（000F-E2FF-0011），并且根据虚拟 MAC 地址创建了虚拟转发器，所以 RTA 是虚拟转发器拥有者（VF Owner）。

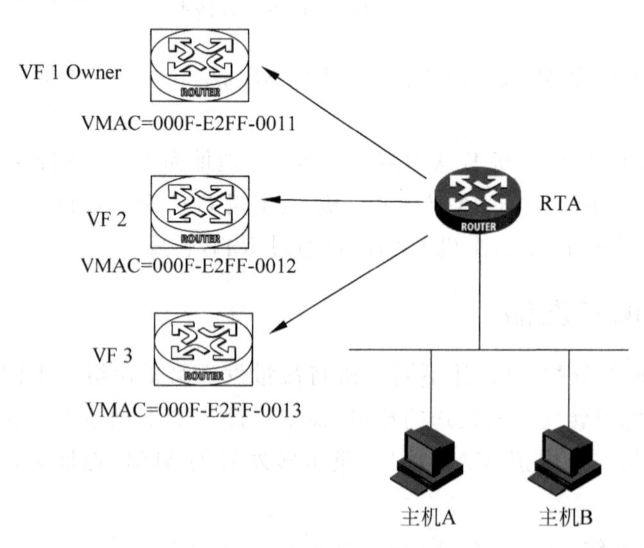


图 7-9　创建虚拟转发器

同时，RTA 收到了其他另外两个 VF Owner 发送的信息，里面包含有另外两个虚拟 MAC 地址（000F-E2FF-0012、000F-E2FF-0013），它据此信息创建了两个对应的虚拟转发器。但因为 RTA 不是这两个 MAC 地址的拥有者，所以它并不是所对应的虚拟转发器的拥有者。

**2. 虚拟转发器权重和优先级**

虚拟转发器的权重标识了虚拟转发器的转发能力。权重值越高，虚拟转发器的转发能力越强。当权重低于一定的值——失效下限时，虚拟转发器无法再为主机转发流量。

虚拟转发器的优先级用来决定虚拟转发器的状态。不同路由器上同一个虚拟 MAC 地址对应的虚拟转发器中，优先级最高的虚拟转发器处于 Active 状态，称为 AVF(Active Virtual Forwarder，动态虚拟转发器)，负责转发流量；其他虚拟转发器处于 Listening 状态，称为 LVF (Listening Virtual Forwarder，监听虚拟转发器)，监听 AVF 的状态，不转发流量。虚拟转发器的优先级取值范围为 0～255，其中，255 保留给 VF Owner 使用。如果 VF Owner 的权重高于或等于失效下限，则 VF Owner 的优先级为最高值 255。

如图 7-10 所示的网络中，RTA 上有 3 个虚拟转发器。因为 RTA 在虚拟 MAC 地址(000F-E2FF-0011)中的优先级最高，所以处于 Active 状态，为备份组中的 AVF，负责转发流量；同时，RTA 在另外两个虚拟 MAC 地址(000F-E2FF-0012、000F-E2FF-0013)中的优先级不高，所以处于 Listening 状态，为 LVF，监听 AVF 的状态，不转发流量。

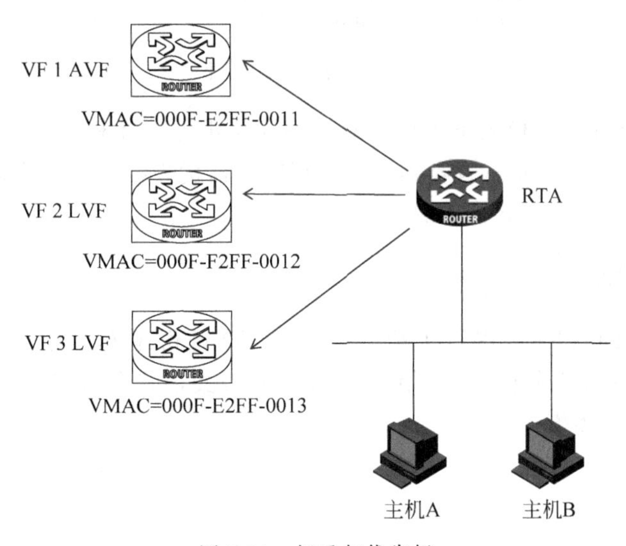


图 7-10 权重与优先级

**3. 虚拟转发器备份**

备份组中不同路由器上同一个虚拟 MAC 地址对应的虚拟转发器之间形成备份关系。当为主机转发流量的虚拟转发器或其对应的路由器出现故障后，可以由其他路由器上备份的虚拟转发器接替其为主机转发流量。

图 7-11 说明了备份组中每台路由器上的虚拟转发器信息及其备份关系。Master 路由器 RTA 为自己和 RTB 分配的虚拟 MAC 地址分别为 000F-E2FF-0011 和 000F-E2FF-0012。这些虚拟 MAC 地址对应的虚拟转发器分别为 VF 1 和 VF 2。在 RTA 和 RTB 上都创建了虚拟转发器，并形成备份关系。

RTA 为 VF 1 的 VF Owner，RTA 上 VF 1 的虚拟转发器优先级为最高值 255。因此，RTA 上的 VF 1 作为 AVF，负责转发目的 MAC 地址为虚拟 MAC 地址 000F-E2FF-0011 的流量。

当 RTA 上的 VF 1 出现故障时，RTB 将作为 AVF，负责转发目的 MAC 地址为虚拟 MAC 地址 000F-E2FF-0011 的流量。

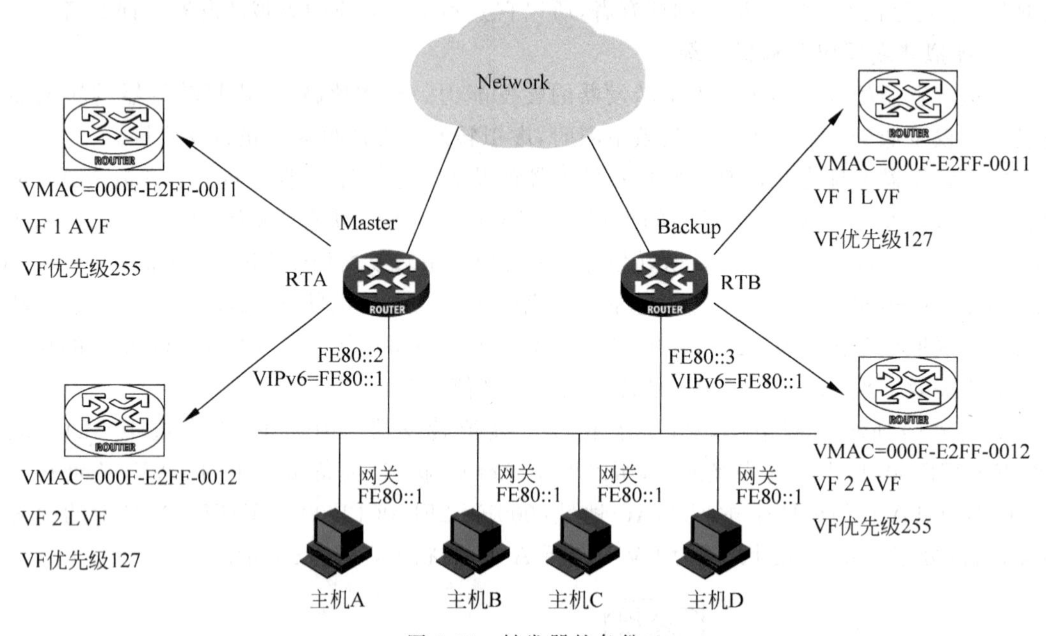


图 7-11 转发器的备份

虚拟转发器始终在抢占模式下工作。对于不同路由器上互相备份的 LVF 和 AVF，如果 LVF 接收到 AVF 发送的虚拟转发器信息其虚拟转发器优先级低于本地虚拟转发器假设变成 AVF 后的优先级，则 LVF 将会抢占成为 AVF。

## 7.4 本章总结

本章对 IPv6 中的 VRRP 进行了概述，并结合单备份组和多备份组两种工作场景对 VRRP 的工作原理进行了分析，并介绍了 VRRP 的报文格式和协议状态机，最后，还解释了 IPv6 的 VRRP 负载均衡模式的原理。

第8章

# IPv6 组 播

组播技术能够有效地解决单点发送、多点接收的问题,从而实现了网络中点到多点的高效数据传送,能够节约大量网络带宽、降低网络负载。

虽然组播技术在IPv4网络中已经存在,但IPv6把组播技术扩展到无处不在,并扩充了组播地址与协议,以使组播技术更加实用。

本章主要讲述了组播网络的基本模型,以使读者能够了解几种模型的特点;然后重点讲述了IPv6组播地址格式、MLD协议原理、IPv6 PIM协议原理和IPv6组播转发机制。

## 8.1 IPv6组播基本概念

### 8.1.1 组播模型分类

根据对组播源处理方式的不同,组播模型有下列三种。

(1) ASM(Any-Source Multicast,任意信源组播)。

(2) SFM(Source-Filtered Multicast,信源过滤组播)。

(3) SSM(Source-Specific Multicast,指定信源组播)。

**1. ASM模型**

在ASM模型中,一个组播流的组播源是任意的。在发送者一侧,任意一个发送者都可以成为组播源,向某组播组地址发送信息。在加入组播组后,接收者可以收到任意组播源发出的到该组播组的组播信息。

在ASM模型中,接收者无法预先知道组播源的位置,但可以在任意时间加入或离开该组播组。

运行PIM-SM/PIM-DM和IGMPv1/IGMPv2协议(IPv4中)、MLDv1协议(IPv6中)的组播网络符合ASM模型。

**2. SFM模型**

SFM模型继承了ASM模型,从发送者的角度来看,两者的组播组成员关系完全相同。

同时,SFM模型在功能上对ASM模型进行了扩展。在SFM模型中,上层软件对收到的组播报文的源地址进行检查,允许或禁止来自某些组播源的报文通过。因此,接收者只能收到来自部分组播源的组播数据。从接收者的角度来看,只有部分组播源是有效的,组播源经过了筛选。

运行PIM-SM/PIM-DM和IGMPv3协议(IPv4中)、MLDv2协议(IPv6中)的组播网络符合SFM模型。

**3. SSM模型**

SSM模型为用户提供了一种能够在客户端指定组播源的传输服务。

SSM 模型与 ASM 模型的根本区别在于，SSM 模型中的接收者已经通过其他手段预先知道了组播源的具体位置。SSM 模型使用与 ASM/SFM 模型不同的组播地址范围，直接在接收者和其指定的组播源之间建立专用的组播转发路径。

组播源发送组播报文，接受者通过加入通道(S,G)来接收该报文。

运行 PIM-SM 和 IGMPv3 协议(IPv4 中)、MLDv2 协议(IPv6 中)并使用特殊组播地址范围的组播网络符合 SSM 模型。

## 8.1.2 IPv6 组播协议体系结构

IPv6 组播与 IPv4 组播的协议体系结构是相同的，如图 8-1 所示。

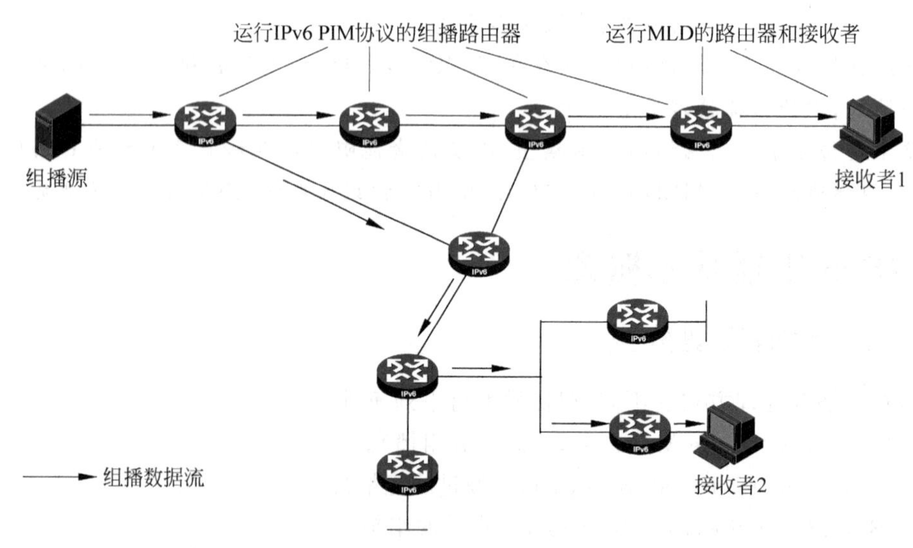


图 8-1 IPv6 组播协议体系结构

图 8-1 中各部分的介绍如下。

(1) 组播信息的发送者称为组播源。

(2) 所有的接收者都是组播组成员，如图 8-1 中的接收者 1、接收者 2，属于一个组播组成员。

(3) 由所有接收者构成一个组播组，组播组不受地域的限制。

(4) 可以提供组播路由功能的路由器称为组播路由器，组播路由器不仅提供组播路由功能，也提供组播组成员的管理功能。

在 IPv6 组播体系结构中，相关的协议有如下两个。

(1) MLD(Multicast Listener Discovery Protocol)，组播侦听者发现协议，用于 IPv6 路由器在其直连网段上发现希望接收组播数据的主机节点。

(2) IPv6 PIM(Protocol Independent Multicast for IPv6)，IPv6 协议无关组播，用于利用静态路由或者任何 IPv6 单播路由协议(包括 RIPng、OSPFv3、IS-ISv6、BGP4＋等)生成的 IPv6 单播路由表为 IPv6 组播转发提供路由。

## 8.1.3 IPv6 组播中的 RPF 检查机制

与 IPv4 中的组播一样，IPv6 也需要进行 RPF 检查，以确保能够正确地转发 IPv6 组播流，同时避免组播路由环路。

在 H3C 的产品中，RPF 检查的执行过程如下。

（1）路由器在某接口收到 IPv6 组播报文后，在 IPv6 单播路由表中查找 RPF 接口。

（2）如果当前组播路径是从组播源到接收者的 SPT 或组播源到 RP 的 RPT，则路由器以组播源的地址为目的地址查找 IPv6 单播路由表，相应表项的出接口为 RPF 接口。

（3）如果当前组播路径是从 RP 到接收者的 RPT，则路由器以 RP 的地址为目的地址查找 IPv6 单播路由表，相应表项的出接口为 RPF 接口。

（4）路由器将 RPF 接口与 IPv6 组播报文的实际到达接口相比较，以判断到达路径的正确性，从而决定是否转发该 IPv6 组播报文。

（5）如果两接口一致，就认为该 IPv6 组播报文由正确路径而来，RPF 检查通过，转发该 IPv6 组播报文。

（6）如果两接口不一致，RPF 检查失败，丢弃该 IPv6 组播报文。

作为路径判断依据的 IPv6 单播路由信息可以来源于任何一种 IPv6 单播路由协议。

例如，当组播路径是从组播源到接收者的 SPT 时，RPF 检查过程如图 8-2 所示。

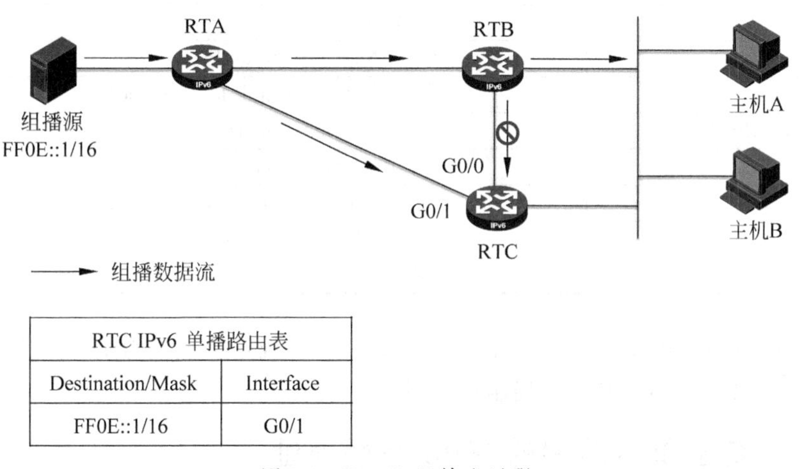


| RTC IPv6 单播路由表 | |
|---|---|
| Destination/Mask | Interface |
| FF0E::1/16 | G0/1 |

图 8-2 IPv6RPF 检查过程

具体检查过程如下。

（1）RTC 从接口 G0/0 收到来自组播源的 IPv6 组播报文，IPv6 组播转发表中没有相应的转发表项。执行 RPF 检查，发现 IPv6 单播路由表中到达网段 FF0E::/16 对应的出接口是 G0/1，则判断该报文实际到达接口非 RPF 接口。RPF 检查失败，该 IPv6 组播报文被丢弃。

（2）RTC 从接口 G0/1 收到来自组播源的 IPv6 组播报文，IPv6 组播转发表中没有相应的转发表项。执行 RPF 检查，发现 IPv6 单播路由表中到达网段 FF0E::/16 对应的出接口正是该报文实际到达接口。RPF 检查通过，对该报文进行转发。

## 8.2 IPv6 组播地址

### 8.2.1 IPv6 组播地址格式

根据 RFC 2373，IPv6 组播地址的格式如图 8-3 所示。

其中各字段含义如下。

（1）11111111：8 位，标识此地址为 IPv6 组播地址。

（2）Flgs：4 位，其中高 3 位是保留位，取 0；最低位是临时标识位 T，如图 8-4 所示，T 取

| 8 | 4 | 4 | 80 bit | 32 bit |
|---|---|---|---|---|
| 11111111 | Flgs | Scop | Reserved Must Be Zero | Group ID |

图 8-3 IPv6 组播地址的格式

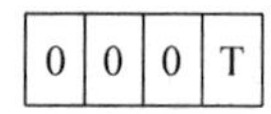


图 8-4 Flgs 字段中的 T 位

值 0 代表此地址是永久分配的 Well-known 组播地址，T 取值 1 代表此地址是非永久分配的组播地址。

(3) Scop：4 位，标识该 IPv6 组播组的应用范围，其可能的取值及其含义如表 8-1 所示。

**表 8-1 Scop 字段取值及含义**

| 取　　值 | 含　　义 |
|---|---|
| 0 | 保留(Reserved) |
| 1 | 节点本地范围(Node-local Scope) |
| 2 | 链路本地范围(Link-local Scope) |
| 3、4、6、7、9～D | 未分配(Unassigned) |
| 5 | 站点本地范围(Site-local Scope) |
| 8 | 机构本地范围(Organization-local Scope) |
| E | 全局范围(Global Scope) |
| F | 保留(Reserved) |

(4) Reserved Must Be Zero：80 位，在 RFC2373 中规定必须置为全 0。

(5) Group ID：32 位，IPv6 组播组标识号。

## 8.2.2 基于单播前缀的 IPv6 组播地址

在 RFC3306 中，规定了一种将 IPv6 单播前缀映射到组播地址中的方法。这种方法对 IPv6 组播地址中的部分字段和含义进行了重新定义，如图 8-5 所示。

| 8 | 4 | 4 | 8 | 8 | 64 | 32 |
|---|---|---|---|---|---|---|
| 11111111 | Flgs | Scop | Reserved | Plen | Network Prefix | Group ID |

图 8-5 基于单播前缀的 IPv6 组播地址

和原 IPv6 组播地址的定义相比，主要变化是把原来的保留字段进行了定义，多出了一些字段，并且对原来某些字段中的值定义也更新了。其中部分字段定义如下。

(1) Flgs：在 RFC2373 中，高 3 位是保留位，取 0；最后一位 T 用来区分这个地址是永久分配的 Well-known 组播地址，还是非永久分配的临时组播地址。在 RFC3306 中，对 Flgs 的定义进行了更新，更新后的 Flgs 增加了一个 P 位，如图 8-6 所示。

| 0 | 0 | P | T |
|---|---|---|---|

图 8-6 Flgs 字段中的 P 位和 T 位

如果 P 取值 1,就表示该组播地址是一个基于单播前缀的 IPv6 组播地址。并且,RFC3306 规定,当 P=1 时,T 也一定要为 1,因为它同时也是一个非永久分配的临时组播地址。

(2) Scop：与原 RFC2373 含义相同。

(3) Reserved：取值为 0。

(4) Plen：当 Flgs 中的 P=1 时,表示内嵌的单播网络前缀的确切长度(用十六进制表示)。

(5) Network Prefix：当 Flgs 中的 P=1 时,表示在该组播地址中内嵌的单播网络前缀。由于接口标识符的长度是 64 位,此处给网络前缀提供 64 位是足够的了。

(6) Group ID：32 位,IPv6 组播组标识号。

如果一个网络的 IPv6 单播前缀是 3FFE:FFFF:1::/48,则对应的基于单播前缀的 IPv6 组播地址可以按如下方法计算。

Flgs 字段中的 P 位和 T 位必须取值 1,所以前 16 位为 FF3x,此处 x 表示任意合法的 Scope；Reserved 字段全为 0,Plen 字段表示前缀长度,此处的 48 位前缀长度用十六进制 30 来表示；然后再把 48 位网络前缀 3FFE:FFFF:1 嵌到地址中,最后形成的 IPv6 组播地址就是 FF3x:0030:3FFE:FFFF:1::/96,后 32 位是组播组 ID。

### 8.2.3 内嵌 RP 地址的 IPv6 组播地址

为什么要定义内嵌 RP 地址的 IPv6 组播地址呢？对于运行 PIM-SM 的 ASM(Any Source Multicast)模型来说,RP 的重要性不言而喻。为了让组播域内的每台 PIM 路由器都能知道 RP 的信息,IETF 定义了 BSR 机制来在组播域内传递 RP 的信息。但是对于组播域外的 RP 该如何处理呢？

在 IPv4 中,域间组播信息的传递是依靠 MSDP 来完成的。但是 MSDP 协议还没有针对 IPv6 进行修改,因此寻找一种替代的方法是很必要的。SSM(Source Specific Multicast)可以很好地解决组播跨域的问题,但是 SSM 的体系毕竟和 ASM 是不同的,因此 IPv6 ASM 体系需要自己的组播跨域手段。组播的接收者必须通过其他手段预先知道组播源的具体位置。而把 RP 地址嵌在 IPv6 组播地址中是通知接收者组播源的位置信息的好办法。这样就可以实现从组播组到 RP 地址的直接映射,接收者只需要对收到的组播报文或者 MLD 报文进行分析即可知道 RP 的地址。

为了将 RP 地址嵌在 IPv6 组播地址中,RFC3956 将基于单播前缀的 IPv6 组播地址进行了一些修改,新的格式如图 8-7 所示。

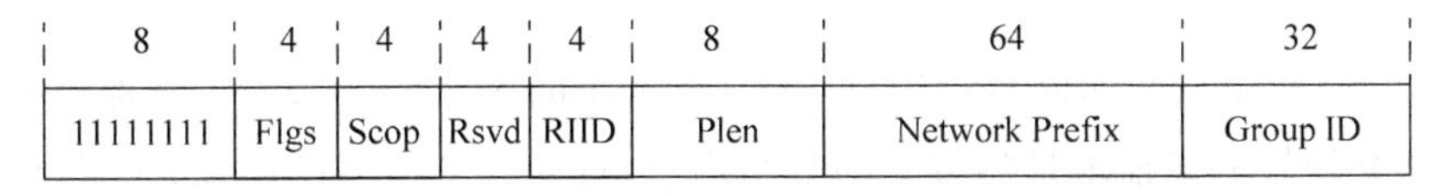


图 8-7 内嵌 RP 地址的 IPv6 组播地址

由图 8-7 可见,新的定义中增加了 RIID 字段,RIID 的含义是 RP Interface ID,也就是 RP 路由器的接口 ID。不过 RIID 的长度只有 4 位,故要求 RP 路由器的接口 ID 也只能是 4 位长,这是一个局限性。与此同时,Network Prefix 字段的含义发生了变化,Flgs 字段的定义也有了更新,如图 8-8 所示。

| 0 | R | P | T |
|---|---|---|---|

图 8-8 Flgs 字段中的 R 位

由图 8-8 可见，又有新的一位 R 投入使用了。当 R=1 时，表示这个组播地址是一个内嵌 RP 地址的 IPv6 组播地址，与此同时 P 和 T 的值也必须为 1。因此，内嵌 RP 地址的 IPv6 组播地址的前缀是 FF7x::/12。

Network Prefix 字段不再是 IPv6 单播网络的前缀，它表示 RP 路由器接口的 IPv6 前缀，其长度还是通过 Plen 字段来控制。

如果 R=1，表明这是一个内嵌 RP 地址的 IPv6 组播地址。那么如何从这个地址中算出相对应的 RP 地址呢？其过程如图 8-9 所示。

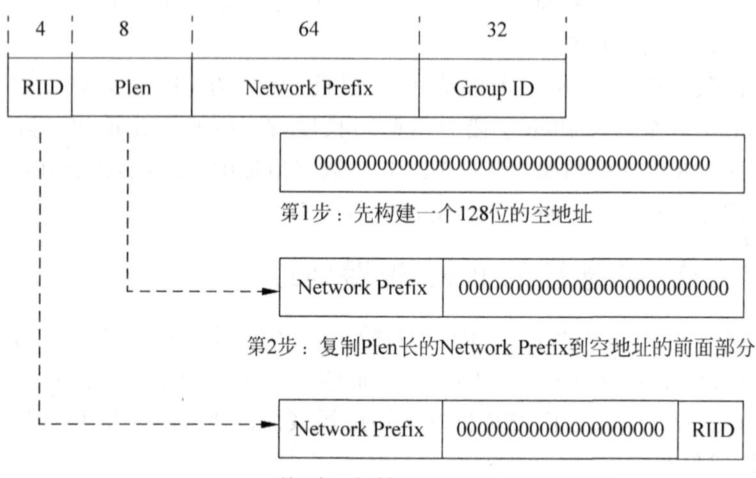


图 8-9 组播地址到 RP 的映射

首先，系统拿一个 128 位全“0”的空地址作为模板，然后根据字段 Plen 中的长度提取出相应的 Network Prefix，把它复制到空地址的前面部分；再把 RIID 字段中的 4 位复制到最后 4 位；中间的位保持“0”不变。

例如，如果内嵌 RP 地址的 IPv6 组播地址是 FF7x:0F20:2001:DB8:DEAD::/80。此处 Plen 为 0x20，0x20=32，说明 RP 的 IPv6 网络前缀是 2001:DB8::/32；而 RIID 字段是 F，那嵌入的 RP 的 IPv6 地址就是 2001:DB8::F。

相反的，如果已知 RP 的地址，按照上面的过程推算，很容易计算出相应的组播地址，举例如下。

(1) 假设 RP 路由器所在网络前缀是 2001:DB8:BEEF:FEED::/64，管理员想把 RP 的地址通过内嵌 RP 地址的组播地址的方式通告给用户，首先管理员应该设置 RP 路由器的地址为 2001:DB8:BEEF:FEED::y，这里 y 是 RIID，取值为 1～F，但不能为 0；然后构造相对应的内嵌 RP 地址的 IPv6 组播地址 FF7x:y40:2001:DB8:BEEF:FEED::/96，注意这里的 Plen 字段值是 0x40，表明网络前缀长是 64 位。组播地址中的 x 表明组播的应用范围，y 表示 RIID。最后的 32 位可被用来分配给用户使用的组播组 ID。

(2) 假设 RP 路由器所在网络前缀是 2001:DB8::/32，则可以设置 RP 路由器的地址为 2001:DB8::y，对应的内嵌 RP 地址的 IPv6 组播地址就是 FF7x:y20:2001:DB8::/64，y 是 RIID。

## 8.3　MLD 协议

MLD(Multicast Listener Discovery Protocol,组播监听者发现协议)用于 IPv6 路由器在其直连网段上发现组播监听者。组播监听者(Multicast Listener)是希望接收组播数据的主机节点。

路由器通过 MLD 协议,可以了解自己的直连网段上是否有 IPv6 组播组的监听者,并在数据库里做相应记录。同时,路由器还维护与这些 IPv6 组播地址相关的定时器信息。

配置 MLD 的路由器使用 IPv6 单播链路本地地址作为源地址发送 MLD 报文。MLD 使用 ICMPv6(Internet Control Message Protocol for IPv6,针对 IPv6 的互联网控制报文协议)报文类型,Next Header 值为 58。所有的 MLD 报文被限制在本地链路上,其跳数为 1,并且在逐跳选项头中存在 IPv6 路由器告警选项。

MLD 是非对称协议,明确规定了组播侦听者与路由器的不同行为。

到目前为止,MLD 协议有以下两个版本。

(1) MLDv1(由 RFC 2710 定义),源自 IGMPv2。

(2) MLDv2(由 RFC 3810 定义),源自 IGMPv3。

### 8.3.1　MLDv1 协议

MLDv1 协议源于 IPv4 的 IGMPv2 协议。区别在于：MLD 协议是基于 ICMPv6 的,使用 ICMPv6(IP 协议号 58)消息类型；IGMP 协议是基于 IP 的,其对应的 IP 协议号为 2。

**1. MLDv1 工作机制**

MLDv1 基于查询/响应(Query/Response)机制完成 IPv6 组播组成员的管理。在 MLDv1 运行过程中,路由器会发出查询报文(Query Message)来查询链路上有哪些组播组成员；主机会发送报告报文(Report Message)对此查询进行响应。同时,主机在启动时也会主动发送报告报文来加快路由器生成相关组播表项的速度。另外,如果主机不再想接收某一组播组的数据,它会发离开报文(Done Message)来通知路由器。

MLDv1 路由器会发送以下两种类型的查询报文(Query Message)。

(1) 普遍组查询(General Query)：查询直连链路上有哪些 IPv6 组播地址存在侦听者。

(2) 特定组查询(Multicast-Address-Specific Query)：查询直连链路上是否有某指定 IPv6 组播地址的侦听者。

MLDv1 主机会发送报告报文和离开报文。

MLDv1 主机与路由器的交互过程如图 8-10 所示。

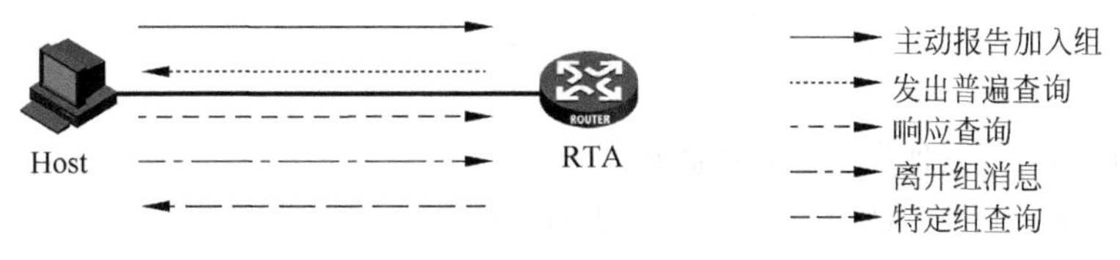


图 8-10　MLDv1 主机与路由器的交互过程

其具体过程如下。

(1) 主机主动发送报告加入组播组。主机在启动时会主动发送报告报文(Report Message),表明自己想加入某个组播组。

(2) 路由器进行普遍查询。路由器会周期性地向直连链路上的所有主机以组播方式(目的地址为 FF02::1)发送普遍组查询报文,目的是查询所有的想加入任意组播组的主机。

(3) 主机响应查询。链路上的所有主机都能收到该报文。希望加入组播组 G1 的主机各自设置一个延迟定时器,并在其超时后以组播方式向链路上的所有主机和路由器发送报告报文来响应查询,该报文包含组播组 G1 的地址信息;此时网段中其他也希望加入 G1 的主机将不再发送相同的报告报文。如果主机希望加入另一个组播组 G2,就会发送包含 G2 地址信息的报告报文来响应普遍组查询报文以加入 G2。

(4) 主机发送消息离开组。当主机想离开某组播组时,就以组播地址(目的地址是 FF02::2)向链路上发送一个离开报文,表明自己要离开这个组。

(5) 路由器发送特定组查询。路由器发送一个特定组查询报文来对主机进行查询,如果没有主机回应这个查询,路由器认为链路上没有想加入此组播组的主机,就不再向链路上转发组播数据流。

当链路上存在多个运行 MLD 的组播路由器时,将触发 MLD 查询器(Querier)的选举。在开始的时候,所有组播路由器都认为自己是查询器,并发出查询报文;但当一个路由器收到一个地址比自己小的路由器发出的查询报文后,这个路由器就会充当非查询器(Non-Querier),不再发送查询报文。但注意,因为在 MLD 协议中,路由器以 IPv6 单播链路本地地址作为源地址发送 MLD 报文,所以链路本地地址最小的组播路由器会成为链路上的查询器(Querier),负责此链路上的组播组成员信息维护。

如果查询器失效,非查询器在一段时间内没有收到查询报文,则非查询器会转变为查询器,从而重新发起查询器的选举过程。

**2. MLDv1 报文格式**

MLDv1 报文格式如图 8-11 所示。

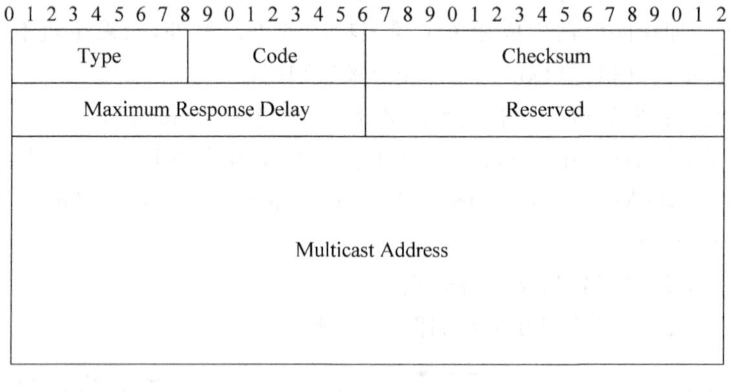

0 1 2 3 4 5 6 7 8 9 0 1 2 3 4 5 6 7 8 9 0 1 2 3 4 5 6 7 8 9 0 1 2

| Type | Code | Checksum |
|---|---|---|
| Maximum Response Delay | | Reserved |
| Multicast Address | | |

图 8-11　MLDv1 报文格式

MLDv1 报文共有三种类型,分别如下。

(1) 查询报文(Query Message),Type 值为 130。

(2) 报告报文(Report Message),Type 值为 131。

(3) 离开报文(Done Message),Type 值为 132。

其报文中各字段含义如表 8-2 所示。

表 8-2 MLDv1 报文字段含义

| 字 段 | 描 述 |
| --- | --- |
| Type | 报文类型 |
| Code | 初始化为 0 |
| Checksum | 标准的 IPv6 校验和 |
| Maximum Response Delay | 侦听者发送报告报文前允许的最长响应延迟，只在查询报文中有意义 |
| Reserved | 保留字段，初始化为 0 |
| Multicast Address | 普遍组查询中，此字段设置为 0；特定组或特定源组查询中，此字段设置为待查询的组播组地址 |

## 8.3.2 MLDv2 协议

MLDv2 协议源自 IGMPv3，也就是把 IGMPv3 协议做了"IPv6 化"。它的最大特点是，主机不但能告诉组播路由器它需要接收哪些组播流，而且能告诉路由器它需要接收由哪些源发出的组播流，拒绝接收哪些源发出的组播流。

比如一个网络中有两个频道节目，频道 1 用组播流(1::1，FF0E::1)，频道 2 用组播流(1::2，FF0E::1)。如果网络中的设备仅支持 MLDv1 协议，就无法做到只想接收频道 1，不想接收频道 2。因为 MLDv1 协议无法区分组播源，只能区分组播组，所以它只能告诉路由器它想接收发送到组播组 FF0E::1 的流，那么路由器就会把这两个频道的节目同时发给它。而如果用户设备支持 MLDv2 协议，那么它就可以告诉路由器它只想接收频道 1(1::1，FF0E::1)组播流，而不想接收频道 2，这样路由器就可以只把频道 1 的流转发给用户。

另外，MLDv2 协议能够兼容 MLDv1 协议。

**1. MLDv2 工作机制**

MLDv2 的工作机制与 MLDv1 有了一些变化，它在 MLDv1 的基础上增加了对特定组播源过滤的支持。所以 MLDv2 维护了与 MLDv1 不同的组播地址状态信息。在查询器选举机制方面，MLDv2 与 MLDv1 是一样的。

前面已经介绍，MLDv2 协议是一个非对称协议。支持 MLDv2 协议的路由器和主机在协议中所扮演的角色不同，所以其状态和行为也有差异。主机仅需要维护自己的组播地址状态信息，也就是说主机只知道自己想接收什么样的组播就够了。而路由器需要维护链路中所有组播地址状态信息，也就是网段中的所有主机想接收什么样的组播，路由器都需要了解。

(1) MLDv2 路由器组播地址状态信息。运行 MLDv2 的组播路由器是基于每条直连链路上的组播地址(per Multicast Address per Attached Link)来保持对组播地址状态的跟踪的。比如，一条链路上有两台主机，想加入三个组播组，那么组播路由器就会维护三个组播地址状态。

在 MLDv2 路由器的接口上，每一个组播地址的状态信息都由以下几个元素构成：过滤模式(Filter Mode)、过滤定时器(Filter Timers)、源列表(Source List)。其中源列表又由源地址(Source Address)和源定时器(Source Timers)构成。

① 过滤模式(Filter Mode)。过滤模式有两种：Include 和 Exclude。与源列表结合起来，它用来表示路由器能转发由哪些组播源发出的组播流，拒绝转发哪些组播流。

路由器的过滤模式受主机影响。对于一个组播地址，如果链路上的所有主机的过滤模式是 Include，则路由器的过滤模式是 Include；但如果链路上有一个主机的过滤模式是 Exclude，则路由器的过滤模式会变为 Exclude。

在过滤模式是 Include 时，路由器用符号 Include(A)表示它的状态。A 是源列表(Source List)，此处称为 Include List，表示链路上有一个或多个主机需要接收从此源发出的组播流。此时路由器要转发组播流(A,G)，但不转发其他的组播流。

当路由器的过滤模式是 Exclude 时，它用符号 Exclude(X,Y)表示它的状态。此处 X 和 Y 都是源列表，但含义不一样。X 称为 Requested List，Y 称为 Exclude List。此时，路由器可以转发除了从 Y 发出的组播流之外的所有组播流。可以看出，这时候 Requested List 实际上是不起作用的，它的作用是当过滤模式从 Exclude 转化到 Include 时，用来保持对源列表的跟踪以做到平滑过渡。

② 过滤定时器(Filter Timers)。过滤定时器只有在 Exclude 模式下才起作用，它表示切换到 Include 模式的时间。一旦过滤定时器老化，这个组播地址的过滤模式就切换到 Include 模式。

③ 源列表(Source List)。与过滤模式相关，用来表示路由器能够转发或拒绝转发哪些组播源发出的组播流。

④ 源定时器(Source Timers)。源定时器与过滤模式相关。在 Include 模式下，源定时器大于 0 表示有侦听者想要侦听此源发出的组播流，而定时器老化则表示没有侦听者想侦听此源发出的组播流，这时路由器就把这个源从源列表中删除。

在 Exclude 模式下，情况稍微复杂一些，因为 Exclude 模式下有 Requested List 和 Exclude List，Requested List 表示有侦听者想侦听这个源发出的组播流，Exclude List 表示没有侦听者想侦听这个源发出的组播流。所以，Requested List 中的源的源定时器是有意义的；而 Exclude List 中的源的源定时器会一直保持值为 0 不变，表示路由器不转发此源发出的组播流。另外，如果 Requested List 中的源定时器老化超时，路由器就把它移到 Exclude List 中。

表 8-3 总结了路由器上一个组播地址所关联的过滤模式、源定时器及路由器行为的关系。

**表 8-3 过滤模式、源定时器及路由器行为关系表**

| 路由器的过滤模式 (Filter Mode) | 源定时器的值 (Source Timer Value) | 路由器行为及说明 |
|---|---|---|
| Include | Timer>0 | 转发对应的组播数据流 |
| Include | Timer=0 | 停止转发并从源列表中去除。如果源列表中没有了源，则删除此组播地址记录 |
| Exclude | Timer>0 | 转发 Requested List 中的源发出的组播流 |
| Exclude | Timer=0 | 停止转发，并把这个源从 Requested List 中移到 Exclude List 中 |
| Exclude | 没有源在源列表中 | 转发所有的源发出的组播流 |

(2) MLDv2 主机组播地址状态信息。MLDv2 主机仅需要维护组播地址相对应的过滤模式(Filter Mode)和源列表(Source List)。

① 当主机要求只接收来自特定组播源如 S1、S2、……发来的组播信息时，则其报告报文

可以设置为 Include(S1,S2,…)。

② 当主机拒绝接收来自特定组播源如 S1、S2、……发来的组播信息时,则其报告报文可以设置为 Exclude(S1,S2,…)。

MLDv2 主机与路由器的交互过程与 MLDv1 基本相同,也是基于查询/响应机制完成 IPv6 组播组成员的管理。但 MLDv2 增加了一种特定源组查询(Multicast-Source-Address-Specific Query),用来查询指定直连链路上是否有某组播源发往某 IPv6 组播地址的侦听者。

MLDv2 主机与路由器的交互过程如图 8-12 所示。

图 8-12 MLDv2 主机与路由器的交互过程

① 主机主动发送报告加入组播组。主机在启动时会主动发送报告报文,此报告报文中包含了一个或多个当前状态记录(Current-State Record)类型的组播地址记录,每个组播地址记录中又对应了一个或多个源地址,这些信息代表了主机想要接收从哪些源发出的哪些组播流。路由器根据收到的报告报文中的信息来建立或更新自己的状态信息。

② 路由器进行普遍查询。路由器会周期性地发送普遍组查询报文,其作用与 MLDv1 一样,查询所有的想加入任意组播组的主机。

③ 主机响应查询。收到路由器发出的查询报文后,主机发送带有当前状态记录(Current-State Record)类型的组播地址记录报告报文回应相应的查询报文。当然,主机在发送报告报文时,需要对组播地址记录中的当前状态记录(Current-State Record)值进行计算。

④ 主机发送状态改变消息给路由器。如果主机自己的状态发生了变化(比如某应用程序想接收某个组播流,或某应用程序想改变接收这个组播的源,或某应用程序不再想接收组播流等),主机会主动发送报告报文,此报告报文中包含了主机的变化信息,用过滤模式改变(Filter-Mode-Change Record)或源列表改变(Source-List-Change Record)类型的组播地址记录来表达。

⑤ 路由器发出特定源组查询报文。路由器收到主机发出的 Filter-Mode-Change Record 或 Source-List-Change Record 类型的报告报文后,路由器会发出特定源组查询报文来查询在链路上是否还有主机想要接收由某个特定源发出的某个组播地址。

**2. MLDv2 报文**

与 MLDv1 不同,MLDv2 中只有两种报文,分别是路由器发出的查询报文和主机发出的报告报文。MLDv2 查询报文与 MLDv1 查询报文的类型值相同,Type=130,但比 MLDv1 报文要包含更多的字段。路由器通过查看报文的长度来区分是 MLDv1 还是 MLDv2 的查询报文。MLDv2 报告报文的类型值是 143,与 MLDv1 的不同。另外,MLDv2 协议中没有离开报文(Done Message),它用一个过滤模式为 Include,源列表为空的报告报文来实现 MLDv1 中离开报文的功能。

(1) MLDv2 路由器发出的查询报文。MLDv2 查询器通过发送 MLDv2 查询报文来了解相邻接口的组播侦听状态。MLDv2 查询报文的格式如图 8-13 所示(阴影部分表示 MLDv1 查询报文)。

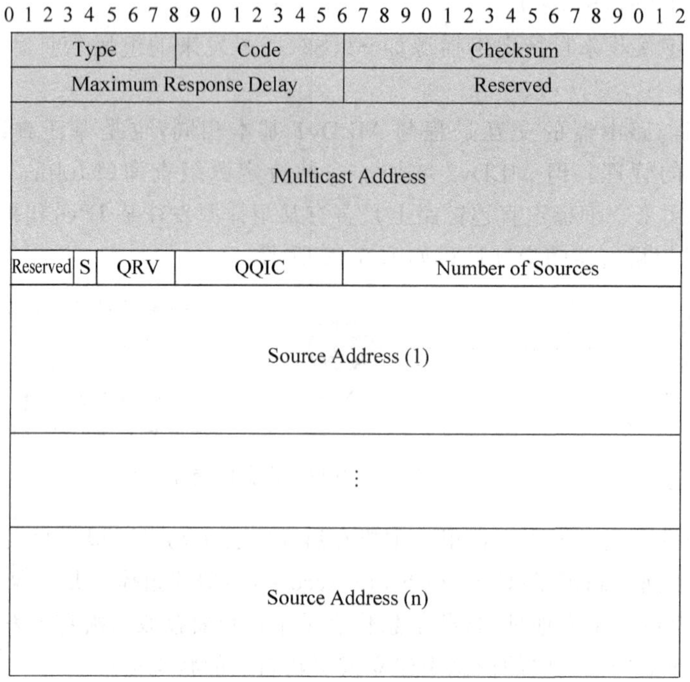

0 1 2 3 4 5 6 7 8 9 0 1 2 3 4 5 6 7 8 9 0 1 2 3 4 5 6 7 8 9 0 1 2

| | | | | |
|---|---|---|---|---|
| Type | | Code | Checksum | |
| Maximum Response Delay | | | Reserved | |
| Multicast Address | | | | |
| Reserved | S | QRV | QQIC | Number of Sources |
| Source Address (1) | | | | |
| ⋮ | | | | |
| Source Address (n) | | | | |

图 8-13　MLDv2 查询报文格式

图 8-13 中各字段含义如表 8-4 所示。

**表 8-4　MLD 查询报文字段含义**

| 字　段 | 描　述 |
|---|---|
| Type | 报文类型，130 代表查询报文 |
| Code | 初始化为 0 |
| Checksum | 标准的 IPv6 校验和 |
| Maximum Response Delay | 侦听者发送报告报文前允许的最长响应延迟 |
| Reserved | 保留字段，初始化为 0 |
| Multicast Address | 普遍组查询中，此字段设置为 0；特定组或特定源组查询中，此字段设置为待查询的组播组地址 |
| S | 标识位，表示路由器接收到查询报文后是否对定时器更新进行抑制 |
| QRV | 查询器的健壮性变量(Querier's Robustness Variable) |
| QQIC | 查询器发送普遍组查询报文的查询间隔(Querier's Query Interval Code) |
| Number of Sources | 普遍组查询或特定组查询中，此字段设置为 0；特定源组查询中，此字段表示查询报文中包含的源地址个数 |
| Source Address(i) | 特定源组查询中的组播源地址(i=1,2,…,$n$,$n$ 表示源地址个数) |

(2) MLDv2 主机发出的报告报文。在 MLDv1 协议中，一个报告报文中仅包含一个组播地址的信息，如果主机的接口需要侦听多个组播地址，那么主机就会发送多个报告报文来向路由器报告。但在 MLDv2 协议中，接口上所有的组播地址侦听信息是被放在一个报告报文中发送给路由器的。一个报告报文可以包含多个组播地址纪录(Multicast Address Record)，记录了主机上对这些组播地址所维护的状态信息，如图 8-14 所示。

0 1 2 3 4 5 6 7 8 9 0 1 2 3 4 5 6 7 8 9 0 1 2 3 4 5 6 7 8 9 0 1 2

| Type | Reserved | Checksum |
|---|---|---|
| Reserved | | Number of Multicast Address Records |
| Multicast Address Record (1) | | |
| ⋮<br>Multicast Address Record (m) | | |

图 8-14 MLDv2 报告报文格式

每个组播地址记录包含有关这个组播地址记录的详细信息，包括记录类型、组播地址、源地址等，如图 8-15 所示。

| Record Type | Aux Data Len | Number of Sources (N) |
|---|---|---|
| Multicast Address | | |
| Source Address [1]<br>Source Address [2]<br>Source Address [3] | | |
| Auxiliary Data | | |

图 8-15 MLDv2 报告报文中的组播地址记录

组播地址记录类型（Multicast Address Record Type）共有六种（IS_IN、IS_EX、ALLOW、BLOCK、TO_EX 和 TO_IN），按照作用不同而划分为以下三个类型。

① 当前状态记录（Current-State Record）类型。当前状态记录类型表示主机针对某一组播地址的当前侦听状态。其值及含义如表 8-5 所示。

**表 8-5 当前状态记录类型的含义**

| 值 | 名　　称 | 含　　义 |
|---|---|---|
| 1 | MODE_IS_INCLUDE(IS_IN) | 表示对指定组播地址的过滤模式是 Include |
| 2 | MODE_IS_EXCLUDE(IS_EX) | 表示对指定组播地址的过滤模式是 Exclude |

② 过滤模式改变记录（Filter-Mode-Change Record）类型。过滤模式改变记录类型表示主机针对某组播地址的过滤模式有了改变。其值及含义如表 8-6 所示。

表 8-6 过滤模式改变记录类型的含义

| 值 | 名　　称 | 含　　义 |
|---|---|---|
| 3 | CHANGE_TO_INCLUDE_MODE(TO_IN) | 表示对指定组播地址的过滤模式变成了 Include |
| 4 | CHANGE_TO_EXCLUDE_MODE(TO_EX) | 表示对指定组播地址的过滤模式变成了 Exclude |

③ 源列表改变记录(Source-List-Change Record)类型。源列表改变记录类型表示主机针对某组播地址的源列表有了改变。其值及含义如表 8-7 所示。

表 8-7 源列表改变记录类型的含义

| 值 | 名　　称 | 含　　义 |
|---|---|---|
| 5 | ALLOW_NEW_SOURCES (ALLOW) | 表示侦听者想要侦听更多的组播源发出的指定组播，如果过滤模式是 Include，则意味着在源列表中增加源；如果过滤模式是 Exclude，则意味着在源列表 Exclude List 中减少源 |
| 6 | BLOCK_OLD_SOURCES (BLOCK) | 表示侦听者想取消侦听部分组播源发出的指定组播，如果过滤模式是 Include，则意味着在源列表中减少源；如果过滤模式是 Exclude，则意味着在源列表 Exclude List 中增加源 |

上述的过滤模式改变记录(Filter-Mode-Change Record)类型及源列表改变记录(Source-List-Change Record)类型，统称为状态改变记录(State Change Record)类型，表示主机原有的状态发生了改变。

**3. MLDv2 与 MLDv1 的兼容性**

MLDv2 协议在设计时考虑到了与 MLDv1 协议的兼容性问题。MLDv2 路由器和主机都可以工作在 MLDv1 兼容模式下，所以如果链路上存在不同 MLD 版本的路由器和主机，它们会进入 MLDv1 兼容模式。但是，管理员必须保证在同一链路的所有路由器工作在相同的模式下。

(1) 主机侧。在链路中存在 MLDv1 路由器时，MLDv2 主机会自动工作在 MLDv1 兼容模式下。当 MLDv2 主机在接口上收到一个 MLDv1 的查询报文后，这个接口的 MLD 工作模式就被系统设置为了 MLDv1 兼容模式。同时，它启用了一个定时器 Older Version Querier Present Timer，在这个定时器老化后，MLDv2 主机切换回 MLDv2 兼容模式。

如果一个链路上既有 MLDv1 主机，也有 MLDv2 主机，则 MLDv2 主机的报告报文会被 MLDv1 主机的报告报文所抑制。

(2) 路由器侧。管理员必须保证所有的路由器都工作在相同模式下，否则会导致 MLD 组成员关系的混乱。

链路上有 MLDv1 主机时，MLDv2 路由器会自动工作在 MLDv1 兼容模式下。当 MLDv2 路由器接收到 MLDv1 主机发出的有关某个组播地址记录的报告报文时，它就把这个组播地址记录的兼容模式设置为 MLDv1。同时，路由器启用了一个 Older Version Host Present Timer，当这个定时器老化后，路由器再把这个地址记录的兼容模式切换回 MLDv2。

## 8.4 IPv6 PIM 协议

IPv6 PIM(Protocol Independent Multicast for IPv6，IPv6 协议无关组播)是工作在 IPv6 中的 PIM 协议，它利用 IPv6 静态路由或者任何 IPv6 单播路由协议(包括 RIPng、OSPFv3、IPv6-IS-IS、BGP4+等)生成的 IPv6 单播路由表为 IPv6 组播提供路由。IPv6 PIM 协议保持了与 IPv4 PIM 一样的工作机制，只是根据 IPv6 的地址特点而修改了相应的协议报文，并增加了新的嵌入式 RP 功能。

与 IPv4 PIM 一样,IPv6 PIM 包括如下协议。

(1) IPv6 PIM-DM(Protocol Independent Multicast Dense Mode for IPv6,IPv6 密集模式协议无关组播)。

(2) IPv6 PIM-SM(Protocol Independent Multicast Sparse Mode for IPv6,IPv6 稀疏模式协议无关组播)。

另外,本书还会介绍 IPv6 PIM-SSM,它来源于 PIM-SSM。

### 8.4.1 IPv6 PIM 协议报文

PIM 协议是一个在 IPv6 网络和 IPv4 网络中通用的协议。IPv6 PIM 协议是 PIM 协议根据 IPv6 网络的地址特点而进行的扩展。

无论是 IPv6 PIM 还是 IPv4 PIM,所有的 PIM 协议报文格式都是一致的。PIM 协议报文是由相同的报文头加上报文体组成。PIM 协议报文头格式如图 8-16 所示。

0 1 2 3 4 5 6 7 8 9 0 1 2 3 4 5 6 7 8 9 0 1 2 3 4 5 6 7 8 9 0 1 2

| PIM Ver | Type | Reserved | Checksum |
|---|---|---|---|

图 8-16 PIM 协议报文头格式

图 8-16 中各字段含义如表 8-8 所示。

**表 8-8 PIM 协议报头字段含义**

| 字 段 | 描 述 |
|---|---|
| PIM Ver | PIM 协议的版本号,目前为 2 |
| Type | PIM 协议报文的类型,共有 9 类 |
| Reserved | 保留,其值为 0 |
| Checksum | 标准的 IPv4 或 IPv6 校验和 |

在 PIM 协议报文的报文头中,Type 字段用来标识 PIM 协议报文的具体类型,其简单描述如表 8-9 所示。

**表 8-9 Type 字段类型及含义**

| 类 型 | 报文的简单描述 |
|---|---|
| 0=Hello 报文 | 发往 ALL-PIM-ROUTERS 地址的组播报文 |
| 1=注册报文(仅在 PIM-SM 中使用) | 发往 RP 的单播报文 |
| 2=注册停止报文(仅在 PIM-SM 中使用) | 发往注册报文源的单播报文 |
| 3=Join/Prune 加入、剪枝报文 | 发往 ALL-PIM-ROUTERS 地址的组播报文 |
| 4=Bootstrap 自举报文(仅在 PIM-SM 中使用) | 发往 ALL-PIM-ROUTERS 地址的组播报文 |
| 5=Assert 断言报文 | 发往 ALL-PIM-ROUTERS 地址的组播报文 |
| 6=嫁接报文(仅在 PIM-DM 中使用) | 发往 RPF'(S)的单播报文 |
| 7=嫁接应答报文(仅在 PIM-DM 中使用) | 发往嫁接报文源的单播报文 |
| 8=Candidate-RP-Advertisement 候选 RP 宣告报文(仅在 PIM-SM 中使用) | 发往域中 BSR 的单播报文 |
| 9=State Refresh 状态刷新报文 | 由与组播源直连的路由器(DR)发送的状态刷新报文 |

如表 8-9 所述，IPv6 PIM 协议报文有可能是单播报文（如注册报文），也可能是组播报文（如 Hello 报文）。如果是单播报文，报文目的地址是一个普通的 IPv6 单播地址；而如果是组播报文，报文目的地址是 IPv6 ALL-PIM-ROUTERS 组播地址，即 FF02::D。

另外，很多 PIM 协议报文中会包含与地址相关的数据，IPv6 PIM 也对其进行了相应的改变，如图 8-17 所示为一个断言报文的格式图。

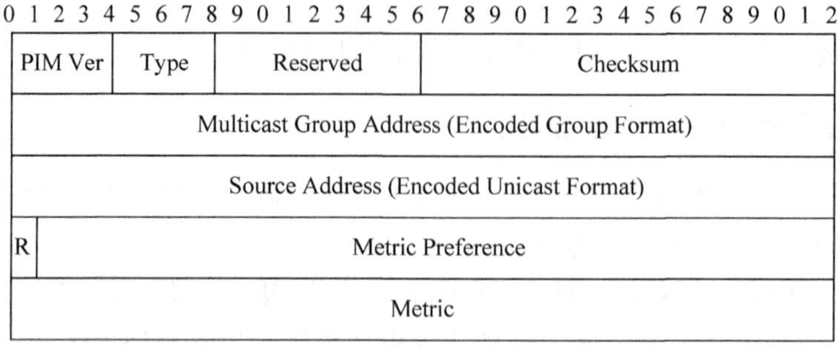

0 1 2 3 4 5 6 7 8 9 0 1 2 3 4 5 6 7 8 9 0 1 2 3 4 5 6 7 8 9 0 1 2

| PIM Ver | Type | Reserved | Checksum |
|---|---|---|---|
| Multicast Group Address (Encoded Group Format) | | | |
| Source Address (Encoded Unicast Format) | | | |
| R | Metric Preference | | |
| Metric | | | |

图 8-17　PIM 断言报文格式

图 8-17 中部分字段含义如表 8-10 所示。

**表 8-10　PIM 断言报文字段含义**

| 字　段 | 描　述 |
|---|---|
| Multicast Group Address(Encoded Group Format) | 报文中包含的组播组地址，为组播编码格式 |
| Source Address(Encoded Unicast Format) | 组播源地址，为单播编码格式 |
| R | RPT 位。值 1 表示是（*,G）的断言报文，值 0 表示是（S,G）的断言报文 |
| Metric Preference | 到组播源或 RP 的单播路由协议优先级 |
| Metric | 到组播源或 RP 的单播路由度量值 |

其中的 Encoded Unicast Format 格式如图 8-18 所示。

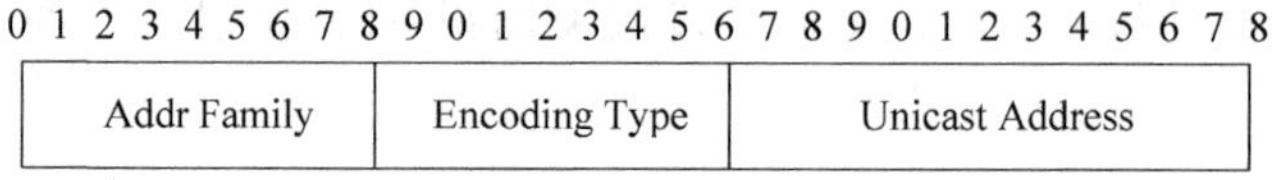

0 1 2 3 4 5 6 7 8 9 0 1 2 3 4 5 6 7 8 9 0 1 2 3 4 5 6 7 8

| Addr Family | Encoding Type | Unicast Address |
|---|---|---|

图 8-18　Encoded Unicast Format 格式

图 8-18 中各字段含义如表 8-11 所示。

**表 8-11　Encoded Unicast Format 格式字段含义**

| 字　段 | 描　述 |
|---|---|
| Addr Family | 地址族。值 0x01 表示 IPv4，值 0x02 表示 IPv6 |
| Encoding Type | 编码类型，其值为 0 |
| Unicast Address | 单播地址 |

由上面格式可以看到，在 PIM 协议中，对于包含地址信息的 PIM 报文，PIM 协议通过字段 Addr Family 来指示报文中包含的是 IPv6 地址还是 IPv4 地址。所以，PIM 协议可以通用在 IPv6 和 IPv4 网络中。

其他具体的报文（如 Hello 报文、注册报文）格式在此不详细阐述，欲了解更多的读者可参见 RFC3973 与 RFC4601。

配置了 IPv6 PIM 的路由器使用 IPv6 单播链路本地地址作为源地址发送 IPv6 PIM 报文。IPv6 PIM 报文是直接承载在 IPv6 固定报头之上的，其 Next Header 值为 103(0x67)。同时，为了使 IPv6 PIM 协议报文的转发范围仅在本地链路上，规定 PIM 协议报文的跳数为 1。

与 IPv4 PIM 协议的运行机制一样，在路由器运行 IPv6 PIM 协议后，路由器会通过交换 IPv6 PIM 的 Hello 报文来发现 IPv6 PIM 邻居。发现邻居后，路由器根据所配置的协议不同(IPv6 PIM-DM 或 IPv6 PIM-SM 等)而决定后续的工作方式。下面介绍具体的 IPv6 PIM 协议工作原理。

## 8.4.2 IPv6 PIM-DM 简介

与 PIM-DM 在 IPv4 网络中的应用一样，IPv6 PIM-DM 属于密集模式的 IPv6 组播路由协议，使用"推(Push)模式"传送 IPv6 组播数据，通常适用于 IPv6 组播组成员相对比较密集的小型网络。它的基本工作方式也与 IPv4 PIM 相同。

IPv6 PIM-DM 假设网络中的每个子网都至少存在一个 IPv6 组播组成员，因此 IPv6 组播数据将被扩散(Flooding)到网络中的所有节点，如图 8-19 所示。

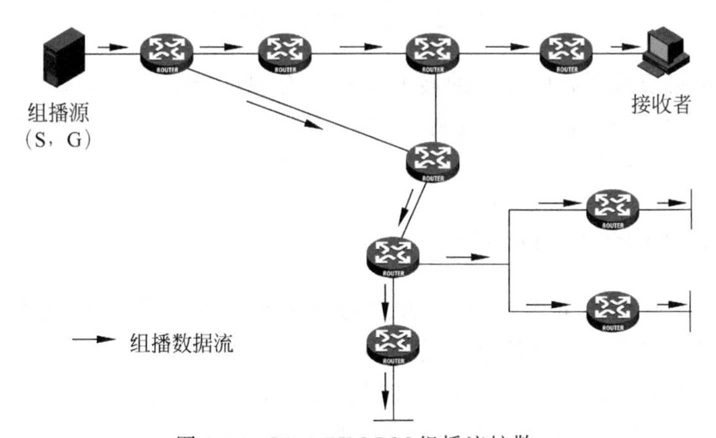


图 8-19 IPv6 PIM-DM 组播流扩散

然后，IPv6 PIM-DM 对没有 IPv6 组播数据接收者的分支进行剪枝(Prune)，只保留包含接收者的分支。这种"扩散—剪枝"现象周期性地发生，各个被剪枝的节点提供超时机制，被剪枝的分支可以周期性地恢复成转发状态，如图 8-20 所示。

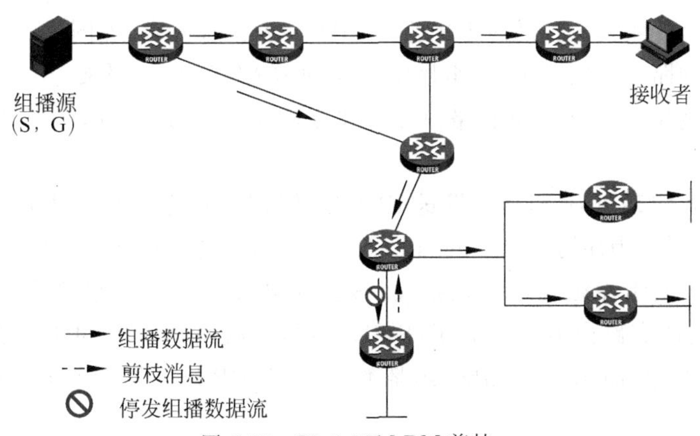


图 8-20 IPv6 PIM-DM 剪枝

当被剪枝分支的节点上出现了IPv6组播组的成员时，为了减少该节点恢复成转发状态所需的时间，IPv6 PIM-DM使用嫁接(Graft)机制主动恢复其对IPv6组播数据的转发，如图8-21所示。

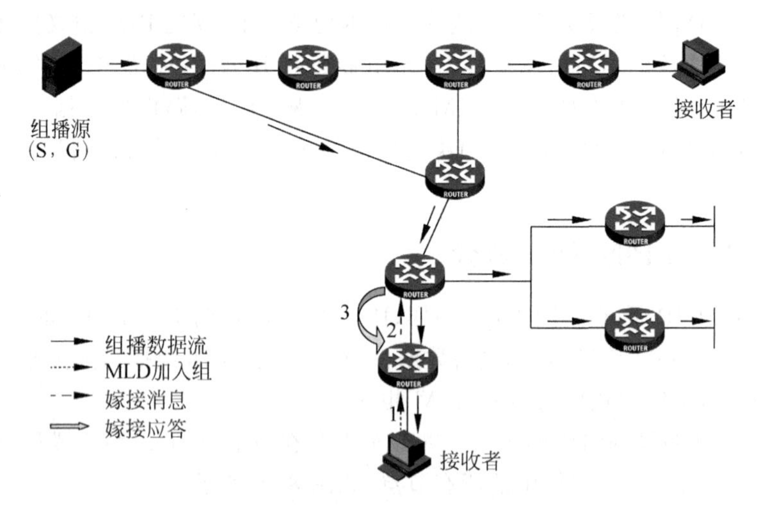


图8-21 IPv6 PIM-DM嫁接

一般来说，密集模式下数据报文的转发路径是有源树(Source Tree，即以组播源为"根"、IPv6组播组成员为"枝叶"的一棵转发树)。由于有源树使用的是从组播源到接收者的最短路径，因此也称为最短路径树(Shortest Path Tree，SPT)。

## 8.4.3 IPv6 PIM-SM简介

IPv6 PIM-DM使用以"扩散—剪枝"方式构建的SPT来传送IPv6组播数据。尽管SPT的路径最短，但是其建立的过程效率较低，并不适合大中型网络。

IPv6 PIM-SM属于稀疏模式的IPv6组播路由协议，使用"拉(Pull)模式"传送IPv6组播数据，通常适用于IPv6组播组成员分布相对分散、范围较广的大中型网络。它的基本工作方式也与IPv4 PIM-SM相同。IPv6 PIM-SM假设所有主机都不需要接收IPv6组播数据，只向明确提出需要IPv6组播数据的主机转发。

IPv6 PIM-SM实现组播转发的核心任务就是构造并维护RPT(Rendezvous Point Tree，共享树或汇集树)，RPT选择IPv6 PIM域中某台路由器作为公用的根节点RP(Rendezvous Point，汇集点)，IPv6组播数据通过RP沿着RPT转发给接收者，如图8-22所示。

连接接收者的路由器向某IPv6组播组对应的RP发送加入报文(Join Message)，该报文被逐跳送达RP，途中所经过的所有路由器都建立起了(*，G)表项，"*"表示来自任意组播源，如图8-23所示。

组播源如果要向某IPv6组播组发送IPv6组播数据，首先由与组播源直连的路由器负责将IPv6组播数据封装为注册报文(Register Message)，并通过单播方式发送给RP。该报文到达RP后，RP会再向组播源发送加入报文，该报文被逐跳送达与组播源直连的路由器。这时，途中所经过的所有路由器都建立了(S，G)表项，也就是建立了SPT。之后组播源把IPv6组播数据沿着SPT发向RP，当IPv6组播数据到达RP后，被复制并沿着RPT发送给接收者。

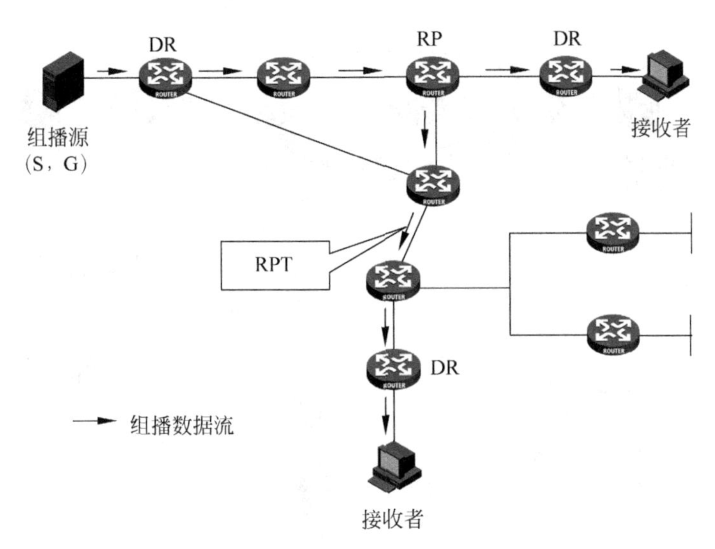


图 8-22 IPv6 PIM-SM 中的 RPT

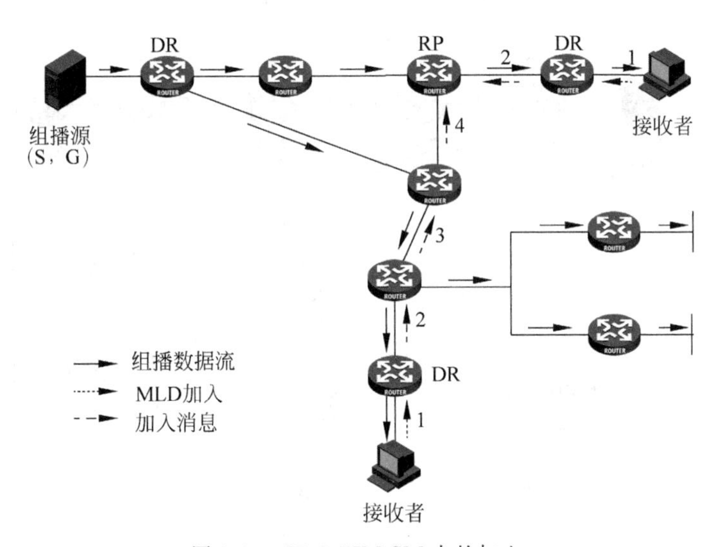


图 8-23 IPv6 PIM-SM 中的加入

当 SPT 建立，且 RP 接收到来自组播源的 IPv6 组播数据后，RP 将向组播源侧的 DR 发送注册终止报文，DR 收到该报文后将停止发送封装有 IPv6 组播数据的注册报文并进入注册抑制(Register-Suppression)状态，如图 8-24 所示。

当接收者侧的 DR 发现从 RP 发往 IPv6 组播组 G 的 IPv6 组播数据速率超过了一定的阈值时，将由其发起从 RPT 向 SPT 的切换。首先，接收者侧的 DR 向组播源 S 逐跳发送(S,G)加入报文，并最终送达组播源侧 DR，沿途经过的所有路由器在其转发表中都生成了(S,G)表项，从而建立了 SPT 分支；随后，接收者侧的 DR 向 RP 逐跳发送剪枝报文，RP 收到该报文后会将其向组播源方向转发，目的是把 RPT 沿途的路由器都从 RPT 上剪掉，从而最终实现从 RPT 向 SPT 的切换，如图 8-25 所示。

从 RPT 切换到 SPT 后，IPv6 组播数据将直接从组播源发送到接收者。通过由 RPT 向 SPT 的切换，IPv6 PIM-SM 能够以比 IPv6 PIM-DM 更经济的方式建立 SPT。

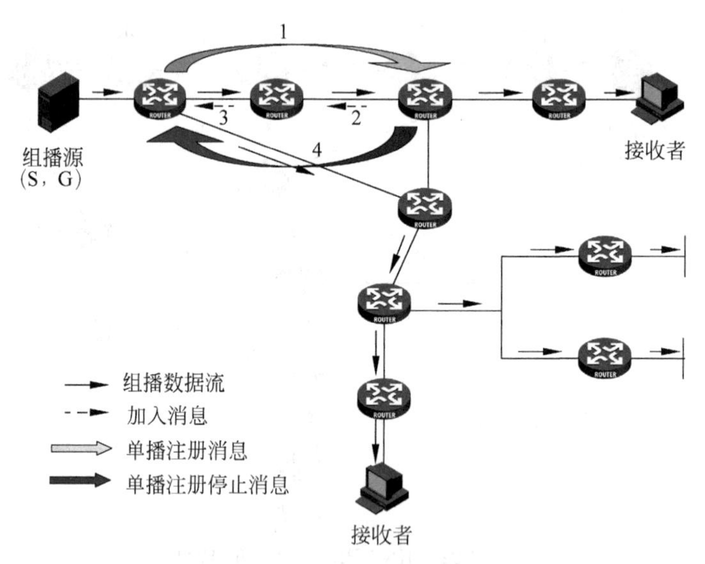


图 8-24 IPv6 PIM-SM 中的注册

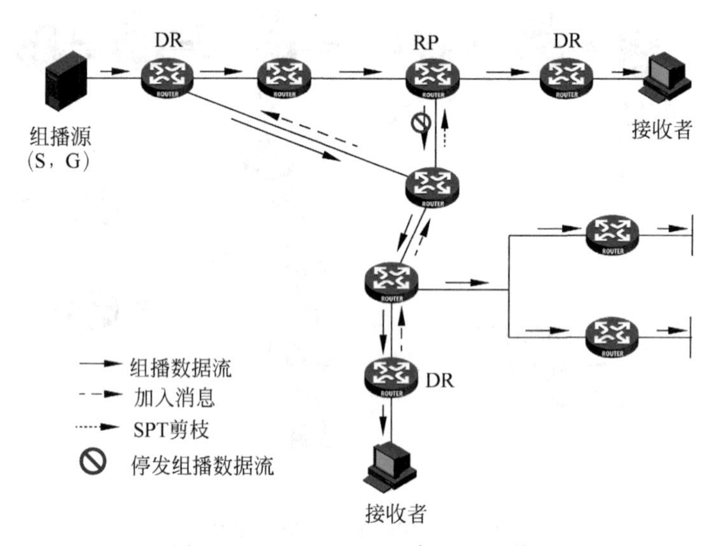


图 8-25 IPv6 PIM-SM 中 SPT 切换

## 8.4.4 IPv6 嵌入式 RP

在前面讨论过内嵌 RP 地址的 IPv6 组播地址和用途。使用嵌入式 RP，路由器可以从 IPv6 组播地址中分析出 RP，从而取代静态配置的 RP 或由 BSR(Boot Strap Router，自举路由器)机制动态计算出来的 RP，其工作过程如图 8-26 所示。

在接收者端，主机发送 MLD 报告报文，此报告报文的内容是主机要接收组播流 FF7E:120:2001:0:ABCD::1。DR 收到报文后，发现这个组播地址的规范符合内嵌 RP 地址的 IPv6 组播地址规范，它就会把其中内嵌的 RP 地址 2001::1 提取出来，并向 RP 发送加入报文，建立从接收者侧的 DR 到 RP 的 RPT 转发路径。

同理，组播源发出到 FF7E:120:2001:0:ABCD::1 的组播数据，组播源侧的 DR 提取出内嵌在 IPv6 组播地址中的 RP 地址 2001::1，并向 RP 以单播方式发送注册报文(Register

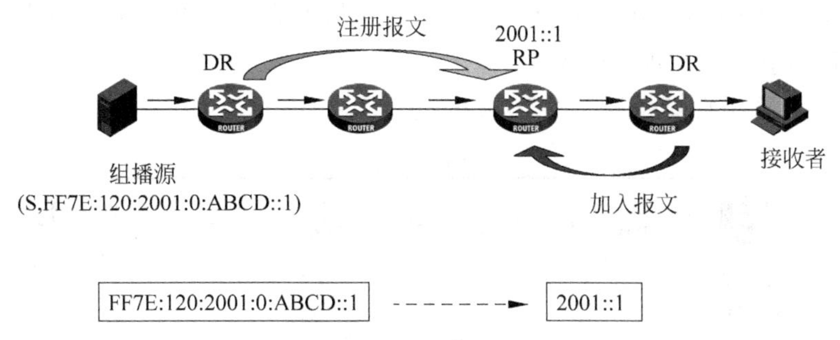


图 8-26 IPv6 嵌入式 RP

Message)，同时建立从组播源侧到 RP 的 SPT 转发路径。

RPT 和 SPT 转发路径建立后，组播数据流可以沿着路径从组播源转发到接收者。

嵌入式 RP 的优点是网络中不需要显式指定 RP、BSR，网络配置复杂度降低；它的缺点是只能使用特别的 IPv6 组播地址，应用范围受到限制。

## 8.4.5 IPv6 PIM-SSM

**1. ASM 模型的不足**

ASM 模型是目前网络中应用最广泛的组播模型。PIM-DM、PIM-SM、IGMPv1/IGMPv2(在 IPv4 网络中)、MLDv1(在 IPv6 网络中)等协议在 ASM 模型中被使用。但 ASM 模型也存在一些不足。

首先，当前的 ASM 模型并没有一个很好的方案来解决不同应用程序可能使用相同的组播地址问题。这就意味着接收者可能会收到从不同源发来的到同一个组播地址的组播流。

其次，ASM 模型中的网络设备无法进行组播源访问控制，组播路由器可能会转发从任何源发出的组播数据，这给网络安全带来了问题，接收者容易受到攻击。

最后，ASM 模型对已知源组播流转发效率较低。无论接收者是否已经知道组播源的位置，PIM-SM 都必须首先把组播流发到 RP。而实际上对于已知组播源来说，这是不必要的，直接按照 SPT 转发具有更高的效率。

**2. SSM 模型的优点**

SSM 模型改进了 ASM 模型中的不足。

首先，在 SSM 模型中使用了“通道(Channel)”的概念。一个通道(S,G)包含了源 S 和组播组 G；对于接收者的应用程序来说，通道 1(S1,G)和通道 2(S2,G)的源是不同的，应用程序能够分辨它们。这样就解决了接收者可能会收到从不同源发来的相同组播流的问题。

其次，在 SSM 模型中，用户可以指定从哪个源接收组播流。对于非指定的源发出的流，网络中的组播路由器会丢弃它们，不会将它们转发给用户，保障了网络用户的安全。

最后，在 SSM 的架构中，接收者通过其他手段(如特殊地址)预先知道了组播源的具体位置，所以网络中不再需要构建 RPT，而直接在接收者和组播源之间建立专用的组播转发路径，提高了转发效率。

**3. IPv6 PIM-SSM 工作机制**

IPv6 PIM-SSM 的实现并不需要特别的协议，用 IPv6 PIM-SM 协议中的部分技术(不需要用 BSR、RP 等)及 MLDv2 来实现就可以了。但要注意，IPv6 PIM-SSM 的实现需要使用特殊组播地址，地址范围为 FF3x::/96，其中 x 表示 0～F 的任意一个十六进制数。

另外，在 PIM-SSM 中，用“通道(Channel)”表示从组播源到接收者的 SPT；用“定制报文(Subscribe Message)”表示加入报文。

IPv6 PIM-SSM 工作过程如图 8-27 所示。

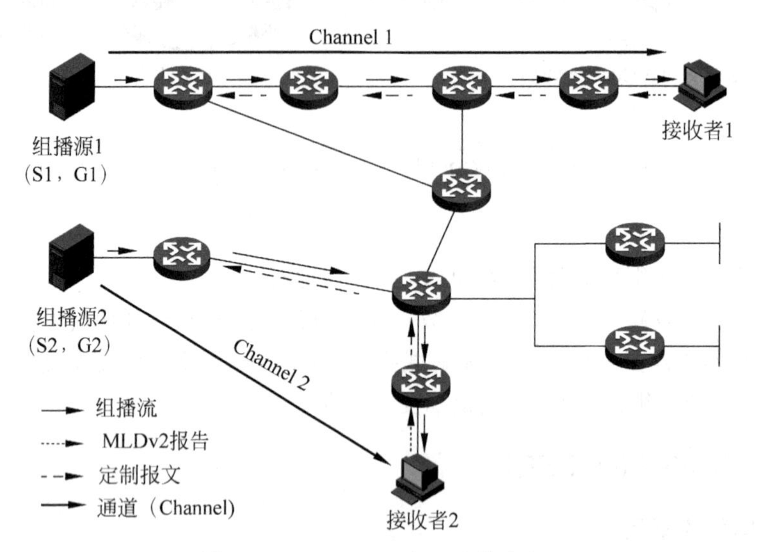


图 8-27 IPv6 PIM-SSM 通道建立

在接收者端，接收者并不关心也不知道网络中是 SSM 架构。运行 MLDv2 协议的接收者首先向 DR 发送想加入组播组的 MLDv2 报告报文，报文中含有组播源 S 的地址。收到报告报文的 DR 先判断该报文中的 IPv6 组播组地址是否在 IPv6 SSM 组播组地址范围内。如果在 IPv6 PIM-SSM 组播组地址范围内，则构建 IPv6 PIM-SSM，并向组播源 S 逐跳发送通道的定制报文(加入报文)。沿途所有路由器上都创建(Include S,G)或(Exclude S,G)表项，从而在网络内构建了一棵以组播源 S 为根、以接收者为叶子的 SPT，该 SPT 就是 IPv6 PIM-SSM 中的传输通道。如果不在 IPv6 PIM-SSM 组地址范围内，则仍旧按照 IPv6 PIM-SM 的流程进行后续处理，此时 DR 需要向 RP 发送加入报文，同时在 RP 上需要进行组播源的注册。

## 8.4.6 IPv6 组播路由和转发

**1. IPv6 组播路由和转发相关表项**

在 H3C 产品的 IPv6 组播实现中，组播路由和转发与以下三个表项有关。

(1) 每个 IPv6 组播路由协议都有一个协议自身的路由表，如 IPv6 PIM 路由表(IPv6 PIM Routing-Table)。

(2) 各 IPv6 组播路由协议的组播路由信息经过综合形成一个总的 IPv6 组播路由表(IPv6 Multicast Routing-Table)。

(3) IPv6 组播转发表(IPv6 Multicast Forwarding-Table)直接用于控制 IPv6 组播数据报文的转发。

IPv6 组播路由表由(S,G)表项组成，表示由源 S 向 IPv6 组播组 G 发送 IPv6 组播数据的路由信息。如果路由器支持多种 IPv6 组播路由协议，则 IPv6 组播路由表中将包括由多种协议生成的组播路由。路由器根据组播路由和转发策略，从 IPv6 组播路由表中选出最优的组播路由，并下发到 IPv6 组播转发表中。

IPv6 组播转发表是指导 IPv6 组播数据转发的转发表。设备在收到由组播源 S 向 IPv6

组播组 G 发送的 IPv6 组播报文后，首先查找 IPv6 组播转发表，根据不同的查找结果进行相应的处理。

(1) 如果存在对应的(S,G)表项，且该报文实际到达接口与 IPv6 组播转发表中的入接口一致，则向所有的出接口执行转发。

(2) 如果存在对应的(S,G)表项，但是报文实际到达的接口与 IPv6 组播转发表中的入接口不一致，则对此报文执行 RPF 检查。若检查通过，则将入接口修改为报文实际到达的接口，然后向所有的出接口执行转发；若检查不通过，则丢弃该报文。

(3) 如果不存在对应的(S,G)表项，则对该报文执行 RPF 检查。若检查通过，则根据相关路由信息，创建对应的路由表项，并下发到 IPv6 组播转发表中，然后向所有的出接口执行转发；若检查不通过，则丢弃该报文。

**2. IPv6 组播转发边界**

IPv6 组播信息在网络中的转发并不是漫无边际的，每个 IPv6 组播组对应的 IPv6 组播信息都必须在确定的范围内传递。目前有以下方式可以定义组播转发范围。

(1) 组播报文中的 Scop 字段。在组播数据报文中有 4 位长的字段 Scop 用于标识该 IPv6 组播组的应用范围，如表 8-12 所示。当路由器收到组播数据报文后，会查看报文中 Scop 字段的值，如果该字段值大于 Link-local，则路由器转发该报文；否则，路由器不会转发该报文。

**表 8-12 Scope 字段的取值及其含义**

| 取　值 | 含　　义 |
| --- | --- |
| 0 | 保留(Reserved) |
| 1 | 节点本地范围(Node-local Scope) |
| 2 | 链路本地范围(Link-local Scope) |
| 3、4、6、7、9～D | 未分配(Unassigned) |
| 5 | 站点本地范围(Site-local Scope) |
| 8 | 机构本地范围(Organization-local Scope) |
| E | 全局范围(Global Scope) |
| F | 保留(Reserved) |

(2) 配置针对某个 IPv6 组播组的转发边界。可以在所有支持组播转发的接口上配置针对某个 IPv6 组播组的转发边界。组播转发边界为指定范围的 IPv6 组播组划定了边界条件，如果 IPv6 组播报文的目的地址与边界条件匹配，就停止转发。当在一个接口上配置了组播转发边界后，将不能从该接口转发 IPv6 组播报文(包括本机发出的 IPv6 组播报文)，也不能从该接口接收 IPv6 组播报文。这样就在网络中形成一个封闭的组播转发区域。

(3) 配置组播转发的最小 Hop Limit(跳数限制)值。可以在所有支持组播转发的接口上配置组播转发的最小 Hop Limit 值。当要将一个 IPv6 组播报文(包括本机发出的 IPv6 组播报文)从某接口转发出去时，对接口上所配置的最小 Hop Limit 值进行检查。若报文的 Hop Limit 值(该值已在本路由器内被减 1)大于接口上所配置的最小 Hop Limit 值，则转发该报文；若报文的 Hop Limit 值小于或等于接口上所配置的最小 Hop Limit 值，则丢弃该报文。

## 8.5 本章总结

本章学习了如下内容。

(1) 组播基本模型。

（2）IPv6 组播地址。

（3）MLD 协议。

（4）IPv6 PIM 组播路由协议。

以及 IPv6 组播转发表项、转发边界等。从中了解了组播网络（无论是 IPv6 或是 IPv4 组播网络）的基本模型架构。另外，可以看到，IPv6 组播的基本工作原理与 IPv4 组播基本相同，但基于 IPv6 的地址特点而进行了一些改变和增强。

# 第9章

# IPv6过渡技术

虽然 IPv6 在未来将无处不在,但现阶段大多数网络仍然是 IPv4,全部过渡到 IPv6 还要相当长的一段时间。在这段时间里,IPv4 和 IPv6 是共同存在,且需要相互访问的。本章将介绍 IPv4 如何与 IPv6 进行互访,以及相关过渡技术的应用场景和技术原理。

学习完本章,应该掌握以下内容。

(1) 了解各种过渡技术的应用场景。

(2) 掌握隧道技术的工作原理。

(3) 掌握地址族转换技术的工作原理。

## 9.1 IPv6 过渡技术概述

IPv6 过渡技术大体上可以分为以下三类。

(1) 双协议栈技术。

(2) 隧道技术。

(3) 地址族转换技术。

### 9.1.1 双协议栈技术

双协议栈技术是指在设备上同时启用 IPv4 和 IPv6 协议栈。IPv6 和 IPv4 是功能相近的网络层协议,两者都基于相同的下层平台。如图 9-1 所示的协议栈结构可以看出,如果一台主机同时支持 IPv6 和 IPv4 两种协议,那么该主机既能与支持 IPv4 协议的主机通信,又能与支持 IPv6 协议的主机通信,这就是双协议栈技术的工作机理。

双协议栈技术是 IPv6 过渡技术中应用最广泛的一种过渡技术。同时,它也是所有其他过渡技术的基础。

如果网络中采用双协议栈技术,则意味着相关节点需要同时启用 IPv4 与 IPv6 协议栈,然后由操作系统与上层应用决定采用哪个协议栈进行通信与解析。伴随着 IPv6 的发展,主流操作系统、网络设备已经全部支持 IPv6,且越来越多的上层应用也能够支持 IPv6,所以双协议栈技术得到了广泛应用。

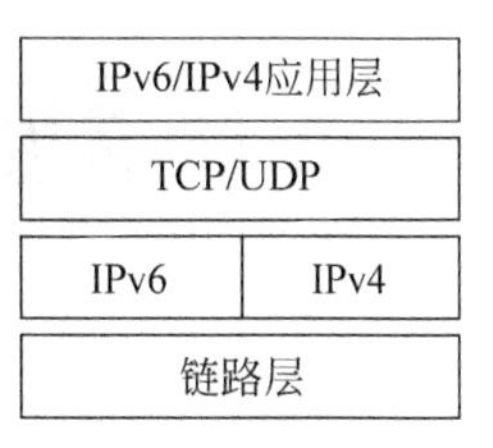

图 9-1 双栈结构图

双协议栈技术不涉及 IPv4 与 IPv6 体系间的互通,各个协议独立维护自己的信息和转发表项,所以比较成熟稳定。但因为每个节点都要启用 IPv4 协议,所以会占用大量的 IPv4 地址,且需要规划两套网络及主机体系,维护成本较高。

### 9.1.2 隧道技术

隧道(Tunnel)是指将一种协议报文封装在另一种协议报文中,这样,一种协议就可以通过另一种协议的封装进行通信。常见的隧道技术包含：GRE、IPv6 over IPv4 隧道和 IPv4 over IPv6 隧道。对于采用隧道技术的设备来说，在起始端(隧道的入口处)，将 IPv6 的数据报文封装入 IPv4 报文(或 GRE 报文)中，IPv4 报文的源地址和目的地址分别是隧道入口和出口的 IPv4 地址；在隧道的出口处，再将 IPv6 报文取出转发给目的站点，如图 9-2 所示。它的特点是要求隧道两端的网络设备能够支持隧道及双栈技术，而对网络中其他设备没有要求，因而非常容易实现。但是隧道技术不能实现 IPv4 主机与 IPv6 主机的直接通信。

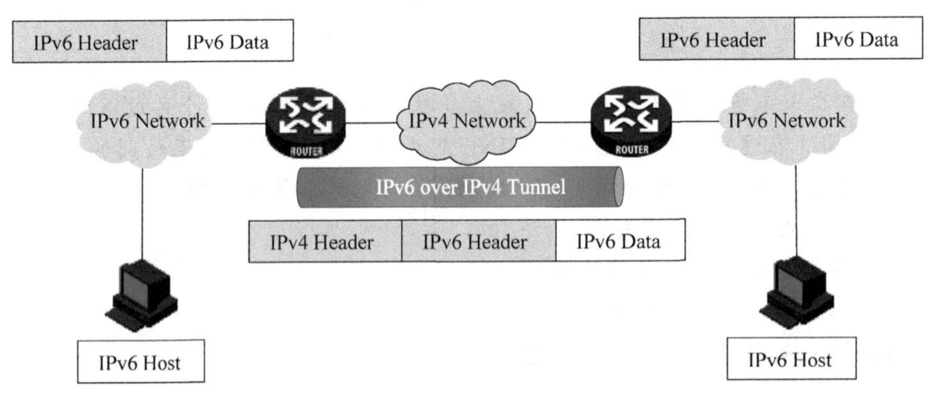


图 9-2 隧道示意图

### 9.1.3 地址族转换技术

AFT(Address Family Translation，地址族转换)提供了 IPv4 和 IPv6 地址之间的相互转换功能。通过 AFT 技术，IPv6 网络和 IPv4 网络之间能够实现互访，如图 9-3 所示的网络中，IPv6 终端通过 AFT 设备访问 IPv4 网络里的服务器；同样，IPv4 终端也可以通过 AFT 设备访问 IPv6 网络里的服务器等资源。因为 IPv6 协议与 IPv4 协议的不同，AFT 技术不但要进行地址的转换，还要进行协议间的转换。

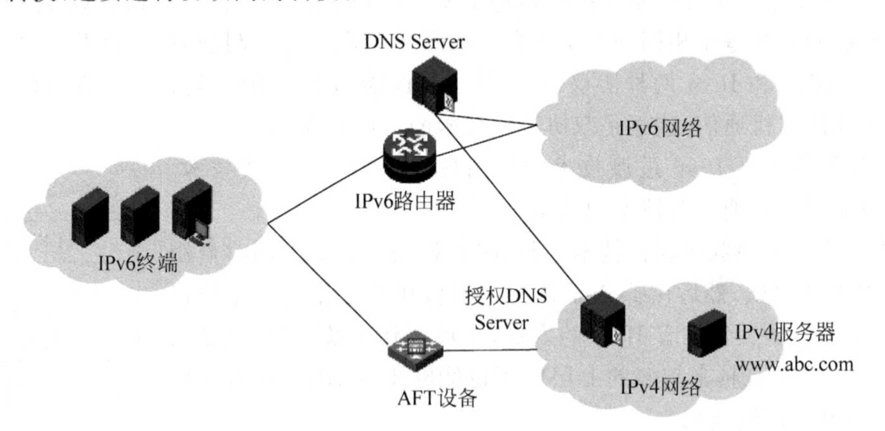


图 9-3 AFT 技术示意图

## 9.2 隧道技术

常见的隧道技术有以下几种。

(1) GRE 隧道。

(2) IPv6 over IPv4 隧道，如手动隧道、6to4 隧道、ISATAP 隧道。

(3) IPv4 over IPv6 隧道，如手动隧道、DS-Lite 隧道。

## 9.2.1 GRE 隧道

GRE(Generic Routing Encapsulation，通用路由封装)协议用来对某种协议(如 IP、MPLS、以太网)的数据报文进行封装，使这些被封装的数据报文能够在另一个网络(如 IP)中传输。封装前后数据报文的网络层协议可以相同，也可以不同。封装后的数据报文在网络中传输的路径，称为 GRE 隧道。GRE 隧道是一个虚拟的点到点的连接，其两端的设备分别对数据报文进行封装及解封装。GRE 封装后的报文格式如图 9-4 所示。

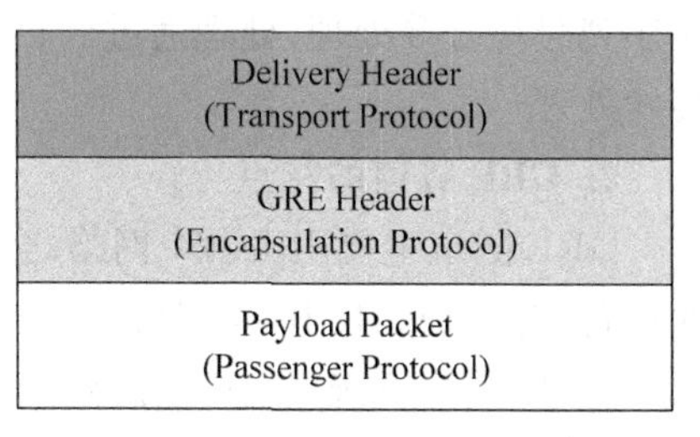


图 9-4 GRE 封装后的报文格式

GRE 封装后的报文包括以下几个部分。

(1) 净荷数据(Payload Packet)，指需要封装和传输的数据报文。净荷数据的协议类型，称为乘客协议(Passenger Protocol)。乘客协议可以是任意的网络层协议。

(2) GRE 头(GRE Header)，采用 GRE 协议对净荷数据进行封装所添加的报文头，包括封装层数、版本、乘客协议类型、校验和信息、Key 信息等内容。添加 GRE 头后的报文称为 GRE 报文。对净荷数据进行封装的 GRE 协议，称为封装协议(Encapsulation Protocol)。

(3) 传输协议的报文头(Delivery Header)，在 GRE 报文上添加的报文头，以便传输协议对 GRE 报文进行转发处理。传输协议(Delivery Protocol 或者 Transport Protocol)是指负责转发 GRE 报文的网络层协议。设备支持 IPv4 和 IPv6 两种传输协议，当传输协议为 IPv4 时，GRE 隧道称为 GRE over IPv4 隧道；当传输协议为 IPv6 时，GRE 隧道称为 GRE over IPv6 隧道。

**1. GRE 隧道原理**

IPv6 协议报文通过 GRE 隧道穿越 IPv4 网络进行传输的过程，如图 9-5 所示。

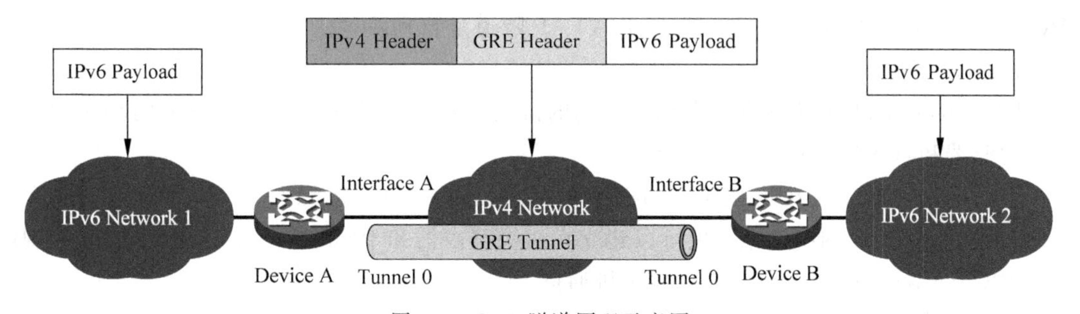


图 9-5 GRE 隧道原理示意图

其具体过程如下。

(1) Device A 从连接 IPv6 Network 1 的接口收到 IPv6 报文后，查找路由表判定此报文需要通过 GRE 隧道模式的 Tunnel 接口(本例中为 Tunnel 0)转发，并将报文发给相应的 Tunnel 接口。

(2) GRE 隧道模式的 Tunnel 接口收到此 IPv6 报文后，先在报文前封装上 GRE 头，再封装上 IPv4 头。IPv4 头中的源地址为隧道的源端地址(本例中为 Device A 的 Interface A 接口的 IP 地址),目的地址为隧道的目的端地址(本例中为 Device B 的 Interface B 接口的 IP 地址)。

(3) Device A 根据封装的 IPv4 头中的目的地址查找路由表,将封装后的 IPv4 报文通过 GRE 隧道的实际物理接口(Interface A)转发出去。

(4) 封装后的 IPv4 报文通过 GRE 隧道到达隧道的目的端设备 Device B 后,由于报文的目的地是本设备,且 IPv4 头中的协议号为 47(表示封装的报文为 GRE 报文),Device B 将此报文交给 GRE 协议进行解封装处理。

(5) GRE 协议先剥离掉此报文的 IPv4 头,再对报文进行 GRE Key 验证、校验和验证、报文序列号检查等处理,处理通过后再剥离掉报文的 GRE 头,将报文交给 IPv6 协议进行后续的转发处理。

**2. GRE 隧道的特点**

GRE 隧道主要用于两个网络之间的稳定连接。采用 GRE 隧道时,只需要启用 GRE 协议的设备支持 IPv6 与 IPv4 双协议栈,所以配置和维护较简单。

不过,GRE 隧道是一种需要管理员进行手动配置维护的隧道,如果网络中的站点数量过多,则管理员的配置工作就会变得复杂,维护难度也会上升。

### 9.2.2 IPv6 over IPv4 隧道

IPv6 over IPv4 隧道是在 IPv6 数据报文前直接封装上 IPv4 的报文头,通过隧道使 IPv6 报文穿越 IPv4 网络,实现隔离的 IPv6 网络互通。IPv6 over IPv4 隧道两端的设备必须支持 IPv4/IPv6 双协议栈,即同时支持 IPv4 协议和 IPv6 协议。

根据隧道终点的 IPv4 地址的获取方式不同,隧道分为配置隧道和自动隧道。

如果 IPv6 over IPv4 隧道终点的 IPv4 地址不能从 IPv6 报文的目的地址中自动获取,需要进行手动配置,这样的隧道称为配置隧道。

如果 IPv6 报文的目的地址中嵌入了 IPv4 地址,则可以从 IPv6 报文的目的地址中自动获取隧道终点的 IPv4 地址,这样的隧道称为自动隧道。

常见的 IPv6 over IPv4 隧道有手动隧道、6to4 隧道、ISATAP 隧道等。其中 IPv6 over IPv4 手动隧道是配置隧道,6to4 隧道、ISATAP 隧道是自动隧道。

**1. 手动隧道**

IPv6 over IPv4 手动隧道是点到点之间的链路。建立手动隧道需要在隧道两端手动指定隧道的源端和目的端地址。

手动隧道可以建立在连接 IPv4 网络和 IPv6 网络的两个边缘路由器之间,实现隔离的 IPv6 网络跨越 IPv4 网络通信;也可以建立在边缘路由器和 IPv4/IPv6 双栈主机之间,实现隔离的 IPv6 网络跨越 IPv4 网络与双栈主机通信。

**2. 6to4 隧道**

6to4 隧道使用一种特殊的地址,称为 6to4 地址。这种 6to4 地址的格式如图 9-6 所示。

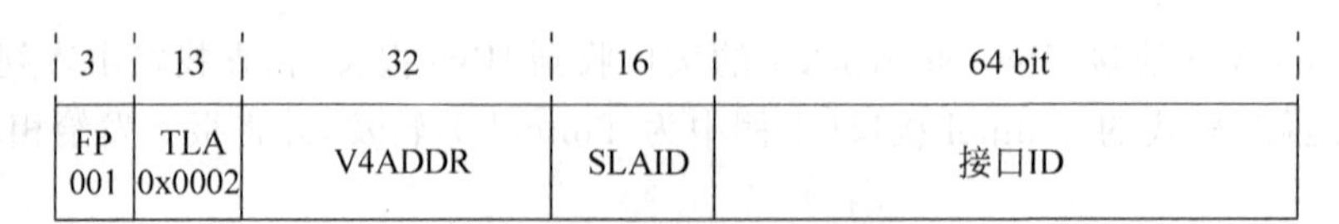


图 9-6　6to4 地址格式示意图

图 9-6 中的地址其实就是 2002:A.B.C.D:xxxx:xxxx:xxxx:xxxx:xxxx,其中 A.B.C.D 是 IPv4 地址。这个内嵌在 IPv6 地址中的 IPv4 地址就是 6to4 隧道的目的端地址,系统可以自动获得。

如图 9-7 所示的是一个 6to4 隧道示意图,按照从 PCA→RTA→RTB→PCB 的报文转发过程对其进行分析。

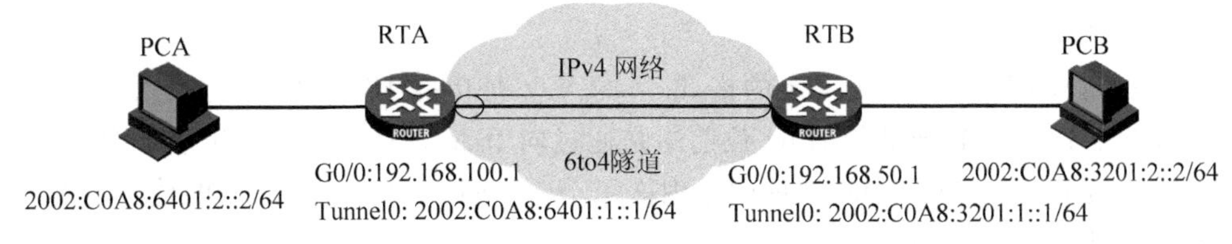


图 9-7 6to4 隧道工作原理示意图

(1) 主机 PCA 发出报文。主机 PCA 要访问 PCB,所以它发出报文的目的地址是 2002:C0A8:3201:2::2,源地址是 2002:C0A8:6401:2::2,此报文被送到路由器 RTA。

(2) 路由器 RTA 对报文封装。路由器 RTA 收到报文后,查看路由表,发现路由表中有一条 2002::/16 的路由表项,此表项的下一跳指向 Tunnel 0 接口,于是进行报文的封装。

封装时的源地址就是接口 G0/0 的 IPv4 地址 192.168.100.1;目的地址是从 IPv6 报文目的地址 2002:C0A8:3201:2::2 中把 IPv4 的部分 C0A8:3201 提取出来,就是 192.168.50.1。封装后的报文从 RTA 的物理接口 G0/0 发出,送到了路由器 RTB。

(3) 路由器 RTB 对报文解封装。路由器 RTB 从物理接口 G0/0 收到此 IPv4 报文后,由于报文的目的地是本设备,所以进行解封装,解封装后看到了其中的 IPv6 报文。然后再根据路由表将此报文转发到主机 PCB。

(4) 主机 PCB 对报文进行回复。主机 PCB 收到此 IPv6 报文后,对它进行回复。回复的报文根据路由信息被送到路由器 RTB,因为路由器 RTB 也有 2002::/16 的路由表项,下一跳指向 Tunnel 0 接口,于是在 Tunnel 0 接口进行封装,然后从物理接口 G0/0 发送出去。

6to4 隧道是自动隧道,具有配置简单、维护方便的优点,但它必须使用规定的 6to4 地址。

以上所述的 IPv6 网络之间互联要求网络前缀必须是以 2002 开头的。如果想连接到纯 IPv6 网络上,则需要用到 6to4 中继。

6to4 中继路由器负责在 6to4 网络和纯 IPv6 网络之间传输报文,同时,它需要把相应的 6to4 网络中的以 2002 开头的 IPv6 路由信息通告到纯 IPv6 网络中。

在图 9-8 所示的网络中,6to4 边缘路由器需要进行默认路由的配置,其下一跳地址指向 6to4 中继路由器的 6to4 地址(从 6to4 中继路由器的 IPv4 地址换算而来的地址)。这样所有去往纯 IPv6 网络的报文都会按照路由表指示的下一跳被发送到 6to4 中继路由器,6to4 中继路由器再将此报文转发到纯 IPv6 网络中。当报文返回时,6to4 中继路由器根据返回报文的目的地址(6to4 地址)进行 IPv4 报文头封装,数据就能够顺利到达 6to4 网络中了。

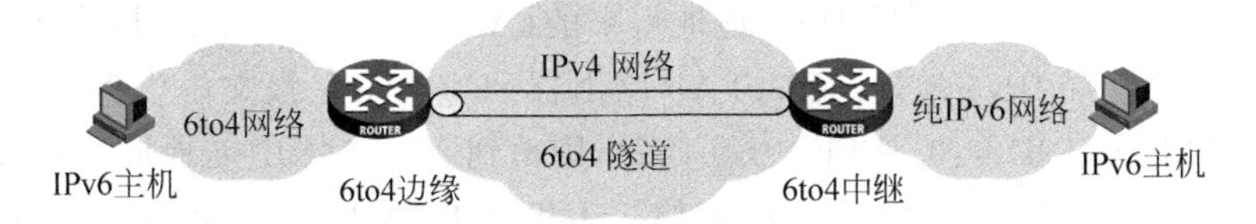


图 9-8 6to4 中继示意图

**3. ISATAP 隧道**

ISATAP(Intra-Site Automatic Tunnel Addressing Protocol)不但是一种自动隧道技术，同时它可以进行地址自动配置。在 ISATAP 隧道的两端设备之间可以运行 ND 协议。配置了 ISATAP 隧道以后，IPv6 网络将底层的 IPv4 网络看作一个非广播的点到多点的链路(NBMA)。ISATAP 隧道的地址也有特定的格式，它的接口 ID 必须如下。

```
::0:5EFE:w.x.y.z
```

在这里，0:5EFE 是 IANA 规定的格式，w. x. y. z 是单播 IPv4 地址，它嵌入 IPv6 地址的最后 32 位里。ISATAP 地址的前 64 位前缀是通过向 ISATAP 路由器发送请求而得到的。

与 6to4 地址类似，ISATAP 地址中也内嵌了 IPv4 地址，它的隧道终点的建立也是根据此内嵌的 IPv4 地址来进行的。

如图 9-9 所示的网络中，PCA 是一个双栈主机，它的 IPv4 地址为 10.0.0.2；路由器的 IPv4 地址为 2.2.2.2。

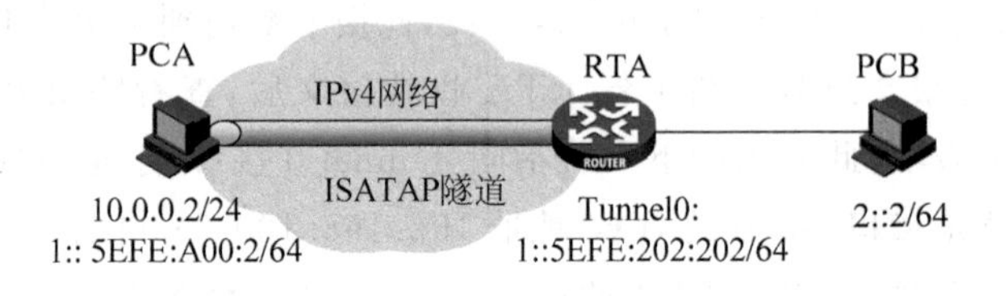


图 9-9 ISATAP 隧道原理图

PCA 与 PCB 的通信过程如下。

(1) 双栈主机自动生成一个 Link-local IPv6 地址。首先，双栈主机会按照 ISATAP 地址规范自动生成 Link-local ISATAP IPv6 地址。主机的 IPv4 地址为 10.0.0.2，则它会生成 ::0:5EFE:10.0.0.2 的接口 ID，然后加上一个前缀 FE80，生成的 Link-local ISATAP IPv6 地址就是 FE80::5EFE:A00:2。生成 Link-local 地址以后，PCA 就有了 IPv6 连接功能。

(2) 双栈主机发出 RS(Router Solicitation)报文。按照 ND 协议，主机要想获得全局 IPv6 地址，它首先需要发出 RS(Router Solicitation)报文，以向路由器发起路由器请求。RS 报文的源 IPv6 地址就是它自己的 Link-local ISATAP 地址，目的 IPv6 地址是路由器的组播地址 FF02::2。

因为它与 ISATAP 路由器之间是 IPv4 网络，所以它需要进行 IPv6 over IPv4 的封装。主机的 IPv4 地址为 10.0.0.2，路由器的 IPv4 地址为 2.2.2.2，则报文的源 IPv4 地址是自己网络接口卡的地址 10.0.0.2，目的 IPv4 地址是 ISATAP 路由器的地址 2.2.2.2。

(3) 路由器回应 RA(Router Advertisement)报文。ISATAP 路由器收到 RS 报文后，需要回复 RA 报文给主机。按照 RA 报文的规则，报文源 IPv6 地址为路由器的 Link-local ISATAP 地址 FE80::5EFE:202:202，目的地址是发送 RS 报文的主机 IPv6 地址 FE80::5EFE:A00:2。同理，也需要进行 IPv6 over IPv4 的封装，源 IPv4 地址为 2.2.2.2，目的 IPv4 地址是从目的 IPv6 地址中内嵌的 IPv4 地址得来的(A00:2→10.0.0.2)，即为 10.0.0.2。

(4) 主机获得全局 IPv6 地址。ISATAP 路由器回应的 RA 报文中告诉主机前缀为 1::。主机把此前缀加上接口 ID(::0:5EFE:10.0.0.2)，则得到一个全局 IPv6 地址 1::5EFE:A00:2。

(5) ISATAP 主机与其他 IPv6 主机通信。主机会 PCA 与 PCB 通信时，查找主机路由表发现目的地址指向自己的 ISATAP 隧道，则主机会进行 IPv6 over IPv4 封装。此时报文的源

IPv4 地址是自己(10.0.0.2),目的 IPv4 地址是路由器(2.2.2.2)。

路由器收到此报文后,根据路由表相应的转发,把它转发给 2::2 这台主机。2::2 这台主机收到后,对此报文进行回复。

ISATAP 隧道最大的特点是把 IPv4 网络看作一个下层链路,IPv6 的 ND 协议通过 IPv4 网络进行承载,从而实现跨 IPv4 网络设备的 IPv6 地址自动配置。分散在 IPv4 网络中的各个双栈主机能够通过 ISATAP 隧道连接起来。

### 9.2.3 IPv4 over IPv6 隧道

IPv4 over IPv6 隧道在 IPv4 报文上封装 IPv6 的报文头,通过隧道使 IPv4 报文穿越 IPv6 网络,从而实现通过 IPv6 网络连接隔离的 IPv4 网络孤岛,原理如图 9-10 所示。

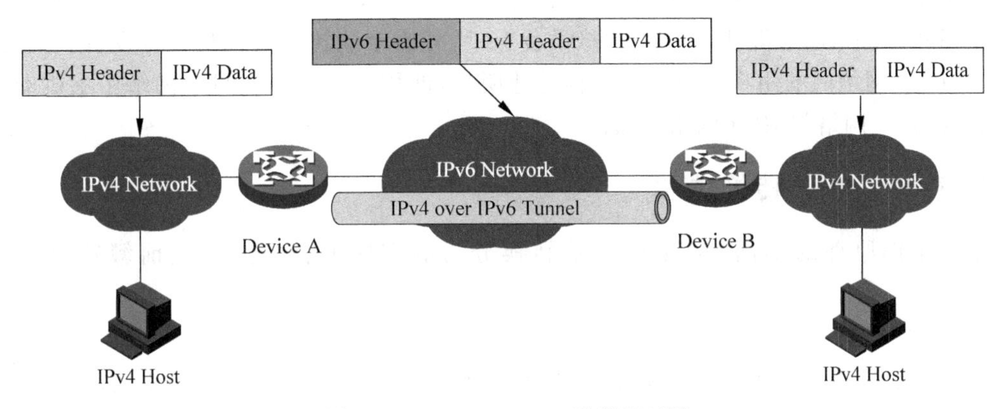


图 9-10 IPv4 over IPv6 隧道原理图

IPv4 报文在隧道中传输经过封装与解封装两个过程,以图 9-10 为例说明这两个过程。

**1. 封装过程**

Device A 连接 IPv4 网络的接口收到 IPv4 报文后,首先交由 IPv4 协议栈处理。IPv4 协议栈根据 IPv4 报文头中的目的地址判断该报文需要通过隧道进行转发,则将此报文发给 Tunnel 接口。

Tunnel 接口收到此报文后添加 IPv6 报文头,IPv6 报文头中源 IPv6 地址为隧道的源端地址,目的 IPv6 地址为隧道的目的端地址。封装完成后将报文交给 IPv6 模块处理。IPv6 协议模块根据 IPv6 报文头的目的地址重新确定如何转发此报文。

**2. 解封装过程**

解封装过程和封装过程相反。从连接 IPv6 网络的接口接收到 IPv6 报文后,将其送到 IPv6 协议模块。IPv6 协议模块检查 IPv6 报文封装的协议类型。若封装的协议为 IPv4,则报文进入隧道处理模块进行解封装处理。解封装之后的 IPv4 报文被送往 IPv4 协议模块进行二次路由处理。

常见的 IPv4 over IPv6 隧道有手动隧道和 DS-Lite 隧道(自动隧道)。

## 9.3 地址族转换技术

AFT(Address Family Translation,地址族转换)提供了 IPv4 和 IPv6 地址之间的相互转换功能。在 IPv4 网络完全过渡到 IPv6 网络之前,两个网络之间直接的通信可以通过 AFT 来实现。例如,使用 AFT 可以使 IPv4 网络中的主机直接访问 IPv6 网络中的 FTP 服务器,其过程如图 9-11 所示。

图 9-11 AFT 应用示意图

在图 9-11 所示的网络中，PCA 可以通过 AFT 设备而访问 PCB。PCA 并不知道 PCB 是一个 IPv4 主机，它发出的报文是 IPv6 报文；报文到达 AFT 设备后，AFT 设备对这个 IPv6 报文进行转换，转换成相对应的 IPv4 报文，并转发给 PCB；同理，PCB 也不知道 PCA 是一个 IPv6 主机，它回复的 IPv4 报文由 AFT 设备进行报文转换，转换成 IPv4 报文后转发到 PCA。

AFT 作用于 IPv4 和 IPv6 网络边缘设备上，所有的地址转换过程都在该设备上实现，对 IPv4 和 IPv6 网络内的用户来说这个过程是透明的，即用户不必改变目前网络中主机的配置就可实现 IPv6 网络与 IPv4 网络的通信。

## 9.3.1 AFT 转换方式

根据工作原理的不同，AFT 的地址转换分为静态转换、动态转换、前缀转换等几种方式。

**1. 静态转换**

静态转换是指采用手动配置的 IPv6 地址与 IPv4 地址的一一对应关系来实现 IPv6 地址与 IPv4 地址的转换。当 IPv4 主机与 IPv6 主机之间发送报文时，这些报文由 AFT 设备根据配置的绑定关系进行转换。在静态 AFT 转换下，AFT 设备上需要配置 IPv6 地址与 IPv4 地址一一对应。所以需要消耗大量的 IPv4 地址。

**2. 动态转换**

动态转换是指动态地创建 IPv6 地址与 IPv4 地址的对应关系来实现 IPv6 地址与 IPv4 地址的转换。和静态转换方式不同，动态转换方式中 IPv6 和 IPv4 地址之间不存在固定的一一对应关系。

将 IPv6 报文的源 IPv6 地址转换为 IPv4 地址时，动态转换分为 NO-PAT 和 PAT 两种模式。

(1) NO-PAT 模式。NO-PAT(Not Port Address Translation，非端口地址转换)模式下，一个 IPv4 地址同一时间只能对应一个 IPv6 地址进行转换，不能同时被多个 IPv6 地址共用。当使用某 IPv4 地址的 IPv6 网络用户停止访问 IPv4 网络时，AFT 会将其占用的 IPv4 地址释放并分配给其他 IPv6 网络用户使用。

该模式下，AFT 设备只对报文的 IP 地址进行 AFT 转换，同时会建立一个 NO-PAT 表项用于记录 IPv6 地址和 IPv4 地址的映射关系，并不涉及端口转换，可支持所有 IP 协议的报文。

(2) PAT 模式。PAT(Port Address Translation，端口地址转换)模式下，一个 IPv4 地址可以同时被多个 IPv6 地址共用。该模式下，AFT 设备需要对报文的 IP 地址和传输层端口同时进行转换，且只支持 TCP、UDP 和 ICMPv6(Internet Control Message Protocol for IPv6，IPv6 互联网控制消息协议)查询报文。

PAT 模式的动态转换策略支持对端口块大小进行限制，从而达到限制转换和溯源的目的。可划分的端口号范围为1024～65535,剩余不足划分的部分则不会进行分配。IPv6主机首次发起连接时,为该地址分配一个用于转换的IPv4地址,以及该IPv4地址的一个端口块。后续从该IPv6主机发起的连接都使用这个IPv4地址和端口块里面的端口进行转换,直到端口块里面的端口用尽。

在动态AFT转换下,AFT设备上IPv6和IPv4地址之间不存在固定的一一对应关系。另外,在PAT模式下,一个IPv4地址可以同时被多个IPv6地址共用,所以可以用少量的IPv4地址来达到网络访问。

**3. 前缀转换**

前缀转换包括NAT64前缀转换、IVI前缀转换和General前缀转换。

(1) NAT64前缀转换。NAT64前缀是长度为32、40、48、56、64或96位的IPv6地址前缀,用来构造IPv4节点在IPv6网络中的地址,以便IPv4主机与IPv6主机通信。网络中并不存在带有NAT64前缀的IPv6地址的主机。

如图9-12所示,NAT64前缀长度不同时,地址转换方法有所不同。其中,NAT64前缀长度为32、64和96位时,IPv4地址作为一个整体被添加到IPv6地址中;NAT64前缀长度为40、48和56位时,IPv4地址被拆分成两部分,分别添加到64～71位的前后。

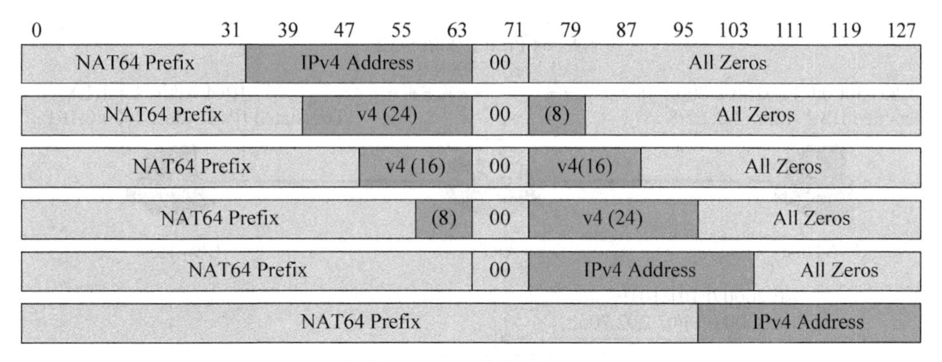


图9-12　带有NAT64前缀的IPv6地址格式

在IPv4侧发起访问时,AFT利用NAT64前缀将报文的源IPv4地址转换为IPv6地址;在IPv6侧发起访问时,AFT利用NAT64前缀将报文的目的IPv6地址转换为IPv4地址。

(2) IVI前缀转换。IVI前缀是长度为32位的IPv6地址前缀。IVI地址是IPv6主机实际使用的IPv6地址,这个IPv6地址中内嵌了一个IPv4地址,可以用于与IPv4主机通信。由IVI前缀构成的IVI地址格式如图9-13所示。

| 0～31 | 32～39 | 40～71 | 72～127 |
| --- | --- | --- | --- |
| IVI Prefix | FF | IPv4 Address | Suffix |

图9-13　IVI地址格式

IVI前缀主要应用在从IPv6侧发起的访问。在IPv6侧发起访问时,AFT可以使用IVI前缀将报文的源IPv6地址转换为IPv4地址。

(3) General前缀转换。General前缀与NAT64前缀类似,都是长度为32、40、48、56、64或96位的IPv6地址前缀,用来构造IPv4节点在IPv6网络中的地址。

如图9-14所示,General前缀与NAT64前缀的区别在于,General前缀没有64到71位的8位保留位,IPv4地址作为一个整体被添加到IPv6地址中。

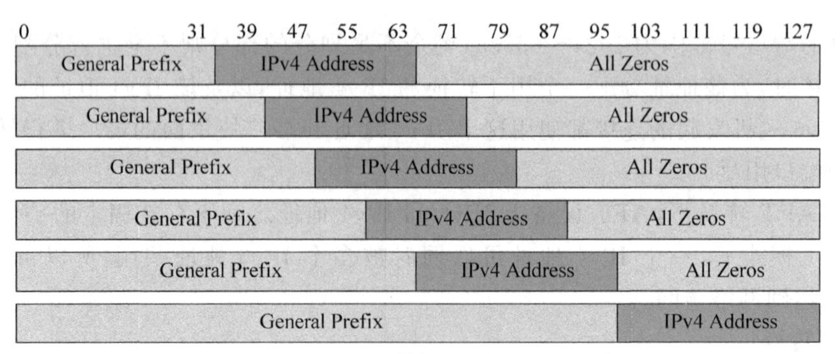


图 9-14 General 前缀的 IPv6 地址格式

从 IPv6 侧发起访问时，AFT 利用 General 前缀将报文的源/目的 IPv6 地址转换为 IPv4 地址。

## 9.3.2 AFT 报文转换过程

IPv6 侧发起访问和 IPv4 侧发起访问的报文转换过程有所不同。

**1. IPv6 侧发起访问**

IPv6 侧发起访问时，AFT 报文的转换过程如图 9-15 所示。

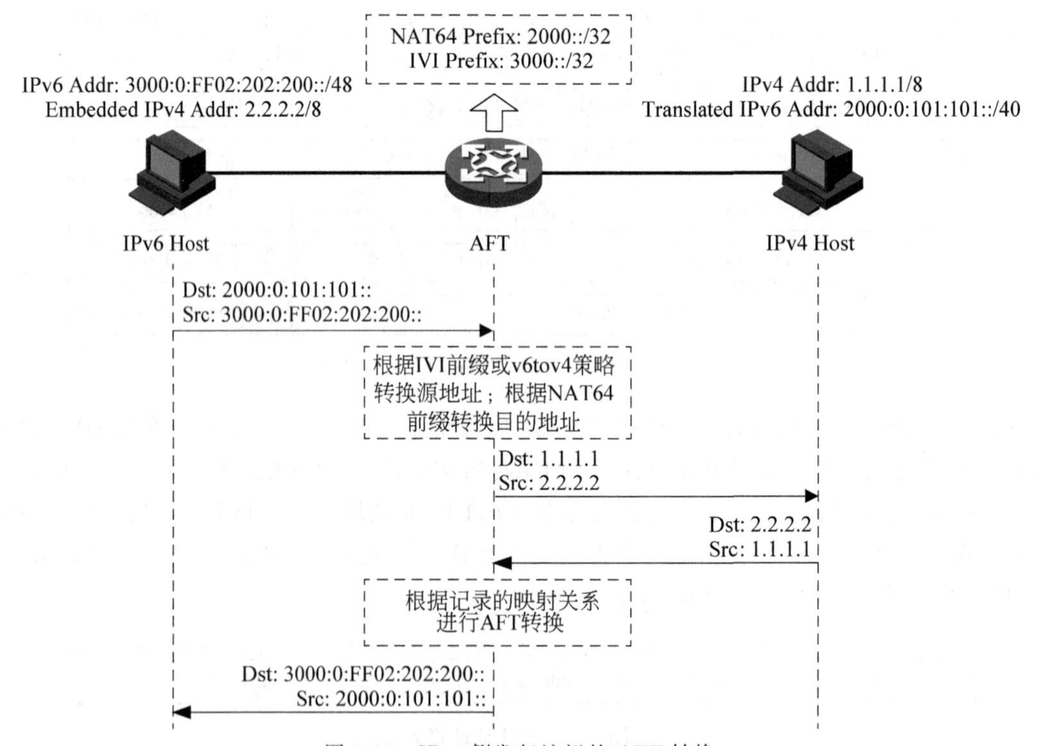


图 9-15 IPv6 侧发起访问的 AFT 转换

AFT 设备对报文的转换过程可分为以下几个环节。

(1) 判断是否需要进行 AFT 转换。AFT 设备接收到 IPv6 网络主机(IPv6 Host)发送给 IPv4 网络主机(IPv4 Host)的报文后，判断该报文是否要转发到 IPv4 网络。如果报文的目的 IPv6 地址能够匹配到 IPv6 目的地址转换策略(如静态转换、General 前缀转换、NAT64 前缀转换中的任意一个)，则该报文需要转发到 IPv4 网络，需要进行 AFT 转换；如果未匹配到任何一种转换策略，则表示该报文不需要进行 AFT 转换。

(2) 转换报文目的地址。根据 IPv6 目的地址转换策略,将报文的 IPv6 目的地址转换为 IPv4 目的地址。

(3) 根据目的地址预查路由。根据转换后的 IPv4 目的地址查找路由表,确定报文的出接口。如果查找失败,则丢弃报文。需要注意的是,预查路由时不会查找策略路由。

(4) 转换报文源地址。根据 IPv6 源地址转换策略,将报文源 IPv6 地址转换为 IPv4 地址。如果未匹配到任何一种转换策略,则报文将被丢弃。

(5) 转发报文并记录映射关系。报文的源 IPv6 地址和目的 IPv6 地址都转换为 IPv4 地址后,设备按照正常的转发流程将报文转发到 IPv4 网络中的主机。同时,将 IPv6 地址与 IPv4 地址的映射关系保存在设备中。

(6) 根据记录的映射关系转发应答报文。IPv4 网络主机发送给 IPv6 网络主机的应答报文到达 AFT 设备后,设备将根据已保存的映射关系进行相反的转换,从而将报文发送给 IPv6 网络主机。

**2. IPv4 侧发起访问**

IPv4 侧发起访问时,AFT 报文的转换过程如图 9-16 所示。

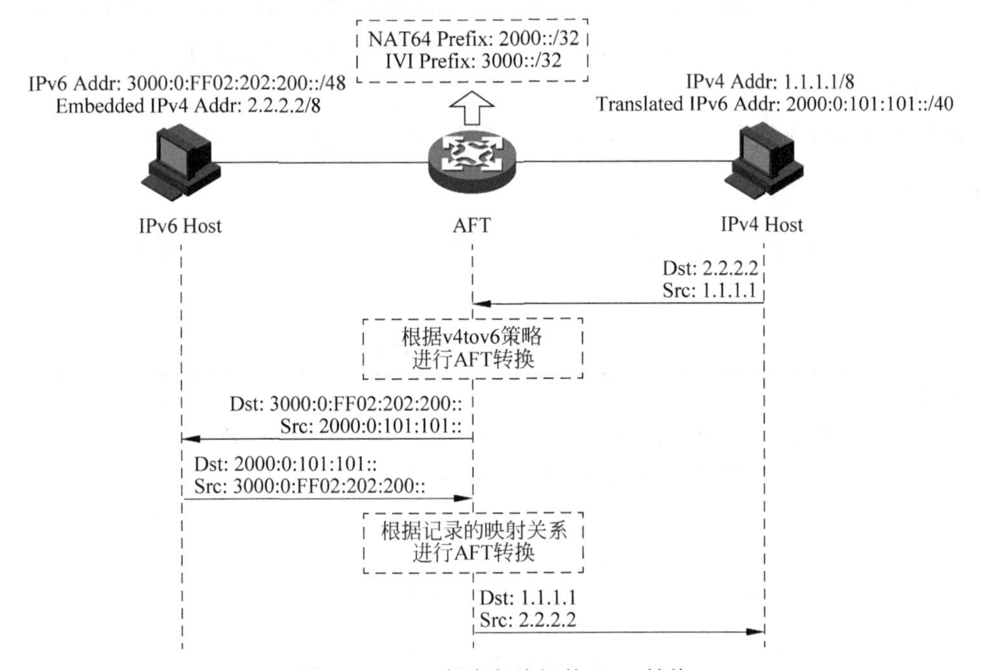


图 9-16 IPv4 侧发起访问的 AFT 转换

AFT 设备对报文的转换过程可分为以下几个环节。

(1) 判断是否需要进行 AFT 转换。AFT 设备接收到 IPv4 网络主机(IPv4 Host)发送给 IPv6 网络主机(IPv6 Host)的报文后,判断该报文是否要转发到 IPv6 网络。如果报文的目的 IPv4 地址能够匹配到 IPv4 目的地址转换策略(如动态转换、General 前缀转换、IVI 前缀转换中的任意一个),则该报文需要转发到 IPv6 网络,需要进行 AFT 转换。如果未匹配到任何一种转换策略,则表示该报文不需要进行 AFT 地址转换。

(2) 转换报文目的地址。根据 IPv4 目的地址转换策略,将报文的 IPv4 目的地址转换为 IPv6 目的地址。

(3) 根据目的地址预查路由。根据转换后的 IPv6 目的地址查找路由表,确定报文的出接口。如果查找失败,则丢弃报文。需要注意的是,预查路由时不会查找策略路由。

(4) 转换报文源地址。根据 IPv4 源地址转换策略将报文源 IPv4 地址转换为 IPv6 地址。如果未匹配到任何一种转换策略,则报文将被丢弃。

(5) 转发报文并记录映射关系。报文的源 IPv4 地址和目的 IPv4 地址都转换为 IPv6 地址后,设备按照正常的转发流程将报文转发到 IPv6 网络中的主机。同时,将 IPv4 地址与 IPv6 地址的映射关系保存在设备中。

(6) 根据记录的映射关系转发应答报文。IPv6 网络主机发送给 IPv4 网络主机的应答报文到达 AFT 设备后,设备将根据已保存的映射关系进行相反的转换,从而将报文发送给 IPv4 网络主机。

### 9.3.3 AFT 转换 ALG

AFT 只对报文头中的 IP 地址和端口信息进行转换,不对应用层数据载荷中的字段进行分析。然而对于一些特殊协议,它们的报文的数据载荷中可能包含 IP 地址或端口信息。例如,FTP 应用由数据连接和控制连接共同完成,而数据连接使用的地址和端口由控制连接报文中的载荷信息决定。这些载荷信息也必须进行有效的转换,否则可能导致功能问题。ALG (Application Level Gateway,应用层网关)主要完成对应用层报文的处理,利用 ALG 可以完成载荷信息的转换。

AFT 支持对常见的 FTP 报文、DNS 报文和 ICMP 差错报文进行 ALG 处理。

## 9.4 本章总结

在前面讲述了各种过渡技术的工作原理、工作过程,现在对上述过渡技术做一个总结,如表 9-1 所示。

表 9-1 过渡技术特点比较表

| 过渡技术 | 特　　点 | 不　　足 |
| --- | --- | --- |
| 双栈 | 由操作系统和应用程序来决定与 IPv4 还是 IPv6 主机通信。协议天生具有互通性好、成熟稳定的特点 | 只适用于节点本身,消耗 IPv4 地址 |
| GRE 隧道 | 手动配置起点与终点,GRE 封装,用于站点连接 | 不易维护,性能受限;增加了报文开销 |
| IPv6 Over IPv4 手动隧道 | 手动配置,IPv6 over IPv4 封装,用于站点连接 | 同 GRE 隧道 |
| 6to4 隧道 | 可自动查找隧道终点,没有隧道数量过多导致性能及维护的问题 | 需要使用特殊 6to4 地址 |
| ISATAP 隧道 | 将 IPv4 网络看作下层链路,在其上运行 ND 协议,可实现地址自动配置 | 需要使用特殊 ISATAP 地址 |
| IPv4 over IPv6 隧道 | IPv4 over IPv6 封装,是将 IPv4 站点通过 IPv6 网络连接的隧道技术 | 现阶段应用较少 |
| 地址族转换技术 | 将 IPv6 地址与 IPv4 地址进行静态或动态映射,并可支持 ALG | 对 AFT 性能要求高,有些应用无法使用 |

目前所有的过渡技术都不是普遍适用的,每一种技术都适用于某种或某几种特定的网络情况,而且常常需要和其他的技术组合使用。在实际应用时需要综合考虑各种实际情况来制定合适的过渡策略。

# 第10章

# IPv6基础配置实验

## 10.1 实验内容与目标

完成本实验,应该能够掌握以下内容。

(1) 在路由器上配置 IPv6 地址。

(2) 用 IPv6 Ping 命令进行 IPv6 地址可达性检查。

(3) 用命令行来查看 IPv6 地址配置。

(4) 在路由器配置发布路由器通告报文。

## 10.2 实验组网图

IPv6 基础配置实验图如图 10-1 所示。

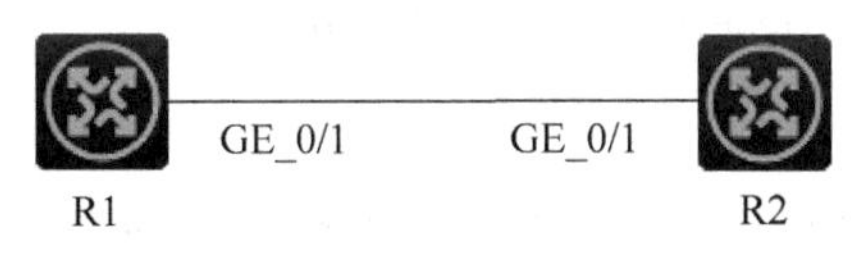


图 10-1 IPv6 基础配置实验图

## 10.3 实验设备与版本

实验设备与版本列表如表 10-1 所示。

**表 10-1 实验设备与版本列表**

| 名称和型号 | 版 本 | 数量 | 描 述 |
|---|---|---|---|
| PC | Windows 系统 | 1 | Windows 7(推荐)或更高版本,至少 4GB 内存以安装运行 HCL |
| HCL | V2.1.1.1 | 1 | 安装在 Windows 系统中 |

## 10.4 实验过程

本实验在路由器上配置并观察 IPv6 地址,再用命令行来测试 IPv6 地址的可达性,从而建立对 IPv6 地址的认知。

### 10.4.1 手动配置 IPv6 地址

实验前请启动 Windows 系统中的 HCL 软件,确保其启动成功。

**1. 建立物理连接**

如图 10-1 所示,在 HCL 上添加 2 台 MSR36-20,并进行启动及连接。

**2. 配置系统名称**

在两台路由器上分别配置系统名称。

```
<H3C>system-view
System View: return to User View with Ctrl+Z.
[H3C]sysname R1

<H3C>system-view
System View: return to User View with Ctrl+Z.
[H3C]sysname R2
```

**3. 配置链路本地地址**

无论是在PC还是在路由器上，链路本地地址可以由系统自动生成，也可以手动配置。首先介绍在路由器上如何配置链路本地地址。

(1) 路由器上配置链路本地地址。在路由器上配置链路本地地址时，可以选择是由系统自动生成EUI-64格式的地址，还是手动配置一个链路本地地址。

在R1上配置接口G0/1自动生成链路本地地址。

```
[R1]interface GigabitEthernet 0/1
[R1-GigabitEthernet0/1]ipv6 address auto link-local
```

配置完成后查看接口信息，如下所示。

```
[R1]display ipv6 interface GigabitEthernet 0/1 brief
*down: administratively down
(s): spoofing
Interface              Physical    Protocol    IPv6 Address
GigabitEthernet0/1     up          up          FE80::8CD7:48FF:FE7A:106
```

从以上输出可以看到，系统自动生成了链路本地地址。再手动配置链路本地地址。

在R1上手动给接口G0/1配置链路本地地址。

```
[R1-GigabitEthernet0/1]ipv6 address fe80::1 link-local
```

配置完成后查看以下接口信息。

```
[R1-GigabitEthernet0/1]display ipv6 interface GigabitEthernet 0/1 brief
*down: administratively down
(s): spoofing
Interface              Physical    Protocol    IPv6 Address
GigabitEthernet0/1     up          up          FE80::1
```

从以上输出可以看出，路由器上生成了一个链路本地地址：FE80::1。

在R2上手动给接口G0/1配置链路本地地址。

```
[R2]interface GigabitEthernet 0/1
[R2-GigabitEthernet0/1]ipv6 address fe80::2 link-local
```

配置完成后查看以下接口信息。

```
[R2-GigabitEthernet0/1]display ipv6 interface GigabitEthernet 0/1 brief
*down: administratively down
(s): spoofing
```

```
Interface              Physical    Protocol    IPv6 Address
GigabitEthernet0/1     up          up          FE80::2
```

从以上输出可以看出，路由器上生成了一个链路本地地址：FE80::2。

(2) 链路本地地址互通性测试。在路由器上进行互通性测试如下所示。

```
[R1-GigabitEthernet0/1]ping ipv6 -i GigabitEthernet 0/1 fe80::2
Ping6(56 data bytes) FE80::1 --> FE80::2, press CTRL_C to break
56 bytes from FE80::2, icmp_seq=0 hlim=64 time=1.000 ms
56 bytes from FE80::2, icmp_seq=1 hlim=64 time=1.000 ms
56 bytes from FE80::2, icmp_seq=2 hlim=64 time=0.000 ms
56 bytes from FE80::2, icmp_seq=3 hlim=64 time=0.000 ms
56 bytes from FE80::2, icmp_seq=4 hlim=64 time=1.000 ms

--- Ping6 statistics for fe80::2 ---
5 packet(s) transmitted, 5 packet(s) received, 0.0% packet loss
round-trip min/avg/max/std-dev = 0.000/0.600/1.000/0.490 ms
[R1-GigabitEthernet0/1]%Feb 25 15:03:53:543 2019 R1 PING/6/PING_STATISTICS: Ping6 statistics
for fe80::2: 5 packet(s) transmitted, 5 packet(s) received, 0.0% packet loss, round-trip min/
avg/max/std-dev = 0.000/0.600/1.000/0.490 ms.
```

**说明**：在路由器上进行 Ping Ipv6 链路本地地址操作时，需要使用“-i”参数来指定从哪个本地接口发送 Ping 报文。

**4. 配置全球单播地址**

与配置链路本地地址的方法相同，在路由器上配置全球单播地址。

(1) 路由器上配置全球单播地址。配置路由器 R1。

```
[R1-GigabitEthernet0/1]ipv6 address 1::1 64
[R1-GigabitEthernet0/1]display ipv6 interface GigabitEthernet 0/1 brief
*down: administratively down
(s): spoofing
Interface              Physical    Protocol    IPv6 Address
GigabitEthernet0/1     up          up          1::1
```

配置路由器 R2。

```
[R2-GigabitEthernet0/1]ipv6 address 1::2 64
[R2-GigabitEthernet0/1]display ipv6 interface GigabitEthernet 0/1 brief
*down: administratively down
(s): spoofing
Interface              Physical    Protocol    IPv6 Address
GigabitEthernet0/1     up          up          1::2
```

(2) 全球单播地址互通性测试。配置了全球单播地址后，路由器之间就可以通过全球单播地址互通。

```
[R1-GigabitEthernet0/1]ping ipv6 1::2
Ping6(56 data bytes) 1::1 --> 1::2, press CTRL_C to break
56 bytes from 1::2, icmp_seq=0 hlim=64 time=1.000 ms
56 bytes from 1::2, icmp_seq=1 hlim=64 time=0.000 ms
56 bytes from 1::2, icmp_seq=2 hlim=64 time=1.000 ms
56 bytes from 1::2, icmp_seq=3 hlim=64 time=1.000 ms
```

```
56 bytes from 1::2, icmp_seq = 4 hlim = 64 time = 1.000 ms

--- Ping6 statistics for 1::2 ---
5 packet(s) transmitted, 5 packet(s) received, 0.0% packet loss
round-trip min/avg/max/std-dev = 0.000/0.800/1.000/0.400 ms
[R1-GigabitEthernet0/1]%Feb 25 15:10:55:138 2019 R1 PING/6/PING_STATISTICS: Ping6 statistics
for 1::2: 5 packet(s) transmitted, 5 packet(s) received, 0.0% packet loss, round-trip min/avg/
max/std-dev = 0.000/0.800/1.000/0.400 ms.
```

**5. 查看邻居信息表**

刚执行 Ping Ipv6 命令后，通过命令行在路由器上查看邻居表。

```
[R1-GigabitEthernet0/1] display ipv6 neighbors all
Type: S-Static    D-Dynamic    O-Openflow    R-Rule    I-Invalid
IPv6 address           Link layer    VID  Interface/Link ID  State T  Age
1::2                   8ef7-000c-0206 N/A   GE0/1            REACH D  4
```

可以看到，邻居表中有 PC 的地址信息，其状态为 REACH。过一段时间(30 秒)后，通过命令行在路由器上再次查看邻居表，状态如下所示。

```
[R1-GigabitEthernet0/1]display ipv6 neighbors all
Type: S-Static    D-Dynamic    O-Openflow    R-Rule    I-Invalid
IPv6 address           Link layer    VID  Interface/Link ID  State T  Age
1::2                   8ef7-000c-0206 N/A  GE0/1             STALE D  60
```

可以看到，其状态变成了 STALE。

## 10.4.2 无状态地址自动配置

实验前请在 HCL 中将原来的配置环境删除。

**1. 建立物理连接**

如图 10-1 所示，在 HCL 上添加 2 台 MSR36-20，并进行启动及连接。

**2. 配置系统名称**

在两台路由器上分别配置系统名称。

```
<H3C>system-view
System View: return to User View with Ctrl+Z.
[H3C]sysname R1

<H3C>system-view
System View: return to User View with Ctrl+Z.
[H3C]sysname R2
```

**3. 配置路由器 R1 的 IPv6 地址并取消 RA 报文抑制**

在路由器上配置 IPv6 地址，并配置取消对 RA 报文的抑制，以使路由器能进行前缀通告。具体配置如下。

```
[R1]interface GigabitEthernet 0/1
[R1-GigabitEthernet0/1]ipv6 address 1::1 64
[R1-GigabitEthernet0/1]undo ipv6 nd ra halt
```

配置完成后，在路由器上用命令 Display This 来查看配置是否正确。

**4. 配置路由器 R2 自动获得地址**

在地址自动配置过程中，客户端（本实验中是路由器 R2）会给路由器 R1 发送 RS（路由器请求）报文，路由器 R1 会发送 RA（路由器通告）报文来回应。路由器 R2 收到路由器 R1 的 RA 报文后，从报文中获得前缀用于地址自动配置。

在路由器 R2 上配置自动获得地址。

```
[R2]interface GigabitEthernet 0/1
[R2-GigabitEthernet0/1]ipv6 address auto
```

完成配置后，在路由器 R2 上执行 display ipv6 interface GigabitEthernet 0/1 brief 命令来查看所获得的地址，如下所示。

```
[R2-GigabitEthernet0/1]display ipv6 interface GigabitEthernet 0/1 brief
*down: administratively down
(s): spoofing
Interface                    Physical    Protocol    IPv6    Address
GigabitEthernet0/1           up          up          1::8CF7:FF:FE0C:206
```

如上面显示，路由器 R2 获得了前缀"1::"。其中的地址 1::8CF7:FF:FE0C:206 是系统根据自己的链路本地地址结合路由器发布的前缀信息自动生成的。

在 R1 上配置新的 IPv6 地址，并删除旧的地址，如下所示。

```
[R1]interface GigabitEthernet 0/1
[R1-GigabitEthernet0/1]undo ipv6 address 1::1 64
[R1-GigabitEthernet0/1]ipv6 address 2::1 64
```

配置完成后，在路由器上用命令 Display This 来查看配置是否正确。

将接口物理 Shutdown，然后 Undo Shutdown，会发现路由器 R2 获得了以 2::为前缀的地址，如下所示。

```
[R2-GigabitEthernet0/1]display ipv6 interface GigabitEthernet 0/1 brief
*down: administratively down
(s): spoofing
Interface              Physical    Protocol    IPv6 Address
GigabitEthernet0/1     up          up          1::8CF7:FF:FE0C:206
```

**说明**：将接口物理 Shutdown，客户端能够清空原来的地址记录，生成新的地址。如果没有清空过程，原有的地址会很长时间后才消失。

**5. IPv6 地址生存周期观察**

在 IPv6 中，地址具有生存周期，其由 Preferred Lifetime 及 Valid Lifetime 来定义。

在 R2 上用 display ipv6 interface GigabitEthernet 0/1 命令来查看，如下所示。

```
[R2-GigabitEthernet0/1]display ipv6 interface GigabitEthernet 0/1
GigabitEthernet0/1 current state: UP
Line protocol current state: UP
IPv6 is enabled, link-local address is FE80::8CF7:FF:FE0C:206
  Global unicast address(es):
    1::8CF7:FF:FE0C:206, subnet is 1::/64 [AUTOCFG]
      [valid lifetime 2591997s/preferred lifetime 604797s]
  Joined group address(es):
```

```
FF02::1
FF02::2
FF02::1:FF0C:206
......
```

在上述输出中，可以看到，地址 1::8CF7:FF:FE0C:206 的 Valid Lifetime 和 Preferred Lifetime 是相当大的，也就意味着即使客户端收不到 RA 报文，地址也要很长时间才会消失。

下面使用命令来调整 Preferred Lifetime 到 30 秒，调整 Valid Lifetime 到 15 秒。在 R1 上配置，如下所示。

```
[R1]interface GigabitEthernet 0/1
[R1 - GigabitEthernet0/1] ipv6 nd ra prefix 1::/64 30 15
```

调整完毕后，在 R2 上用 display ipv6 interface GigabitEthernet 0/1 命令来查看，如下所示。

```
[R2 - GigabitEthernet0/1]display ipv6 interface GigabitEthernet 0/1
GigabitEthernet0/1 current state: UP
Line protocol current state: UP
IPv6 is enabled, link - local address is FE80::8CF7:FF:FE0C:206
  Global unicast address(es):
    1::8CF7:FF:FE0C:206, subnet is 1::/64 [AUTOCFG]
      [valid lifetime 25s/preferred lifetime 10s]
  Joined group address(es):
    FF02::1
    ......
```

可以看到，Preferred Lifetime 和 Valid Lifetime 分别被调整到了一个比较小的值。

继续观察。

```
GigabitEthernet0/1 current state: UP
Line protocol current state: UP
IPv6 is enabled, link - local address is FE80::8CF7:FF:FE0C:206
  Global unicast address(es):
    1::8CF7:FF:FE0C:206, subnet is 1::/64 [DEPRECATED] [AUTOCFG]
      [valid lifetime 15s/preferred lifetime 0s]
  Joined group address(es):
    FF02::1
    ......
```

可以看到，Preferred Lifetime 到期了，而此时地址也进入了 DEPRECATED 状态。在此状态下，这个地址只能用于已有的连接，不能用于新建的连接。

第11章

# DHCPv6配置实验

## 11.1 实验内容与目标

完成本实验,应该掌握以下内容。

(1) DHCPv6 服务器的基本配置。

(2) DHCPv6 中继的基本配置。

## 11.2 实验组网图

DHCPv6 基本配置实验图如图 11-1 所示。

DHCPv6 中继配置实验图如图 11-2 所示。

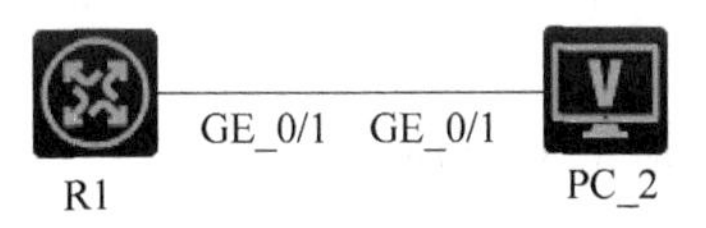


图 11-1 DHCPv6 基本配置实验图

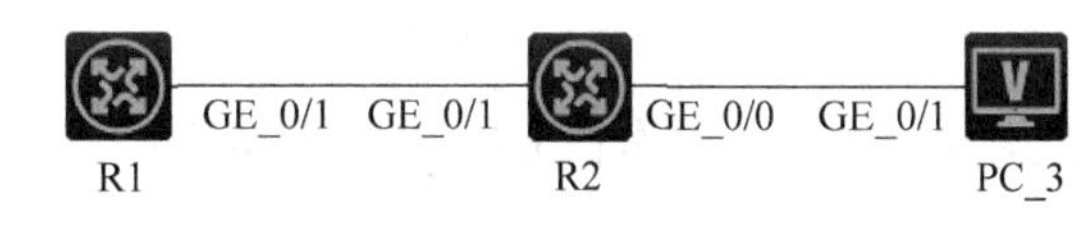


图 11-2 DHCPv6 中继配置实验图

## 11.3 实验设备与版本

实验设备与版本列表如表 11-1 所示。

**表 11-1 实验设备与版本列表**

| 名称和型号 | 版　本 | 数量 | 描　　述 |
|---|---|---|---|
| PC | Windows 系统 | 1 | Windows 7(推荐)或更高版本,至少 4GB 内存以安装运行 HCL |
| HCL | V2.1.1.1 | 1 | 安装在 Windows 系统中 |

## 11.4 实验过程

本实验在路由器上配置 DHCPv6 服务器与中继功能,从而能够建立起对 DHCPv6 协议的认知。

### 11.4.1 DHCPv6 基本配置

实验前请启动 Windows 系统中的 HCL 软件,确保其启动成功。

**1. 建立物理连接**

如图 11-1 所示,在 HCL 上添加 1 台 MSR36-20 及 1 台 PC,并进行启动及连接。

**2. 配置 DHCPv6 服务器**

在路由器上配置 IPv6 地址，取消设备发布 RA 消息的抑制。配置被管理地址的配置标志位为 1，即主机通过 DHCPv6 服务器获取 IPv6 地址。配置其他信息配置标志位为 1，即主机通过 DHCPv6 服务器获取除 IPv6 地址以外的其他信息，如下所示。

```
<H3C>system-view
[H3C]sysname RT
[RT]interface GigabitEthernet 0/1
[RT-GigabitEthernet0/1]ipv6 address 1::1/64
[RT-GigabitEthernet0/1]undo ipv6 nd ra halt
[RT-GigabitEthernet0/1]ipv6 nd autoconfig managed-address-flag
[RT-GigabitEthernet0/1]ipv6 nd autoconfig other-flag
```

配置不参与自动分配的 IPv6 地址，以避免分配 DNS 服务器的地址，如下所示。

```
[RT]ipv6 dhcp server forbidden-address 1::2
```

创建地址池 1，在地址池 1 中配置网段 1::/64，并设置首选生命期为 1 天，有效生命期为 3 天。配置 DNS 域名及地址，如下所示。

```
[RT]ipv6 dhcp pool 1
[RT-dhcp6-pool-1]network 1::/64 preferred-lifetime 86400 valid-lifetime 259200
[RT-dhcp6-pool-1]domain-name abc.com
[RT-dhcp6-pool-1]dns-server 1::2
```

配置接口 G0/1 工作在 DHCPv6 服务器模式，引用地址池 1，如下所示。

```
[RT]interface GigabitEthernet 0/1
[RT-GigabitEthernet0/1]ipv6 dhcp select server
```

**3. 配置 PC**

HCL 中的 PC(虚拟主机)支持图形化方式配置 DHCPv6，其过程如下。

(1) 在虚拟主机启动后，通过用鼠标右击菜单的"配置"选项可以打开如图 11-3 所示的虚拟主机的配置窗口。

(2) 单击"接口管理"中的"启用"，单击"刷新"。然后在"IPv6 配置"中选择"DHCPv6"命令，最后单击"启用"以生效，如图 11-4 所示。

**4. 验证配置结果**

在路由器上查看接口 G0/1 上的 DHCPv6 服务器配置信息，如下所示。

```
[RT]display ipv6 dhcp server interface GigabitEthernet 0/1
Using pool: global
Allow-hint: Disabled
Rapid-commit: Disabled
```

在路由器上查看地址池 1 的信息，如下所示。

```
[RT]display ipv6 dhcp pool 1
DHCPv6 pool: 1
  Network: 1::/64
    Preferred lifetime 86400, valid lifetime 259200
  DNS server addresses:
```

配置PC_2

| 接口 | 状态 | IPv4地址 | IPv6地址 |
| --- | --- | --- | --- |
| G0/0/1 | ADM | | |

刷新

接口管理

◉ 禁用　◎ 启用

IPv4配置：

◎ DHCP

◉ 静态

IPv4地址：

掩码地址：

IPv4网关：　启用

IPv6配置：

◎ DHCPv6

◉ 静态

IPv6地址：

前缀长度：

IPv6网关：　启用

图 11-3　打开虚拟主机的配置窗口

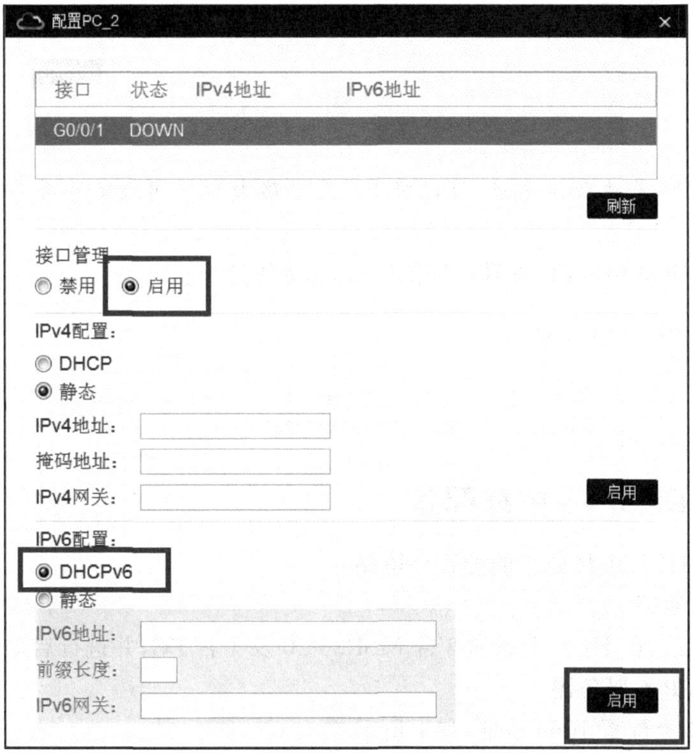

配置PC_2

| 接口 | 状态 | IPv4地址 | IPv6地址 |
| --- | --- | --- | --- |
| G0/0/1 | DOWN | | |

刷新

接口管理

◎ 禁用　◉ 启用

IPv4配置：

◎ DHCP

◉ 静态

IPv4地址：

掩码地址：

IPv4网关：　启用

IPv6配置：

◉ DHCPv6

◎ 静态

IPv6地址：

前缀长度：

IPv6网关：　启用

图 11-4　配置 DHCPv6

```
  1::2
Domain name:
  abc.com
```

在 PC 上查看地址信息。再次用鼠标右击菜单的“配置”选项，打开虚拟主机的配置窗口，单击“刷新”，可以看到如图 11-5 所示的 IPv6 地址。

图 11-5　在 PC 上查看地址信息

**注意**：如果 PC 无法获得地址，可以将 PC 连接路由器的网线断开再连接，以触发 DHCP 请求报文的发送。

客户端获取 IPv6 地址后，查看地址使用信息，如下所示。

```
[RT]display ipv6 dhcp server ip-in-use
Pool: 1
IPv6 address            Type          Lease expiration
1::3                    Auto(C)       Mar 1 16:37:11 2019
```

## 11.4.2　DHCPv6 中继配置

实验前请在 HCL 中将原来的配置环境删除。

**1. 建立物理连接**

如图 11-2 所示，在 HCL 上添加 2 台 MSR36-20 及 1 台 PC，并进行启动及连接。

**2. 配置 DHCPv6 服务器**

在路由器 R1 上配置 IPv6 地址，如下所示。

```
<H3C>system-view
[H3C]sysname R1
```

```
[R1]interface GigabitEthernet 0/1
[R1 - GigabitEthernet0/1]ipv6 address 2::1/64
```

配置不参与自动分配的 IPv6 地址，以避免分配网关及 DNS 服务器的地址，如下所示。

```
[R1]ipv6 dhcp server forbidden - address 1::1 1::2
```

创建地址池 1，在地址池 1 中配置网段 1::/64，并设置首选生命期为 1 天，有效生命期为 3 天。配置 DNS 域名及地址，如下所示。

```
[R1]ipv6 dhcp pool 1
[R1 - dhcp6 - pool - 1]network 1::/64 preferred - lifetime 86400 valid - lifetime 259200
[R1 - dhcp6 - pool - 1]domain - name abc.com
[R1 - dhcp6 - pool - 1]dns - server 1::2
```

配置接口 G0/1 工作在 DHCPv6 服务器模式，引用地址池 1，如下所示。

```
[RT]interface GigabitEthernet 0/1
[RT - GigabitEthernet0/1]ipv6 dhcp select server
```

**3. 配置 DHCPv6 中继**

在路由器 R2 上配置 IPv6 地址。在连接 PC 的接口上取消设备发布 RA 消息的抑制。配置被管理地址的配置标志位为 1，即主机通过 DHCPv6 服务器获取 IPv6 地址。配置其他信息配置标志位为 1，即主机通过 DHCPv6 服务器获取除 IPv6 地址以外的其他信息，如下所示。

```
<H3C> system - view
[H3C]sysname R2
[R2]interface GigabitEthernet 0/1
[R2 - GigabitEthernet0/1]ipv6 address 2::2 64
[R2 - GigabitEthernet0/1]interface GigabitEthernet 0/0
[R2 - GigabitEthernet0/0]ipv6 address 1::1 64
[R2 - GigabitEthernet0/0]undo ipv6 nd ra halt
[R2 - GigabitEthernet0/0]ipv6 nd autoconfig managed - address - flag
[R2 - GigabitEthernet0/0]ipv6 nd autoconfig other - flag
```

配置接口 G0/0 工作在 DHCPv6 中继模式，并指定 DHCPv6 服务器地址，如下所示。

```
[R2 - GigabitEthernet0/0]ipv6 dhcp select relay
[R2 - GigabitEthernet0/0]ipv6 dhcp relay server - address 2::1
```

**4. 验证配置结果**

在 PC 上查看地址信息。再次用鼠标右击菜单的“配置”选项，打开虚拟主机的配置窗口，单击“刷新”，可以看到如图 11-6 所示的 IPv6 地址。

可以看到 PC 机从 DHCP 服务器获得了 1::3 这个地址。

在 R1 上查看已分配的 IPv6 地址信息，如下所示。

```
[R1]display ipv6 dhcp server ip - in - use
Pool: 1
  IPv6 address          Type        Lease expiration
  1::3                  Auto(C)     Mar  1 17:16:20 2019
```

查看 DHCPv6 中继指定的 DHCPv6 服务器的地址信息，如下所示。

图 11-6　在 PC 上查看地址信息

```
[R2]display ipv6 dhcp relay server - address
Interface: GigabitEthernet0/0
  Server address        Outgoing Interface
  2::1
```

查看 DHCPv6 中继转发报文的统计信息，如下所示。

```
[R2] display ipv6 dhcp relay statistics
    Packets dropped                 : 0
    Packets received                : 10
        Solicit                     : 2
        Request                     : 2
        Confirm                     : 0
        Renew                       : 0
        Rebind                      : 0
        Release                     : 0
        Decline                     : 1
        Information - request       : 0
        Relay - forward             : 0
        Relay - reply               : 5
    Packets sent                    : 10
        Advertise                   : 2
        Reconfigure                 : 0
        Reply                       : 3
        Relay - forward             : 5
        Relay - reply               : 0
```

可以看到，R2 接收了 Relay-reply 报文，然后向 PC 机发出了 Reply 报文，通过 Reply 报文向 PC 机分配了 IPv6 地址。

# 第12章

# IPv6路由协议配置实验

## 12.1 实验内容与目标

完成本实验,应该掌握以下内容。

(1) RIPng 路由协议的配置方法。

(2) OSPFv3 的基本配置。

(3) IPv6-IS-IS 的基本配置。

(4) BGP4+的基本配置。

## 12.2 实验组网图

IPv6 路由协议实验图如图 12-1 所示。

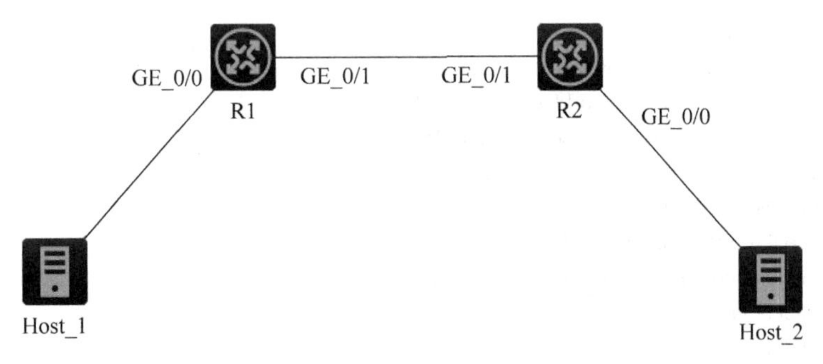


图 12-1 IPv6 路由协议实验图

## 12.3 实验设备与版本

实验设备与版本列表如表 12-1 所示。

表 12-1 实验设备与版本列表

| 名称和型号 | 版 本 | 数量 | 描 述 |
|---|---|---|---|
| PC | Windows 系统 | 1 | Windows 7(推荐)或更高版本,至少 4GB 内存以安装运行 HCL |
| HCL | V2.1.1.1 | 1 | 安装在 Windows 系统中 |

## 12.4 实验过程

本实验在路由器上进行 IPv6 路由协议配置,从而掌握 RIPng、OSPFv3 路由协议的配置方法。

### 12.4.1 RIPng 基本配置

实验前请启动 Windows 系统中的 HCL 软件，确保其启动成功。

**1. 建立物理连接**

如图 12-1 所示，在 HCL 上添加 2 台 MSR36-20 及 2 台主机，并进行启动及连接。

**注意**：2 台主机与路由器间连接所使用的网卡要区别开，否则可能会造成环路。

**2. 配置系统名称**

在两台路由器上分别配置系统名称，如下所示。

```
<H3C> system - view
System View: return to User View with Ctrl + Z
[H3C]sysname R1

<H3C> system - view
System View: return to User View with Ctrl + Z
[H3C]sysname R2
```

**3. 配置 RIPng 以全球单播地址互连**

在两台路由器上启用 RIPng 协议。

配置 R1。

```
[R1]ripng 1
[R1 - ripng - 1]quit
[R1]interface GigabitEthernet 0/0
[R1 - GigabitEthernet0/0]ipv6 address 3::1 64
[R1 - GigabitEthernet0/0]undo ipv6 nd ra halt
[R1 - GigabitEthernet0/0]ripng 1 enable
[R1 - GigabitEthernet0/0]quit
[R1]interface GigabitEthernet 0/1
[R1 - GigabitEthernet0/1]ipv6 address 1::1 64
[R1 - GigabitEthernet0/1]ripng 1 enable
[R1 - GigabitEthernet0/1]quit
```

配置 R2。

```
[R2]ripng 1
[R2 - ripng - 1]quit
[R2]interface GigabitEthernet 0/0
[R2 - GigabitEthernet0/0]ipv6 address 2::1 64
[R2 - GigabitEthernet0/0]undo ipv6 nd ra halt
[R2 - GigabitEthernet0/0]ripng 1 enable
[R2 - GigabitEthernet0/0]quit
[R2]interface GigabitEthernet 0/1
[R2 - GigabitEthernet0/1]ipv6 address 1::2 64
[R2 - GigabitEthernet0/1]ripng 1 enable
[R2 - GigabitEthernet0/1]quit
```

以上配置完成后，在路由器上用 ping ipv6 命令来测试网络可达性。结果应该是可达，如下所示。

```
[R2]ping ipv6 3::1
```

```
  Ping6(56 data bytes) 2::1 --> 3::1, press CTRL_C to break
56 bytes from 3::1, icmp_seq=0 hlim=64 time=0.000 ms
56 bytes from 3::1, icmp_seq=1 hlim=64 time=1.000 ms
56 bytes from 3::1, icmp_seq=2 hlim=64 time=1.000 ms
56 bytes from 3::1, icmp_seq=3 hlim=64 time=1.000 ms
56 bytes from 3::1, icmp_seq=4 hlim=64 time=0.000 ms

--- Ping6 statistics for 3::1 ---
5 packet(s) transmitted, 5 packet(s) received, 0.0% packet loss
round-trip min/avg/max/std-dev = 0.000/0.600/1.000/0.490 ms
[R2-GigabitEthernet0/1]%Feb 25 17:15:11:005 2019 R2 PING/6/PING_STATISTICS: Ping6 statistics
for 3::1: 5 packet(s) transmitted, 5 packet(s) received, 0.0% packet loss, round-trip min/avg/
max/std-dev = 0.000/0.600/1.000/0.490 ms.
```

再来查看一下路由器上的路由表项，如下所示。

```
[R2]display ipv6 routing-table

Destinations: 8          Routes : 8

Destination : ::1/128                                   Protocol   : Di
rect
NextHop     : ::1                                       Preference : 0
Interface   : InLoop0                                   Cost       : 0

Destination : 1::/64                                    Protocol   : Di
rect
NextHop     : ::                                        Preference : 0
Interface   : GE0/1                                     Cost       : 0

Destination : 1::2/128                                  Protocol   : Di
rect
NextHop     : ::1                                       Preference : 0
Interface   : InLoop0                                   Cost       : 0

Destination : 2::/64                                    Protocol   : Di
rect
NextHop     : ::                                        Preference : 0
Interface   : GE0/0                                     Cost       : 0

Destination : 2::1/128                                  Protocol   : Di
rect
NextHop     : ::1                                       Preference : 0
Interface   : InLoop0                                   Cost       : 0

Destination : 3::/64                                    Protocol   : RIPng
NextHop     : FE80::8CD7:48FF:FE7A:106                  Preference : 100
Interface   : GE0/1                                     Cost       : 1

Destination : FE80::/10                                 Protocol   : Direct
NextHop     : ::                                        Preference : 0
Interface   : InLoop0                                   Cost       : 0
```

```
Destination : FF00::/8                                  Protocol   : Direct
NextHop     : ::                                        Preference : 0
Interface   : NULL0                                     Cost       : 0
```

可以看到，R2 从接口 GE0/1 上学习到了从 R1 发布的路由项 3::/64，Cost 值是 1，表明经过了一跳；其下一跳是 R1 的链路本地地址 FE80::8CD7:48FF:FE7A:106。

**4. 配置 RIPng 以链路本地地址互连**

在 IPv6 协议中，链路本地地址可用于在路由协议间建立邻居，交换路由信息。在路由器 R1 及 R2 上将互连的全局单播地址删除，并配置链路本地地址进行互连。

配置 R1。

```
[R1-GigabitEthernet0/1]undo ipv6 address 1::1 64
[R1-GigabitEthernet0/1]ipv6 address fe80::a link-local
```

配置 R2。

```
[R2-GigabitEthernet0/1]undo ipv6 address 1::2 64
[R2-GigabitEthernet0/1]ipv6 address fe80::b link-local
```

以上配置完成后，在路由器 R2 上用 ping ipv6 命令来测试网络可达性。结果应该是可达，如下所示。

```
[R2-GigabitEthernet0/1]ping ipv6 3::1
Ping6(56 data bytes) 2::1 --> 3::1, press CTRL_C to break
56 bytes from 3::1, icmp_seq=0 hlim=64 time=1.000 ms
56 bytes from 3::1, icmp_seq=1 hlim=64 time=0.000 ms
56 bytes from 3::1, icmp_seq=2 hlim=64 time=1.000 ms
56 bytes from 3::1, icmp_seq=3 hlim=64 time=1.000 ms
56 bytes from 3::1, icmp_seq=4 hlim=64 time=1.000 ms

--- Ping6 statistics for 3::1 ---
5 packet(s) transmitted, 5 packet(s) received, 0.0% packet loss
round-trip min/avg/max/std-dev = 0.000/0.800/1.000/0.400 ms
[R2-GigabitEthernet0/1]%Feb 26 09:30:32:340 2019 R2 PING/6/PING_STATISTICS: Ping6 statistics
for 3::1: 5 packet(s) transmitted, 5 packet(s) received, 0.0% packet loss, round-trip min/avg/
max/std-dev = 0.000/0.800/1.000/0.400 ms.
```

再来查看路由器上的路由表项，如下所示。

```
[R2]display ipv6 routing-table

Destinations: 6         Routes : 6

Destination : ::1/128                                   Protocol   : Direct
NextHop     : ::1                                       Preference : 0
Interface   : InLoop0                                   Cost       : 0

Destination : 2::/64                                    Protocol   : Direct
NextHop     : ::                                        Preference : 0
Interface   : GE0/0                                     Cost       : 0

Destination : 2::1/128                                  Protocol   : Direct
```

```
NextHop     : ::1                       Preference : 0
Interface   : InLoop0                   Cost       : 0

Destination : 3::/64                    Protocol   : RIPng
NextHop     : FE80::A                   Preference : 100
Interface   : GE0/1                     Cost       : 1

Destination : FE80::/10                 Protocol   : Direct
NextHop     : ::                        Preference : 0
Interface   : InLoop0                   Cost       : 0

Destination : FF00::/8                  Protocol   : Direct
NextHop     : ::                        Preference : 0
Interface   : NULL0                     Cost       : 0
```

可以看到，R2 从接口 GE0/1 上学习到了从 R1 发布的路由项 3::/64，并且其下一跳是所配置的 R2 接口 GE0/1 的链路本地地址 FE80::A。

使用链路本地地址作为互联地址的好处是节约了全球单播地址，减少了路由条目。

## 12.4.2　OSPFv3 基本配置

实验前请在 HCL 中将原来的配置环境删除。

**1. 建立物理连接**

如图 12-1 所示，在 HCL 上添加 2 台 MSR36-20 及 2 台主机，并进行启动及连接。

**2. 配置系统名称**

在两台路由器上分别配置系统名称，如下所示。

```
<H3C>system-view
System View: return to User View with Ctrl+Z.
[H3C]sysname R1

<H3C>system-view
System View: return to User View with Ctrl+Z.
[H3C]sysname R2
```

**3. 配置 OSPFv3 以全球单播地址互连**

在路由器上配置 OSPFv3 路由器协议。

配置 R1。

```
[R1]ospfv3 1
[R1-ospfv3-1]router-id 1.1.1.1
[R1]interface GigabitEthernet 0/0
[R1-GigabitEthernet0/0]ipv6 address 3::1 64
[R1-GigabitEthernet0/0]undo ipv6 nd ra halt
[R1-GigabitEthernet0/0]ospfv3 1 area 0
[R1-GigabitEthernet0/0]quit
[R1]interface GigabitEthernet 0/1
[R1-GigabitEthernet0/1]ipv6 address 1::1 64
[R1-GigabitEthernet0/1]ospfv3 1 area 1
[R1-GigabitEthernet0/1]quit
```

配置 R2。

```
[R2]ospfv3 1
[R2-ospfv3-1]router-id 2.2.2.2
[R2]interface GigabitEthernet 0/0
[R2-GigabitEthernet0/0]ipv6 address 2::1 64
[R2-GigabitEthernet0/0]undo ipv6 nd ra halt
[R2-GigabitEthernet0/0]ospfv3 1 area 0
[R2-GigabitEthernet0/0]quit
[R2]interface GigabitEthernet 0/1
[R2-GigabitEthernet0/1]ipv6 address 1::2 64
[R2-GigabitEthernet0/1]ospfv3 1 area 1
[R2-GigabitEthernet0/1]quit
```

以上配置完成后，在路由器上 R2 用 ping ipv6 命令来测试网络可达性。结果应该是可达，如下所示。

```
[R2]ping ipv6 3::1
Ping6(56 data bytes) 1::2 --> 3::1, press CTRL_C to break
56 bytes from 3::1, icmp_seq=0 hlim=64 time=3.000 ms
56 bytes from 3::1, icmp_seq=1 hlim=64 time=1.000 ms
56 bytes from 3::1, icmp_seq=2 hlim=64 time=0.000 ms
56 bytes from 3::1, icmp_seq=3 hlim=64 time=1.000 ms
56 bytes from 3::1, icmp_seq=4 hlim=64 time=1.000 ms

--- Ping6 statistics for 3::1 ---
5 packet(s) transmitted, 5 packet(s) received, 0.0% packet loss
round-trip min/avg/max/std-dev = 0.000/1.200/3.000/0.980 ms
[R2-GigabitEthernet0/1]%Feb 26 10:02:13:775 2019 R2 PING/6/PING_STATISTICS: Ping6 statistics
for 3::1: 5 packet(s) transmitted, 5 packet(s) received, 0.0% packet loss, round-trip min/avg/
max/std-dev = 0.000/1.200/3.000/0.980 ms.
```

**4. 查看 OSPFv3 路由信息及邻居状态**

查看 R2 的 IPv6 路由表，如下所示。

```
[R2]display ipv6 routing-table

Destinations: 6          Routes : 6

Destination : ::1/128                                    Protocol   : Direct
NextHop     : ::1                                        Preference : 0
Interface   : InLoop0                                    Cost       : 0

Destination : 1::/64                                     Protocol   : Direct
NextHop     : ::                                         Preference : 0
Interface   : GE0/1                                      Cost       : 0

Destination : 1::2/128                                   Protocol   : Direct
NextHop     : ::1                                        Preference : 0
Interface   : InLoop0                                    Cost       : 0

Destination : 3::/64                                     Protocol   : O_INTER
NextHop     : FE80::8CD7:48FF:FE7A:106                   Preference : 10
```

```
Interface   : GE0/1                                     Cost       : 2

Destination : FE80::/10                                 Protocol   : Direct
NextHop     : ::                                        Preference : 0
Interface   : InLoop0                                   Cost       : 0

Destination : FF00::/8                                  Protocol   : Direct
NextHop     : ::                                        Preference : 0
Interface   : NULL0                                     Cost       : 0
```

可以看到,R2 上有到 3::/64 的 OSPFv3 的路由信息。

查看 R2 的邻居状态,如下所示。

```
[R2]display ospfv3 peer

                OSPFv3 Process 1 with Router ID 2.2.2.2

Area: 0.0.0.1
-------------------------------------------------------------------------
Router ID        Pri  State         Dead-Time InstID  Interface
1.1.1.1          1    Full/DR       00:00:31 0        GE0/1
```

可以看到,R2 的 Router ID 为 2.2.2.2,它的 OSPFv3 邻居路由器的 Router ID 为 1.1.1.1,邻居状态为 Full,表明邻居关系建立成功,LSDB 同步完成。

查看 R2 的 OSPFv3 路由表,如下所示。

```
[R2]display ospfv3 routing

                OSPFv3 Process 1 with Router ID 2.2.2.2
-------------------------------------------------------------------------
I  - Intra area route, E1 - Type 1 external route, N1 - Type 1 NSSA route
IA - Inter area route, E2 - Type 2 external route, N2 - Type 2 NSSA route
*  - Selected route

*Destination : 1::/64
 Type        : I                                  Area        : 0.0.0.1
 AdvRouter   : 1.1.1.1                            Preference  : 10
 NibID       : 0x23000003                         Cost        : 1
 Interface   : GE0/1                              BkInterface : N/A
 Nexthop     : ::
 BkNexthop   : N/A
 Status      : Direct

*Destination : 3::/64
 Type        : IA                                 Area        : 0.0.0.1
 AdvRouter   : 1.1.1.1                            Preference  : 10
 NibID       : 0x23000002                         Cost        : 2
 Interface   : GE0/1                              BkInterface : N/A
 Nexthop     : FE80::8CD7:48FF:FE7A:106
 BkNexthop   : N/A
 Status      : Rely
```

```
Total: 2
Intra area: 1            Inter area: 1           ASE: 0          NSSA: 0
```

在本实验中，因 R1 是 ABR，会发布 3::/64 的区域间路由，R2 通过邻居关系学习到了此路由。

再查看 R1 的 OSPFv3 路由表，如下所示。

```
<R1>display ospfv3 routing

                    OSPFv3 Process 1 with Router ID 1.1.1.1
------------------------------------------------------------------------------
I  - Intra area route, E1 - Type 1 external route, N1 - Type 1 NSSA route
IA - Inter area route, E2 - Type 2 external route, N2 - Type 2 NSSA route
*  - Selected route

*Destination : 1::/64
 Type        : I                             Area        : 0.0.0.1
 AdvRouter   : 1.1.1.1                       Preference  : 10
 NibID       : 0x23000002                    Cost        : 1
 Interface   : GE0/1                         BkInterface : N/A
 Nexthop     : ::
 BkNexthop   : N/A
 Status      : Direct

*Destination : 3::/64
 Type        : I                             Area        : 0.0.0.0
 AdvRouter   : 1.1.1.1                       Preference  : 10
 NibID       : 0x23000001                    Cost        : 1
 Interface   : GE0/0                         BkInterface : N/A
 Nexthop     : ::
 BkNexthop   : N/A
 Status      : Direct

Total: 2
Intra area: 2            Inter area: 0           ASE: 0          NSSA: 0
```

可以发现，OSPFv3 路由表中表项内容包含了目的前缀、代价、类型、下一跳、本地接口等，与 OSPF 路由表中表项内容基本相同。

OSPFv3 路由类型有 4 种：第一类外部路由(Type 1 External Route)、区域间路由(Inter Area Route)、域内路由(Intra Area Route)和第二类外部路由(Type 2 External Route)。其优先级顺序为域内路由、区域间路由、第一类外部路由、第二类外部路由。

**5. 查看 LSDB 信息**

查看 R1 中的 LSDB，如下所示。

```
<R1>display ospfv3 lsdb

                    OSPFv3 Process 1 with Router ID 1.1.1.1

                      Link-LSA (Interface GigabitEthernet0/1)
------------------------------------------------------------------------------
Link state ID   Origin router      Age    SeqNumber    Checksum    Prefix
```

```
0.0.0.2          1.1.1.1          1609   0x80000002   0x59da          1
0.0.0.2          2.2.2.2          0687   0x80000002   0xe4e0          1

                  Link - LSA (Interface GigabitEthernet0/0)
-----------------------------------------------------------------------------
Link state ID    Origin router    Age    SeqNumber    Checksum    Prefix
0.0.0.1          1.1.1.1          1629   0x80000002   0x8da6          1

                  Router - LSA (Area 0.0.0.0)
-----------------------------------------------------------------------------
Link state ID    Origin router    Age    SeqNumber    Checksum    Link
0.0.0.0          1.1.1.1          1609   0x80000003   0x0f1c          0

                  Inter - Area - Prefix - LSA (Area 0.0.0.0)
-----------------------------------------------------------------------------
Link state ID    Origin router    Age    SeqNumber    Checksum
0.0.0.0          1.1.1.1          1609   0x80000002   0x6b84

                  Intra - Area - Prefix - LSA (Area 0.0.0.0)
-----------------------------------------------------------------------------
Link state ID    Origin router    Age    SeqNumber    Checksum    Prefix    Reference
0.0.0.0          1.1.1.1          1629   0x80000002   0x4277          1     Router - LSA
```

以上输出显示了 R1 的链路状态数据库信息。如果想查看更详细的 LSDB 信息，可以通过如下的命令。

```
[R1]display ospfv3 lsdb ?
>               Redirect it to a file
  >>            Redirect it to a file in append mode
  external      Information about AS - external LSAs
  grace         Information about grace LSAs
  inter - prefix Information about Inter - area - prefix LSAs
  inter - router Information about Inter - area - router LSAs
  intra - prefix Information about Intra - area - prefix LSAs
  link          Information about link LSAs
  network       Information about network LSAs
  nssa          Information about NSSA LSAs
  router        Information about router LSAs
  statistics    Information about LSDB statistics
  total         Total of the LSDB
  unknown       Information about unknown LSAs
  verbose       Detailed information
  |             Matching output
  <cr>
```

比如，查看 R1 生成的 Link-LSA 详细信息，可使用如下命令。

```
<R1>display ospfv3 lsdb link originate - router 1.1.1.1

                  OSPFv3 Process 1 with Router ID 1.1.1.1
                    Link - LSA (Interface GigabitEthernet0/1)
-----------------------------------------------------------------------------
  LS age                  : 1679
```

```
    LS type                   : Link - LSA
    Link state ID             : 0.0.0.2
    Originating router        : 1.1.1.1
    LS seq number             : 0x80000002
    Checksum                  : 0x59DA
    Length                    : 56
    Priority                  : 1
    Options                   : 0x000013 ( - |R| - |x|E|V6)
    Link - Local address      : FE80::8CD7:48FF:FE7A:106
    Number of prefixes        : 1
        Prefix                : 1::/64
        Prefix options        : 0 ( - | - |x| - | - )


                    Link - LSA (Interface GigabitEthernet0/0)
----------------------------------------------------------------------------
    LS age                    : 1699
    LS type                   : Link - LSA
    Link state ID             : 0.0.0.1
    Originating router        : 1.1.1.1
    LS seq number             : 0x80000002
    Checksum                  : 0x8DA6
    Length                    : 56
    Priority                  : 1
    Options                   : 0x000013 ( - |R| - |x|E|V6)
    Link - Local address      : FE80::8CD7:48FF:FE7A:105
    Number of prefixes        : 1
        Prefix                : 3::/64
        Prefix options        : 0 ( - | - |x| - | - )
```

由上面的输出可以看到R1生成的Link-LSA所包含的前缀。

**6. 配置OSPFv3以链路本地地址互连**

在IPv6协议中,链路本地地址可用于在路由协议间建立邻居,交换路由信息。在路由器R1及R2上将互连的全局单播地址删除,并配置使用链路本地地址进行互连。

配置R1。

```
[R1 - GigabitEthernet0/1]undo ipv6 address 1::1 64
[R1 - GigabitEthernet0/1]ipv6 address fe80::a link - local
```

配置R2。

```
[R2 - GigabitEthernet0/1]undo ipv6 address 1::2 64
[R2 - GigabitEthernet0/1]ipv6 address fe80::b link - local
```

在R2上查看邻居状态,如下所示。

```
[R2 - GigabitEthernet0/1]display ospfv3 peer

                OSPFv3 Process 1 with Router ID 2.2.2.2

Area: 0.0.0.1
----------------------------------------------------------------------------
```

```
Router ID       Pri  State           Dead - Time  InstID  Interface
1.1.1.1         1    Full/DR         00:00:36     0       GE0/1
```

查看 R2 的路由表，如下所示。

```
[R2 - GigabitEthernet0/1]display ipv6 routing - table

                OSPFv3 Process 1 with Router ID 2.2.2.2

Area: 0.0.0.1
-----------------------------------------------------------------------------
Router ID       Pri  State           Dead - Time  InstID  Interface
1.1.1.1         1    Full/DR         00:00:36     0       GE0/1
[R2 - GigabitEthernet0/1]display ipv6 routing - table

Destinations  : 4            Routes : 4

Destination : ::1/128                                  Protocol    : Direct
NextHop     : ::1                                      Preference  : 0
Interface   : InLoop0                                  Cost        : 0

Destination : 3::/64                                   Protocol    : O_INTER
NextHop     : FE80::A                                  Preference  : 10
Interface   : GE0/1                                    Cost        : 2

Destination : FE80::/10                                Protocol    : Direct
NextHop     : ::                                       Preference  : 0
Interface   : InLoop0                                  Cost        : 0

Destination : FF00::/8                                 Protocol    : Direct
NextHop     : ::                                       Preference  : 0
Interface   : NULL0                                    Cost        : 0
```

可见 R2 学习到了 R1 发布的前缀信息 3::/64，其下一跳为 FE80::A。

## 12.4.3 IPv6-IS-IS 基本配置

实验前请在 HCL 中将原来的配置环境删除。

**1. 建立物理连接**

如图 12-1 所示，在 HCL 上添加 2 台 MSR36-20 及 2 台主机，并进行启动及连接。

**2. 配置系统名称**

在两台路由器上分别配置系统名称，如下所示。

```
<H3C> system - view
System View: return to User View with Ctrl + Z.
[H3C]sysname R1

<H3C> system - view
System View: return to User View with Ctrl + Z.
[H3C]sysname R2
```

**3. 配置 IPv6-IS-IS 以全球单播地址互连**

在路由器上配置 IPv6-IS-IS 路由协议。

配置 R1。

```
[R1] isis 1
[R1-isis-1] is-level level-1
[R1-isis-1] network-entity 10.0000.0000.0001.00
[R1-isis-1] address-family ipv6
[R1]interface GigabitEthernet0/0
[R1-GigabitEthernet0/0] ipv6 address 3::1 64
[R1-GigabitEthernet0/0] isis ipv6 enable 1
[R1-GigabitEthernet0/0] undo ipv6 nd ra halt
[R1]interface GigabitEthernet0/1
[R1-GigabitEthernet0/1] ipv6 address 1::1 64
[R1-GigabitEthernet0/1] isis ipv6 enable 1
[R1-GigabitEthernet0/1]quit
```

配置 R2。

```
[R2] isis 1
[R2-isis-1] is-level level-1
[R2-isis-1] network-entity 10.0000.0000.0002.00
[R2-isis-1] address-family ipv6
[R2] interface GigabitEthernet 0/0
[R2-GigabitEthernet0/0] ipv6 address 2::1 64
[R2-GigabitEthernet0/0] isis ipv6 enable 1
[R2-GigabitEthernet0/0] undo ipv6 nd ra halt
[R2] interface GigabitEthernet 0/1
[R2-GigabitEthernet0/1] ipv6 address 1::2 64
[R2-GigabitEthernet0/1] isis ipv6 enable 1
[R2-GigabitEthernet0/1] quit
```

以上配置完成后，在路由器上 R2 用 ping ipv6 命令来测试网络可达性。结果应该是可达，如下所示。

```
[R2]ping ipv6 3::1
Ping6(56 data bytes) 1::2 --> 3::1, press CTRL_C to break
56 bytes from 3::1, icmp_seq=0 hlim=64 time=1.000 ms
56 bytes from 3::1, icmp_seq=1 hlim=64 time=0.000 ms
56 bytes from 3::1, icmp_seq=2 hlim=64 time=0.000 ms
56 bytes from 3::1, icmp_seq=3 hlim=64 time=1.000 ms
56 bytes from 3::1, icmp_seq=4 hlim=64 time=1.000 ms

--- Ping6 statistics for 3::1 ---
5 packet(s) transmitted, 5 packet(s) received, 0.0% packet loss
round-trip min/avg/max/std-dev = 0.000/0.600/1.000/0.490 ms
[R2-GigabitEthernet0/0]%Feb 26 11:13:44:399 2019 R2 PING/6/PING_STATISTICS: Ping6 statistics
for 3::1: 5 packet(s) transmitted, 5 packet(s) received, 0.0% packet loss, round-trip min/avg/
max/std-dev = 0.000/0.600/1.000/0.490 ms.
```

**4. 查看 IPv6-IS-IS 路由信息及邻居状态**

查看 R2 的 IPv6 路由表，如下所示。

```
[R2]display ipv6 routing-table
```

```
Destinations  : 6          Routes : 6

Destination : ::1/128                          Protocol   : Direct
NextHop     : ::1                              Preference : 0
Interface   : InLoop0                          Cost       : 0

Destination : 1::/64                           Protocol   : Direct
NextHop     : ::                               Preference : 0
Interface   : GE0/1                            Cost       : 0

Destination : 1::2/128                         Protocol   : Direct
NextHop     : ::1                              Preference : 0
Interface   : InLoop0                          Cost       : 0

Destination : 3::/64                           Protocol   : IS_L1
NextHop     : FE80::8CD7:48FF:FE7A:106         Preference : 15
Interface   : GE0/1                            Cost       : 20

Destination : FE80::/10                        Protocol   : Direct
NextHop     : ::                               Preference : 0
Interface   : InLoop0                          Cost       : 0

Destination : FF00::/8                         Protocol   : Direct
NextHop     : ::                               Preference : 0
Interface   : NULL0                            Cost       : 0
```

可以看到,R2 上有到 3::/64 的 IPv6-IS-IS 路由信息。

查看 R2 的 ISIS 邻居状态,如下所示。

```
[R2]display isis peer

                    Peer information for IS - IS(1)
                    ------------------------

System ID   : 0000.0000.0001
Interface   : GE0/1               Circuit Id:    0000.0000.0002.02
State: Up      HoldTime: 29s      Type: L1            PRI: 64
```

可以看到,R2 的 System ID 为 0000.0000.0001,接口 GE0/1 的状态为 Up,表明邻居建立成功;电路类型为 L1,表明建立了 Level-1 邻居关系。

查看 R2 的 ISIS 邻居状态详细信息,如下所示。

```
[R2] display isis peer verbose

                    Peer information for IS - IS(1)
                    ------------------------

System ID: 0000.0000.0001
Interface: GE0/1                  Circuit Id: 0000.0000.0002.02
State: Up      HoldTime: 27s      Type: L1            PRI: 64
Area address(es): 10
Peer IPv6 address(es): FE80::8CD7:48FF:FE7A:106
Peer local circuit ID: 2
```

```
Peer circuit SNPA address: 8ed7 - 487a - 0106
Uptime: 00:05:48
Adj protocol: IPv6
Graceful Restart capable
   Restarting signal: No
   Suppress adjacency advertisement: No
Local topology:
   0
Remote topology:
   0
```

上述输出信息表明，对端邻居的 IPv6 链路本地地址为 FE80::8CD7:48FF:FE7A:106，双方建立了 IPv6-IS-IS 的邻居关系。

### 12.4.4 BGP4+基本配置

实验前请在 HCL 中将原来的配置环境删除。

**1. 建立物理连接**

按照图 12-1 所示，在 HCL 上添加 2 台 MSR36-20 及 2 台主机，并进行启动及连接。

**2. 配置系统名称**

在两台路由器上分别配置系统名称，如下所示。

```
<H3C> system - view
System View: return to User View with Ctrl + Z.
[H3C]sysname R1

<H3C> system - view
System View: return to User View with Ctrl + Z.
[H3C]sysname R2
```

**3. 配置 BGP4+以全球单播地址互连**

在路由器上配置 BGP4+路由协议。

配置 R1。

```
[R1]bgp 100
[R1 - bgp - default] router - id 1.1.1.1
[R1 - bgp - default] peer 1::2 as - number 200
[R1 - bgp - default] address - family ipv6
[R1 - bgp - default - ipv6] network 3:: 64
[R1 - bgp - default - ipv6] peer 1::2 enable
[R1]interface GigabitEthernet0/0
[R1 - GigabitEthernet0/0] ipv6 address 3::1 64
[R1 - GigabitEthernet0/0] undo ipv6 nd ra halt
[R1]interface GigabitEthernet0/1
[R1 - GigabitEthernet0/1] ipv6 address 1::1 64
[R1 - GigabitEthernet0/1]quit
```

配置 R2。

```
[R2]bgp 200
[R2 - bgp - default] router - id 2.2.2.2
[R2 - bgp - default] peer 1::1 as - number 100
[R2 - bgp - default] address - family ipv6
```

```
[R2-bgp-default-ipv6] peer 1::1 enable
[R2] interface GigabitEthernet 0/0
[R2-GigabitEthernet0/0] ipv6 address 2::1 64
[R2-GigabitEthernet0/0] undo ipv6 nd ra halt
[R2] interface GigabitEthernet 0/1
[R2-GigabitEthernet0/1] ipv6 address 1::2 64
[R2-GigabitEthernet0/1] quit
```

以上配置完成后，在路由器上R2用ping ipv6命令来测试网络可达性。结果应该是可达，如下所示。

```
[R2]ping ipv6 3::1
Ping6(56 data bytes) 1::2 --> 3::1, press CTRL_C to break
56 bytes from 3::1, icmp_seq=0 hlim=64 time=1.000 ms
56 bytes from 3::1, icmp_seq=1 hlim=64 time=0.000 ms
56 bytes from 3::1, icmp_seq=2 hlim=64 time=2.000 ms
56 bytes from 3::1, icmp_seq=3 hlim=64 time=0.000 ms
56 bytes from 3::1, icmp_seq=4 hlim=64 time=1.000 ms

--- Ping6 statistics for 3::1 ---
5 packet(s) transmitted, 5 packet(s) received, 0.0% packet loss
round-trip min/avg/max/std-dev = 0.000/0.800/2.000/0.748 ms
[R2-GigabitEthernet0/1]%Feb 26 13:38:12:187 2019 R2 PING/6/PING_STATISTICS: Ping6 statistics
for 3::1: 5 packet(s) transmitted, 5 packet(s) received, 0.0% packet loss, round-trip min/avg/
max/std-dev = 0.000/0.800/2.000/0.748 ms.
```

**4. 查看BGP4+路由信息及邻居状态**

查看R2的IPv6路由表，如下所示。

```
[R2]display ipv6 routing-table


Destinations : 6          Routes : 6

Destination : ::1/128                         Protocol   : Direct
NextHop     : ::1                             Preference : 0
Interface   : InLoop0                         Cost       : 0

Destination : 1::/64                          Protocol   : Direct
NextHop     : ::                              Preference : 0
Interface   : GE0/1                           Cost       : 0

Destination : 1::2/128                        Protocol   : Direct
NextHop     : ::1                             Preference : 0
Interface   : InLoop0                         Cost       : 0

Destination : 3::/64                          Protocol   : BGP4+
NextHop     : 1::1                            Preference : 255
Interface   : GE0/1                           Cost       : 0

Destination : FE80::/10                       Protocol   : Direct
NextHop     : ::                              Preference : 0
```

```
Interface   : InLoop0                          Cost        : 0

Destination : FF00::/8                         Protocol    : Direct
NextHop     : ::                               Preference  : 0
Interface   : NULL0                            Cost        : 0
```

可以看到，R2 上有到 3::/64 的 BGP4+路由信息。

查看 R2 的 BGP4+邻居状态，如下所示。

```
[R2] display bgp peer ipv6

BGP local router ID: 2.2.2.2
Local AS number: 200
Total number of peers: 1                  Peers in established state: 1

  * - Dynamically created peer
  Peer                    AS  MsgRcvd  MsgSent  OutQ  PrefRcv  Up/Down  State

  1::1                   100       14       14     0        1  00:09:34 Established
```

可以看到，R2 的 Router ID 是 2.2.2.2，与对等体 1::1 之间的状态为 Established，表明 BGP4+邻居建立成功。

## 12.4.5 综合配置（选做）

请根据图 12-2，规划 IPv6 地址并进行相关路由的配置，最终达到如下要求。

（1）R1、R2、R3 之间使用 OSPFv3 协议，区域为 0。

（2）R3 与 R4 之间建立 EBGP 连接，R3 的 AS 号为 100，R4 的 AS 号为 200。

（3）最终全网达到 IPv6 互通。

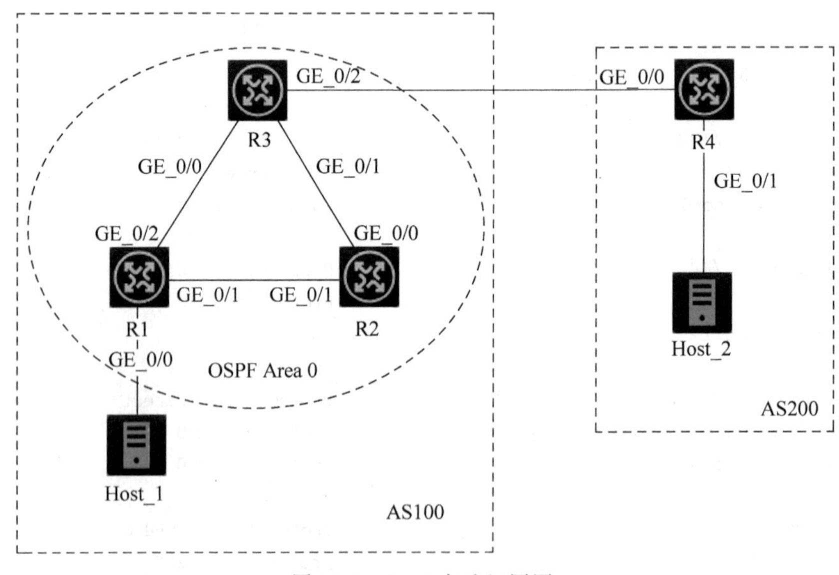


图 12-2 IPv6 实验组网图

# 第13章

# IPv6安全实验

## 13.1 实验内容与目标

完成本实验,应该掌握以下内容。

(1) 基本 IPv6 ACL 的配置和应用。

(2) 高级 IPv6 ACL 的配置和应用。

(3) IPSec 的配置和应用。

## 13.2 实验组网图

IPv6 安全配置实验图如图 13-1 所示。

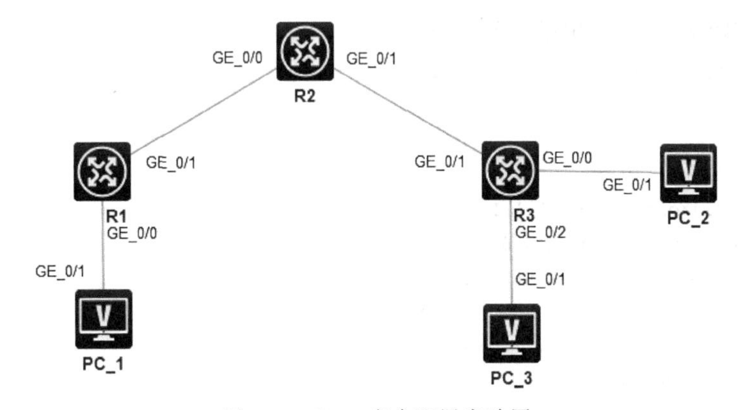


图 13-1 IPv6 安全配置实验图

## 13.3 实验设备与版本

实验设备与版本列表如表 13-1 所示。

表 13-1 实验设备与版本列表

| 名称和型号 | 版 本 | 数量 | 描 述 |
| --- | --- | --- | --- |
| PC | Windows 系统 | 1 | Windows 7(推荐)或更高版本,至少 4GB 内存以安装运行 HCL |
| HCL | V2.1.1.1 | 1 | 安装在 Windows 系统中 |

## 13.4 实验过程

本实验首先进行 IPv6 ACL 的配置,包括基本 ACL、高级 ACL,并对 ACL 的效果进行测试与查看。最后进行 IPSec 的配置实验,以帮助掌握如何使用 IPSec 来保障 IPv6 路由协议的安全。

## 13.4.1 IPv6 ACL 的配置

实验前请启动 Windows 系统中的 HCL 软件，确保其启动成功。

**1. 建立物理连接**

如图 13-1 所示，在 HCL 上添加 3 台 MSR36-20 及 3 台 PC，并进行启动及连接。

**2. 配置系统名称**

在 3 台路由器上分别配置系统名称，如下所示。

```
<H3C> system - view
System View: return to User View with Ctrl + Z.
[H3C]sysname R1

<H3C> system - view
System View: return to User View with Ctrl + Z.
[H3C]sysname R2

<H3C> system - view
System View: return to User View with Ctrl + Z.
[H3C]sysname R3
```

**3. 配置 OSPFv3 以全球单播地址互连**

在路由器上配置 OSPFv3 路由器协议。

配置 R1。

```
[R1]ospfv3 1
[R1 - ospfv3 - 1]router - id 1.1.1.1
[R1]interface GigabitEthernet 0/0
[R1 - GigabitEthernet0/0]ipv6 address 1::1 64
[R1 - GigabitEthernet0/0]undo ipv6 nd ra halt
[R1 - GigabitEthernet0/0]ospfv3 1 area 0
[R1 - GigabitEthernet0/0]quit
[R1]interface GigabitEthernet 0/1
[R1 - GigabitEthernet0/1]ipv6 address 3::1 64
[R1 - GigabitEthernet0/1]ospfv3 1 area 0
[R1 - GigabitEthernet0/1]quit
```

配置 R2。

```
[R2]ospfv3 1
[R2 - ospfv3 - 1]router - id 2.2.2.2
[R2]interface GigabitEthernet 0/0
[R2 - GigabitEthernet0/0]ipv6 address 3::2 64
[R2 - GigabitEthernet0/0]ospfv3 1 area 0
[R2 - GigabitEthernet0/0]quit
[R2]interface GigabitEthernet 0/1
[R2 - GigabitEthernet0/1]ipv6 address 4::1 64
[R2 - GigabitEthernet0/1]ospfv3 1 area 0
[R2 - GigabitEthernet0/1]quit
```

配置 R3。

```
[R3]ospfv3 1
[R3-ospfv3-1]router-id 3.3.3.3
[R3]interface GigabitEthernet 0/0
[R3-GigabitEthernet0/0]ipv6 address 2::1 64
[R3-GigabitEthernet0/0]ospfv3 1 area 0
[R3-GigabitEthernet0/0]quit
[R3]interface GigabitEthernet 0/1
[R3-GigabitEthernet0/1]ipv6 address 4::2 64
[R3-GigabitEthernet0/1]ospfv3 1 area 0
[R3-GigabitEthernet0/1]quit
[R3]interface GigabitEthernet 0/2
[R3-GigabitEthernet0/2]ipv6 address 5::1 64
[R3-GigabitEthernet0/2]ospfv3 1 area 0
[R3-GigabitEthernet0/2]quit
```

启动3台PC(虚拟主机),通过用鼠标右击菜单的"配置"选项打开PC的配置窗口,然后单击"接口管理"中的"启用",单击"刷新",如图13-2所示。

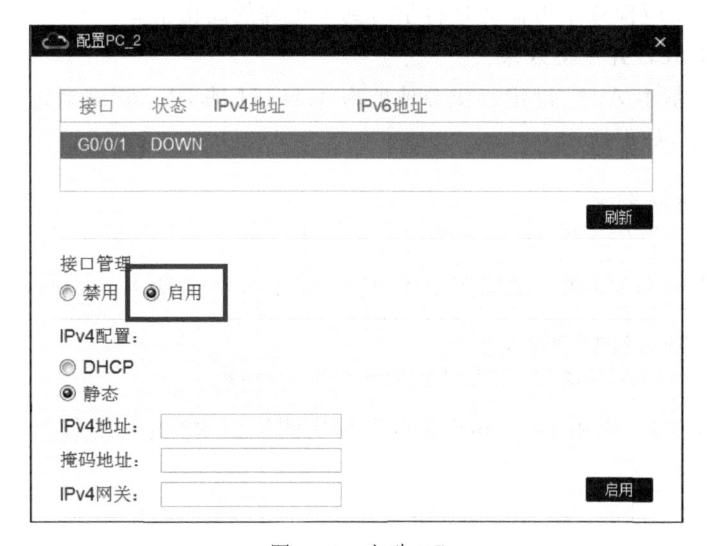


图13-2 启动PC

以上配置完成后,在R1上用ping ipv6命令来测试到R3的网络可达性。结果应该是可达,如下所示。

```
[R1]ping ipv6 2::1
Ping6(56 data bytes) 3::1 --> 2::1, press CTRL_C to break
56 bytes from 2::1, icmp_seq=0 hlim=63 time=2.000 ms
56 bytes from 2::1, icmp_seq=1 hlim=63 time=1.000 ms
56 bytes from 2::1, icmp_seq=2 hlim=63 time=1.000 ms
56 bytes from 2::1, icmp_seq=3 hlim=63 time=1.000 ms
56 bytes from 2::1, icmp_seq=4 hlim=63 time=1.000 ms

--- Ping6 statistics for 2::1 ---
5 packet(s) transmitted, 5 packet(s) received, 0.0% packet loss
round-trip min/avg/max/std-dev = 1.000/1.200/2.000/0.400 ms
```

```
<R1>%May 10 17:23:39:588 2019 R1 PING/6/PING_STATISTICS: Ping6 statistics for 2::1: 5 packet
(s) transmitted, 5 packet(s) received, 0.0% packet loss, round-trip min/avg/max/std-dev =
1.000/1.200/2.000/0.400 ms.

ping ipv6 5::1
Ping6(56 data bytes) 3::1 --> 5::1, press CTRL_C to break
56 bytes from 5::1, icmp_seq=0 hlim=63 time=2.000 ms
56 bytes from 5::1, icmp_seq=1 hlim=63 time=1.000 ms
56 bytes from 5::1, icmp_seq=2 hlim=63 time=2.000 ms
56 bytes from 5::1, icmp_seq=3 hlim=63 time=2.000 ms
56 bytes from 5::1, icmp_seq=4 hlim=63 time=1.000 ms

--- Ping6 statistics for 5::1 ---
5 packet(s) transmitted, 5 packet(s) received, 0.0% packet loss
round-trip min/avg/max/std-dev = 1.000/1.600/2.000/0.490 ms
<R1>%May 12 09:18:22:360 2019 R1 PING/6/PING_STATISTICS: Ping6 statistics for 5::1: 5 packet
(s) transmitted, 5 packet(s) received, 0.0% packet loss, round-trip min/avg/max/std-dev =
1.000/1.600/2.000/0.490 ms.
```

如果不成功，则应检查路由器间是否学习到了正确的路由信息。

**4. 配置基本ACL并观察效果**

在R2上配置基本ACL，设定禁止源地址为3::1/64的IPv6报文通过，同时，对匹配该规则的报文进行记录，如下所示。

```
[R2]acl ipv6 basic 2000
[R2-acl-ipv6-basic-2000]rule deny source 3::1 64 counting
```

然后在R2上的G0/0接口上应用上述ACL，并对入方向的报文进行过滤，如下所示。

```
[R2]interface GigabitEthernet 0/0
[R2-GigabitEthernet0/0]packet-filter ipv6 2000 inbound
```

配置完成后，在R1上用ping ipv6命令来再次测试到R3的网络可达性。结果应该是不可达，如下所示。

```
<R1>ping ipv6 2::1
Ping6(56 data bytes) 3::1 --> 2::1, press CTRL_C to break
Request time out
Request time out
Request time out
Request time out
Request time out

--- Ping6 statistics for 2::1 ---
5 packet(s) transmitted, 0 packet(s) received, 100.0% packet loss
<R1>%May 12 09:26:05:336 2019 R1 PING/6/PING_STATISTICS: Ping6 statistics for 2::1: 5 packet
(s) transmitted, 0 packet(s) received, 100.0% packet loss.

<R1>ping ipv6 5::1
Ping6(56 data bytes) 3::1 --> 5::1, press CTRL_C to break
Request time out
Request time out
```

```
Request time out
Request time out
Request time out

--- Ping6 statistics for 5::1 ---
5 packet(s) transmitted, 0 packet(s) received, 100.0% packet loss
<R1>%May 12 09:26:20:619 2019 R1 PING/6/PING_STATISTICS: Ping6 statistics for 5::1: 5 packet
(s) transmitted, 0 packet(s) received, 100.0% packet loss.
```

同时，在R2上用display acl ipv6命令查看是否有报文命中ACL并被丢弃。可以看到，有报文匹配了相关的规则并被丢弃，如下所示。

```
[R2-GigabitEthernet0/0]display acl ipv6 2000
Basic IPv6 ACL 2000, 1 rule,
ACL's step is 5
rule 0 deny source 3::/64 counting (10 times matched)
```

**5. 配置高级ACL并观察效果**

因为基本ACL仅能根据报文的源地址进行过滤，所以如果想根据报文的源地址、目的地址进行过滤，则需要使用高级ACL。

在R2上配置高级ACL，设定禁止源地址为3::1/64，目的地址为2::1的IPv6报文通过，但允许源地址为3::1/64，目的地址为5::1的IPv6报文通过。同时，对匹配规则的报文进行记录，如下所示。

```
[R2]acl ipv6 advanced 3000
[R2-acl-ipv6-adv-3000]rule deny ipv6 source 3::1 64 destination 2::1 64 counting
[R2-acl-ipv6-adv-3000]rule permit ipv6 source 3::1 64 destination 5::1 64 counting
```

然后在R2上的G0/0接口上删除原来的ACL，然后应用上述ACL，以对入方向的报文进行过滤，如下所示。

```
[R2]interface GigabitEthernet 0/0
[R2-GigabitEthernet0/0]undo packet-filter ipv6 2000 inbound
[R2-GigabitEthernet0/0]packet-filter ipv6 3000 inbound
```

配置完成后，在R1上用ping ipv6命令再次测试到R3的网络可达性。结果应该是部分可达，如下所示。

```
<R1>ping ipv6 2::1
Ping6(56 data bytes) 3::1 --> 2::1, press CTRL_C to break
Request time out
Request time out
Request time out
Request time out
Request time out

--- Ping6 statistics for 2::1 ---
5 packet(s) transmitted, 0 packet(s) received, 100.0% packet loss
<R1>%May 12 09:45:48:842 2019 R1 PING/6/PING_STATISTICS: Ping6 statistics for 2::1: 5 packet
(s) transmitted, 0 packet(s) received, 100.0% packet loss.

<R1>ping ipv6 5::1
```

```
Ping6(56 data bytes) 3::1 --> 5::1, press CTRL_C to break
56 bytes from 5::1, icmp_seq = 0 hlim = 63 time = 2.000 ms
56 bytes from 5::1, icmp_seq = 1 hlim = 63 time = 1.000 ms
56 bytes from 5::1, icmp_seq = 2 hlim = 63 time = 2.000 ms
56 bytes from 5::1, icmp_seq = 3 hlim = 63 time = 2.000 ms
56 bytes from 5::1, icmp_seq = 4 hlim = 63 time = 1.000 ms

 --- Ping6 statistics for 5::1 ---
5 packet(s) transmitted, 5 packet(s) received, 0.0% packet loss
round-trip min/avg/max/std-dev = 1.000/1.600/2.000/0.490 ms
<R1>%May 12 09:45:54:946 2019 R1 PING/6/PING_STATISTICS: Ping6 statistics for 5::1: 5 packet
(s) transmitted, 5 packet(s) received, 0.0% packet loss, round-trip min/avg/max/std-dev =
1.000/1.600/2.000/0.490 ms.
```

同时,在 R2 上用 display acl ipv6 命令查看是否有报文命中 ACL 并被丢弃。可以看到,有报文匹配了相关的规则并被丢弃,如下所示。

```
[R2-GigabitEthernet0/0]display acl ipv6 3000
Advanced IPv6 ACL 3000, 2 rules,
ACL's step is 5
rule 0 deny ipv6 source 3::/64 destination 2::/64 counting (5 times matched)
rule 5 permit ipv6 source 3::/64 destination 5::/64 counting (1 times matched)
```

### 13.4.2 配置 IPsec 保护 OSPFv3 报文

本实验在前一个实验的基础上,配置 IPsec 保护 OSPFv3 报文。

**1. 配置 IPsec 安全提议**

在路由器上配置名为 tran1 的 IPsec 安全提议(报文封装模式采用传输模式,安全协议采用 ESP 协议,加密算法采用 128 比特的 AES,认证算法采用 HMAC-SHA1)。

配置 R1。

```
[R1]ipsec transform-set tran1
[R1-ipsec-transform-set-tran1] encapsulation-mode transport
[R1-ipsec-transform-set-tran1] protocol esp
[R1-ipsec-transform-set-tran1] esp encryption-algorithm aes-cbc-128
[R1-ipsec-transform-set-tran1] esp authentication-algorithm sha1
[R1-ipsec-transform-set-tran1] quit
```

配置 R2。

```
[R2] ipsec transform-set tran1
[R2-ipsec-transform-set-tran1] encapsulation-mode transport
[R2-ipsec-transform-set-tran1] protocol esp
[R2-ipsec-transform-set-tran1] esp encryption-algorithm aes-cbc-128
[R2-ipsec-transform-set-tran1] esp authentication-algorithm sha1
[R2-ipsec-transform-set-tran1] quit
```

配置 R3。

```
[R3] ipsec transform-set tran1
[R3-ipsec-transform-set-tran1] encapsulation-mode transport
```

```
[R3 - ipsec - transform - set - tran1] protocol esp
[R3 - ipsec - transform - set - tran1] esp encryption - algorithm aes - cbc - 128
[R3 - ipsec - transform - set - tran1] esp authentication - algorithm sha1
[R3 - ipsec - transform - set - tran1] quit
```

**2. 配置 IPsec 安全构架**

在路由器上分别配置名为 profile001 的 IPsec 安全框架(协商方式为手工方式,出入方向 SA 的 SPI 均为 123456,出入方向 SA 的密钥均为明文 abcdefg)。

配置 R1。

```
[R1] ipsec profile profile001 manual
[R1 - ipsec - profile - profile001] transform - set tran1
[R1 - ipsec - profile - profile001] sa spi outbound esp 123456
[R1 - ipsec - profile - profile001] sa spi inbound esp 123456
[R1 - ipsec - profile - profile001] sa string - key outbound esp simple abcdefg
[R1 - ipsec - profile - profile001] sa string - key inbound esp simple abcdefg
[R1 - ipsec - profile - profile001] quit
```

配置 R2。

```
[R2] ipsec transform - set tran1
[R2 - ipsec - transform - set - tran1] encapsulation - mode transport
[R2 - ipsec - transform - set - tran1] protocol esp
[R2 - ipsec - transform - set - tran1] esp encryption - algorithm aes - cbc - 128
[R2 - ipsec - transform - set - tran1] esp authentication - algorithm sha1
[R2 - ipsec - transform - set - tran1] quit
```

配置 R3。

```
[R3] ipsec transform - set tran1
[R3 - ipsec - transform - set - tran1] encapsulation - mode transport
[R3 - ipsec - transform - set - tran1] protocol esp
[R3 - ipsec - transform - set - tran1] esp encryption - algorithm aes - cbc - 128
[R3 - ipsec - transform - set - tran1] esp authentication - algorithm sha1
[R3 - ipsec - transform - set - tran1] quit
```

**3. 在 OSPFv3 上应用 IPsec 安全框架**

在路由器 OSPFv3 的区域 0 上分别应用名为 profile001 的 IPsec 安全框架。

配置 R1。

```
[R1]ospfv3 1
[R1 - ospfv3 - 1]area 0
[R1 - ospfv3 - 1 - area - 0.0.0.0]enable ipsec - profile profile001
```

配置 R2。

```
[R2]ospfv3 1
[R2 - ospfv3 - 1]area 0
[R2 - ospfv3 - 1 - area - 0.0.0.0]enable ipsec - profile profile001
```

配置 R3。

```
[R3]ospfv3 1
```

```
[R3-ospfv3-1]area 0
[R3-ospfv3-1-area-0.0.0.0]enable ipsec-profile profile001
```

**4. 查看 IPsec 安全框架和 SA**

在路由器上使用 display ospfv3 命令查看区域内所应用的 IPsec 安全框架，如下所示。

```
[R1]display ospfv3 1

                  OSPFv3 Process 1 with Router ID 1.1.1.1

RouterID: 1.1.1.1               Router type:
Route tag: 0
Route tag check: Disabled
Multi-VPN-Instance: Disabled
Type value of extended community attributes:
    Domain ID : 0x0005
    Route type: 0x0306
    Router ID : 0x0107
Domain-id: 0.0.0.0
DN-bit check: Enabled
DN-bit set: Enabled
ISPF: Enabled
SPF-schedule-interval: 5 50 200
LSA generation interval: 5
LSA arrival interval: 1000
Transmit pacing: Interval: 20 Count: 3
Default ASE parameters: Tag: 1
Route preference: 10
ASE route preference: 150
SPF calculation count: 26
External LSA count: 0
LSA originated count: 23
LSA received count: 48
SNMP trap rate limit interval: 10 Count: 7
Area count: 1 Stub area count: 0 NSSA area count: 0
ExChange/Loading neighbors: 0

Area: 0.0.0.0
Area flag: Normal
SPF scheduled count: 7
ExChange/Loading neighbors: 0
LSA count: 9
IPsec profile name: profile001
```

可以看到，区域 0 中应用了名为 profile001 的 IPsec 安全框架。

在路由器上查看 IPsec 的 SA，如下所示。

```
[R1]display ipsec sa
--------------------------------
Global IPsec SA
--------------------------------
```

```
------------------------------
IPsec profile: profile001
Mode: Manual
------------------------------
  Encapsulation mode: transport
  [Inbound ESP SA]
    SPI: 123456 (0x0001e240)
    Connection ID: 4294967297
    Transform set: ESP-ENCRYPT-AES-CBC-128 ESP-AUTH-SHA1
    No duration limit for this SA
  [Outbound ESP SA]
    SPI: 123456 (0x0001e240)
    Connection ID: 4294967296
    Transform set: ESP-ENCRYPT-AES-CBC-128 ESP-AUTH-SHA1
    No duration limit for this SA
```

可以看到，路由器中有 IPsec 的 SA，并使用了名为 profile001 的 IPsec 安全框架。

# 第14章

# IPv6的VRRP实验

## 14.1　实验内容与目标

完成本实验，应该掌握以下内容。

(1) IPv6 VRRP 单备份组的配置和应用。

(2) IPv6 VRRP 多备份组的配置和应用。

(3) IPv6 VRRP 负载均衡模式的配置和应用。

## 14.2　实验组网图

IPv6 的 VRRP 配置实验组网图如图 14-1 所示。

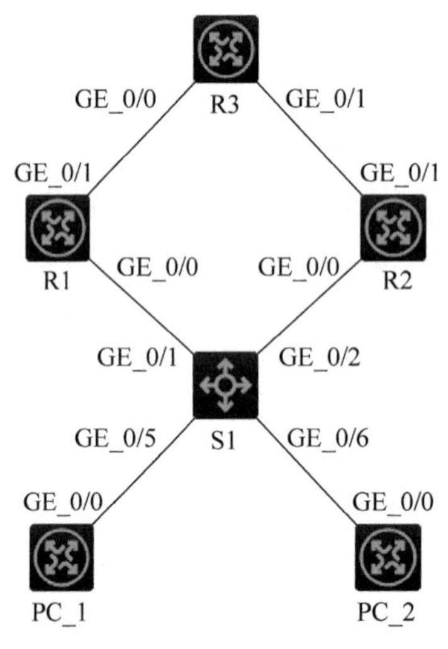


图 14-1　IPv6 的 VRRP 配置实验图

## 14.3　实验设备与版本

实验设备与版本列表如表 14-1 所示。

表 14-1　实验设备与版本列表

| 名称和型号 | 版　本 | 数量 | 描　　述 |
|---|---|---|---|
| PC | Windows 系统 | 1 | Windows 7(推荐)或更高版本，至少 4GB 内存以安装运行 HCL |
| HCL | V2.1.1.1 | 1 | 安装在 Windows 系统中 |

# 14.4 实验过程

本实验进行 IPv6 VRRP 单备份组、多备份组以及负载均衡模式的配置。

## 14.4.1 IPv6 VRRP 单备份组的配置

实验前请启动 Windows 系统中的 HCL 软件,确保其启动成功。

**1. 建立物理连接**

如图 14-1 所示,在 HCL 上添加 5 台 MSR36-20(其中有 2 台来模拟 PC)和 1 台 S5820,并进行启动及连接。

**2. 配置系统名称**

如图 14-1 所示,在各台设备上分别配置系统名称,如下所示。

```
<H3C> system - view
System View: return to User View with Ctrl + Z.
[H3C]sysname R1

<H3C> system - view
System View: return to User View with Ctrl + Z.
[H3C]sysname R2

<H3C> system - view
System View: return to User View with Ctrl + Z.
[H3C]sysname R3

<H3C> system - view
System View: return to User View with Ctrl + Z.
[H3C]sysname S1

<H3C> system - view
System View: return to User View with Ctrl + Z.
[H3C]sysname PC1

<H3C> system - view
System View: return to User View with Ctrl + Z.
[H3C]sysname PC2
```

**3. 配置 OSPFv3 以全球单播地址互连**

在 3 台路由器上配置 OSPFv3 路由器协议。

配置 R1。

```
[R1]ospfv3 1
[R1 - ospfv3 - 1]router - id 1.1.1.1
[R1]interface GigabitEthernet 0/0
[R1 - GigabitEthernet0/0]ipv6 address 1::1 64
[R1 - GigabitEthernet0/0]undo ipv6 nd ra halt
[R1 - GigabitEthernet0/0]ospfv3 1 area 0
[R1 - GigabitEthernet0/0]quit
[R1]interface GigabitEthernet 0/1
[R1 - GigabitEthernet0/1]ipv6 address 3::1 64
```

```
[R1 - GigabitEthernet0/1]ospfv3 1 area 0
[R1 - GigabitEthernet0/1]quit
```

配置 R2。

```
[R2]ospfv3 1
[R2 - ospfv3 - 1]router - id 2.2.2.2
[R2]interface GigabitEthernet 0/0
[R2 - GigabitEthernet0/0]ipv6 address 1::2 64
[R2 - GigabitEthernet0/0]undo ipv6 nd ra halt
[R2 - GigabitEthernet0/0]ospfv3 1 area 0
[R2 - GigabitEthernet0/0]quit
[R2]interface GigabitEthernet 0/1
[R2 - GigabitEthernet0/1]ipv6 address 4::1 64
[R2 - GigabitEthernet0/1]ospfv3 1 area 0
[R2 - GigabitEthernet0/1]quit
```

配置 R3。

```
[R3]ospfv3 1
[R3 - ospfv3 - 1]router - id 3.3.3.3
[R3]interface GigabitEthernet 0/0
[R3 - GigabitEthernet0/0]ipv6 address 3::2 64
[R3 - GigabitEthernet0/0]ospfv3 1 area 0
[R3 - GigabitEthernet0/0]quit
[R3]interface GigabitEthernet 0/1
[R3 - GigabitEthernet0/1]ipv6 address 4::2 64
[R3 - GigabitEthernet0/1]ospfv3 1 area 0
[R3 - GigabitEthernet0/1]quit
[R3]interface LoopBack 0
[R3 - LoopBack0]ipv6 address 5::1 128
[R3 - LoopBack0]ospfv3 1 area 0
[R3 - LoopBack0]quit
```

以上配置完成后，在 R1 上用 ping ipv6 命令测试到 R2 与 R3 的网络可达性，结果应该是可达。

如果不成功，则应检查路由器间是否学习到了正确的路由信息。

**4. 配置 IPv6 VRRP 单备份组**

（1）配置 R1。创建备份组 1，并配置备份组 1 的虚拟 IPv6 地址为 FE80::10 和 1::10，如下所示。

```
[R1 - GigabitEthernet0/0] vrrp ipv6 vrid 1 virtual - ip fe80::10 link - local
[R1 - GigabitEthernet0/0] vrrp ipv6 vrid 1 virtual - ip 1::10
```

配置 R1 在备份组 1 中的优先级为 110，高于 R2 的优先级 100，以保证 R1 成为 Master 负责转发流量，如下所示。

```
[R1 - GigabitEthernet0/0] vrrp ipv6 vrid 1 priority 110
```

配置 R1 工作的抢占方式，以保证 R1 故障恢复后，能再次抢占成为 Master，即只要 R1 正常工作，就由 R1 负责转发流量。为了避免频繁地进行状态切换，配置抢占延迟时间为 5 秒，如下所示。

```
[R1 - GigabitEthernet0/0] vrrp ipv6 vrid 1 preempt - mode delay 500
```

(2) 配置 R2。创建备份组 1,并配置备份组 1 的虚拟 IPv6 地址为 FE80::10 和 1::10,如下所示。

```
[R2 - GigabitEthernet0/0] vrrp ipv6 vrid 1 virtual - ip fe80::10 link - local
[R2 - GigabitEthernet0/0] vrrp ipv6 vrid 1 virtual - ip 1::10
```

配置 R2 工作的抢占方式,抢占延迟时间为 5 秒,如下所示。

```
[R2 - GigabitEthernet0/0] vrrp ipv6 vrid 1 preempt - mode delay 500
```

(3) 配置 PC1 及 PC2。因为在 HCL 中使用路由器来模拟 PC 的行为,所以需要在路由器(也就是网络图中的 PC1 和 PC2)上配置地址及网关(对路由器来说,就是默认静态路由),如下所示。

```
[PC1]interface GigabitEthernet 0/0
[PC1 - GigabitEthernet0/0]ipv6 address 1::100 64
[PC1 - GigabitEthernet0/0]quit

[PC1]ipv6 route - static :: 0 1::10

[PC2]interface GigabitEthernet 0/0
[PC2 - GigabitEthernet0/0]ipv6 address 1::200 64
[PC2 - GigabitEthernet0/0]quit

[PC2]ipv6 route - static :: 0 1::10
```

配置完成后,在 PC1 和 PC2 上用 ping ipv6 5::1 命令测试到 R3 的网络可达性,结果应该是可达。

**5. IPv6 VRRP 状态观察**

在路由器 R1 和 R2 上通过 display vrrp ipv6 verbose 命令查看 VRRP 的状态信息。

R1 上输出如下。

```
<R1> display vrrp ipv6 verbose
IPv6 virtual router information:
Running mode : Standard
Total number of virtual routers : 1
   Interface GigabitEthernet0/0
     VRID             : 1               Adver timer      : 100 centiseconds
     Admin status     : Up              State            : Master
     Config pri       : 110             Running pri      : 110
     Preempt mode     : Yes             Delay time       : 500 centiseconds
     Auth type        : None
     Virtual IP       : FE80::10
                        1::10
     Virtual MAC      : 0000 - 5e00 - 0201
     Master IP        : FE80::4AAD:CDFF:FEEB:105
```

如上输出可以看出,R1 上备份组 1 的 VRID 是 1,状态是 Master;所配置的优先级是 110,当前的优先级是 110;处于抢占模式,抢占时延是 5 秒(500 厘秒);其虚拟 IP 为 FE80::

10(链路本地地址)和 1::10(单播地址)。

R2 上输出如下。

```
<R2>display vrrp ipv6 verbose
IPv6 virtual router information:
Running mode : Standard
Total number of virtual routers : 1
   Interface GigabitEthernet0/0
     VRID             : 1                  Adver timer       : 100 centiseconds
     Admin status     : Up                 State             : Backup
     Config pri       : 100                Running pri       : 100
     Preempt mode     : Yes                Delay time        : 500 centiseconds
     Become master    : 2860 millisecond left
     Auth type        : None
     Virtual IP       : FE80::10
                           1::10
     Master IP        : FE80::4AAD:CDFF:FEEB:105
```

如上输出可以看出,R2 上备份组 1 的 VRID 是 1,状态是 Backup;所配置的优先级是 100(默认优先级),当前的优先级是 100;处于抢占模式,抢占时延是 5 秒(500 厘秒);其虚拟 IP 为 FE80::10(链路本地地址)和 1::10(单播地址)。

**6. 进行 IPv6 VRRP 主备切换并观察效果**

停止运行 HCL 中的 R1,以使 VRRP 进行主备切换。

**注意**:停止运行 R1 前,需要使用 Save 命令将配置保存下来;否则,R1 再次启动时,配置将会丢失。

在路由器 R2 上通过 display vrrp ipv6 verbose 命令查看 VRRP 的状态信息。

R2 上输出如下。

```
<R2>display vrrp ipv6 verbose
IPv6 virtual router information:
Running mode : Standard
Total number of virtual routers : 1
   Interface GigabitEthernet0/0
     VRID             : 1                  Adver timer       : 100 centiseconds
     Admin status     : Up                 State             : Master
     Config pri       : 100                Running pri       : 100
     Preempt mode     : Yes                Delay time        : 500 centiseconds
     Auth type        : None
     Virtual IP       : FE80::10
                        1::10
     Virtual MAC      : 0000-5e00-0201
     Master IP        : FE80::4AAD:D5FF:FE7E:205
```

如上输出可以看出,R2 目前状态是 Master。

而从 PC1 上用 ping ipv6 5::1 命令再次测试到 R3 的网络可达性,结果应该仍然可达。说明 PC1 发出的报文由 R2 进行了转发。

再次启动 HCL 中的 R1。待 R1 启动成功后,在路由器 R1 和 R2 上通过 display vrrp ipv6 verbose 命令查看 VRRP 的状态信息。

R1 上输出如下。

```
<R1>display vrrp ipv6 verbose
IPv6 virtual router information:
Running mode : Standard
Total number of virtual routers : 1
   Interface GigabitEthernet0/0
     VRID               : 1                   Adver timer        : 100 centiseconds
     Admin status       : Up                  State              : Master
     Config pri         : 110                 Running pri        : 110
     Preempt mode       : Yes                 Delay time         : 500 centiseconds
     Auth type          : None
     Virtual IP         : FE80::10
                          1::10
     Virtual MAC        : 0000-5e00-0201
     Master IP          : FE80::4AAD:CDFF:FEEB:105
```

R2 上输出如下。

```
<R2>display vrrp ipv6 verbose
IPv6 virtual router information:
Running mode : Standard
Total number of virtual routers : 1
   Interface GigabitEthernet0/0
     VRID               : 1                   Adver timer        : 100 centiseconds
     Admin status       : Up                  State              : Backup
     Config pri         : 100                 Running pri        : 100
     Preempt mode       : Yes                 Delay time         : 500 centiseconds
     Become master      : 3000 millisecond left
     Auth type          : None
     Virtual IP         : FE80::10
                          1::10
     Master IP          : FE80::4AAD:CDFF:FEEB:105
```

如上输出可以看出，R1 因为优先级高，所以状态又恢复到了 Master。

而从 PC1 上用 ping ipv6 5::1 命令再次测试到 R3 的网络可达性，结果应该仍然可达。

## 14.4.2 IPv6 VRRP 多备份组的配置

本实验在前一个实验的基础上，配置 IPv6 VRRP 多备份组。

**1. 配置 IPv6 VRRP 多备份组**

（1）配置 R1。创建备份组 2，并配置备份组 2 的虚拟 IPv6 地址为 FE80::20 和 1::20，如下所示。

```
[R1-GigabitEthernet0/0] vrrp ipv6 vrid 2 virtual-ip fe80::20 link-local
[R1-GigabitEthernet0/0] vrrp ipv6 vrid 2 virtual-ip 1::20
```

配置 R1 工作的抢占方式，配置抢占延迟时间为 5 秒，如下所示。

```
[R1-GigabitEthernet0/0] vrrp ipv6 vrid 2 preempt-mode delay 500
```

（2）配置 R2。创建备份组 2，并配置备份组 2 的虚拟 IPv6 地址为 FE80::20 和 1::20，如下所示。

```
[R2 - GigabitEthernet0/0] vrrp ipv6 vrid 2 virtual - ip fe80::20 link - local
[R2 - GigabitEthernet0/0] vrrp ipv6 vrid 2 virtual - ip 1::20
```

配置 R2 在备份组 2 中的优先级为 110，高于 R1 的优先级 100，以保证 R2 成为 Master，负责转发流量，如下所示。

```
[R2 - GigabitEthernet0/0] vrrp ipv6 vrid 2 priority 110
```

配置 R2 工作的抢占方式，抢占延迟时间为 5 秒，如下所示。

```
[R2 - GigabitEthernet0/0] vrrp ipv6 vrid 2 preempt - mode delay 500
```

(3) 配置 PC2。修改 PC2 的网关(对路由器来说，就是默认静态路由)，如下所示。

```
[PC2]undo ipv6 route - static :: 0 1::10
[PC2]ipv6 route - static :: 0 1::20
```

配置完成后，在 PC1 和 PC2 上用 ping ipv6 5::1 命令来测试到 R3 的网络可达性，结果应该是可达。

**2. IPv6 VRRP 状态观察**

在路由器 R1 和 R2 上通过 display vrrp ipv6 verbose 命令查看 VRRP 的状态信息。

R1 上输出如下。

```
IPv6 virtual router information:
Running mode : Standard
Total number of virtual routers : 2
   Interface GigabitEthernet0/0
     VRID             : 1               Adver timer      : 100 centiseconds
     Admin status     : Up              State            : Master
     Config pri       : 110             Running pri      : 110
     Preempt mode     : Yes             Delay time       : 500 centiseconds
     Auth type        : None
     Virtual IP       : FE80::10
                        1::10
     Virtual MAC      : 0000 - 5e00 - 0201
     Master IP        : FE80::4AAD:CDFF:FEEB:105

   Interface GigabitEthernet0/0
     VRID             : 2               Adver timer      : 100 centiseconds
     Admin status     : Up              State            : Backup
     Config pri       : 100             Running pri      : 100
     Preempt mode     : Yes             Delay time       : 500 centiseconds
     Become master    : 3440 millisecond left
     Auth type        : None
     Virtual IP       : FE80::20
                        1::20
     Master IP        : FE80::4AAD:D5FF:FE7E:205
```

如上输出可以看出，R1 上备份组 1 的 VRID 是 1，状态是 Master；备份组 2 的 VRID 是 2，状态是 Backup。

R2 上输出如下。

```
<R2> display vrrp ipv6 verbose
IPv6 virtual router information:
Running mode : Standard
Total number of virtual routers : 2
   Interface GigabitEthernet0/0
     VRID               : 1                  Adver timer        : 100 centiseconds
     Admin status       : Up                 State              : Backup
     Config pri         : 100                Running pri        : 100
     Preempt mode       : Yes                Delay time         : 500 centiseconds
     Become master      : 2620 millisecond left
     Auth type          : None
     Virtual IP         : FE80::10
                          1::10
     Master IP          : FE80::4AAD:CDFF:FEEB:105

   Interface GigabitEthernet0/0
     VRID               : 2                  Adver timer        : 100 centiseconds
     Admin status       : Up                 State              : Master
     Config pri         : 110                Running pri        : 110
     Preempt mode       : Yes                Delay time         : 500 centiseconds
     Auth type          : None
     Virtual IP         : FE80::20
                          1::20
     Virtual MAC        : 0000-5e00-0202
     Master IP          : FE80::4AAD:D5FF:FE7E:205
```

如上输出可以看出，R2 上备份组 1 的 VRID 是 1，状态是 Backup；备份组 2 的 VRID 是 2，状态是 Master。

**3. 进行 IPv6 VRRP 主备切换并观察效果**

停止运行 HCL 中的 R1，以使 VRRP 进行主备切换。

**注意**：停止运行 R1 前，需要使用 Save 命令将配置保存下来；否则，R1 再次启动时，配置将会丢失。

在路由器 R2 上通过 display vrrp ipv6 verbose 命令查看 VRRP 的状态信息。

R2 上输出如下。

```
<R2> display vrrp ipv6 verbose
IPv6 virtual router information:
Running mode : Standard
Total number of virtual routers : 2
   Interface GigabitEthernet0/0
     VRID               : 1                  Adver timer        : 100 centiseconds
     Admin status       : Up                 State              : Master
     Config pri         : 100                Running pri        : 100
     Preempt mode       : Yes                Delay time         : 500 centiseconds
     Auth type          : None
     Virtual IP         : FE80::10
                          1::10
     Virtual MAC        : 0000-5e00-0201
     Master IP          : FE80::4AAD:D5FF:FE7E:205
```

```
    Interface GigabitEthernet0/0
      VRID             : 2                    Adver timer      : 100 centiseconds
      Admin status     : Up                   State            : Master
      Config pri       : 110                  Running pri      : 110
      Preempt mode     : Yes                  Delay time       : 500 centiseconds
      Auth type        : None
      Virtual IP       : FE80::20
                         1::20
      Virtual MAC      : 0000 - 5e00 - 0202
      Master IP        : FE80::4AAD:D5FF:FE7E:205
```

如上输出可以看出，R2 在两个备份组中的目前状态都是 Master。

而从 PC1 和 PC2 上用 ping ipv6 5::1 命令再次测试到 R3 的网络可达性，结果应该仍然可达。说明 PC1 与 PC2 发出的报文由 R2 进行了转发。

再次启动 HCL 中的 R1。待 R1 启动成功后，在路由器 R1 和 R2 上通过 display vrrp ipv6 verbose 命令查看 VRRP 的状态信息。

R1 上输出如下。

```
<R1> display vrrp ipv6 verbose
IPv6 virtual router information:
Running mode : Standard
Total number of virtual routers : 2
    Interface GigabitEthernet0/0
      VRID             : 1                    Adver timer      : 100 centiseconds
      Admin status     : Up                   State            : Master
      Config pri       : 110                  Running pri      : 110
      Preempt mode     : Yes                  Delay time       : 500 centiseconds
      Auth type        : None
      Virtual IP       : FE80::10
                         1::10
      Virtual MAC      : 0000 - 5e00 - 0201
      Master IP        : FE80::4AAD:CDFF:FEEB:105

    Interface GigabitEthernet0/0
      VRID             : 2                    Adver timer      : 100 centiseconds
      Admin status     : Up                   State            : Backup
      Config pri       : 100                  Running pri      : 100
      Preempt mode     : Yes                  Delay time       : 500 centiseconds
      Become master    : 3550 millisecond left
      Auth type        : None
      Virtual IP       : FE80::20
                         1::20
      Master IP        : FE80::4AAD:D5FF:FE7E:205
```

R2 上输出如下。

```
<R2> display vrrp ipv6 verbose
IPv6 virtual router information:
Running mode : Standard
Total number of virtual routers : 2
    Interface GigabitEthernet0/0
```

```
    VRID              : 1                  Adver timer       : 100 centiseconds
    Admin status      : Up                 State             : Backup
    Config pri        : 100                Running pri       : 100
    Preempt mode      : Yes                Delay time        : 500 centiseconds
    Become master     : 2870 millisecond left
    Auth type         : None
    Virtual IP        : FE80::10
                        1::10
    Master IP         : FE80::4AAD:CDFF:FEEB:105

  Interface GigabitEthernet0/0
    VRID              : 2                  Adver timer       : 100 centiseconds
    Admin status      : Up                 State             : Master
    Config pri        : 110                Running pri       : 110
    Preempt mode      : Yes                Delay time        : 500 centiseconds
    Auth type         : None
    Virtual IP        : FE80::20
                        1::20
    Virtual MAC       : 0000-5e00-0202
    Master IP         : FE80::4AAD:D5FF:FE7E:205
```

如上输出可以看出，R1在备份组1中的状态又恢复到了Master。

而从PC1与PC2上用ping ipv6 5::1命令再次测试到R3的网络可达性，结果应该仍然可达。

### 14.4.3 IPv6 VRRP负载均衡模式的配置

通过在网络中配置IPv6 VRRP多备份组，可以实现网络中的流量负载均衡。但多备份组要求网络中的主机配置不同的网关，主机配置复杂度增加了。如果使用IPv6 VRRP负载均衡模式，则可以实现单个备份组(也就是所有主机网关相同)而实现负载均衡。

本实验在前一个实验的基础上，配置IPv6 VRRP负载均衡。

**1. 配置IPv6 VRRP负载均衡模式**

(1) 配置R1。配置VRRP在负载均衡模式下工作，如下所示。

```
[R1] vrrp ipv6 mode load-balance
```

删除备份组2，如下所示。

```
[R1-GigabitEthernet0/0] undo vrrp ipv6 vrid 2
```

(2) 配置R2。配置VRRP在负载均衡模式下工作，如下所示。

```
[R2] vrrp ipv6 mode load-balance
```

删除备份组2，如下所示。

```
[R2-GigabitEthernet0/0] undo vrrp ipv6 vrid 2
```

(3) 配置PC1与PC2。删除PC1与PC2上的静态IPv6地址，并配置为自动获得模式，以使PC与路由器间能够交互ND协议，如下所示。

```
[PC1-GigabitEthernet0/0]undo ipv6 address 1::100/64
```

```
[PC1 - GigabitEthernet0/0]ipv6 address auto

[PC2 - GigabitEthernet0/0]undo ipv6 address 1::200/64
[PC2 - GigabitEthernet0/0]ipv6 address auto
```

修改 PC2 的网关(对路由器来说,就是默认静态路由),如下所示。

```
[PC2]undo ipv6 route - static :: 0 1::20
[PC2]ipv6 route - static :: 0 1::10
```

配置完成后,在 PC1 和 PC2 上用 ping ipv6 5::1 命令测试到 R3 的网络可达性,结果应该是可达。

**2. IPv6 VRRP 状态观察**

在路由器 R1 和 R2 上通过 display vrrp ipv6 verbose 命令查看 VRRP 的状态信息。

R1 上输出如下。

```
IPv6 virtual router information:
      Running mode : Load balance
Total number of virtual routers : 1
   Interface GigabitEthernet0/0
     VRID             : 1                 Adver timer       : 100 centiseconds
     Admin status     : Up                State             : Master
     Config pri       : 110               Running pri       : 110
     Preempt mode     : Yes               Delay time        : 500 centiseconds
     Auth type        : None
     Virtual IP       : FE80::10
                        1::10
     Member IP list   : FE80::4AAD:CDFF:FEEB:105 (Local, Master)
                        FE80::4AAD:D5FF:FE7E:205 (Backup)
   Forwarder information: 2 Forwarders 1 Active
     Config weight    : 255
     Running weight   : 255
    Forwarder 01
     State            : Active
     Virtual MAC      : 000f - e2ff - 4011 (Owner)
     Owner ID         : 48ad - cdeb - 0105
     Priority         : 255
     Active           : Local
    Forwarder 02
     State            : Listening
     Virtual MAC      : 000f - e2ff - 4012 (Learnt)
     Owner ID         : 48ad - d57e - 0205
     Priority         : 127
     Active           : FE80::4AAD:D5FF:FE7E:205
```

如上输出可以看出,R1 处于负载均衡(Load Balance)模式,且 R1 是 Master。

这个备份组中有 2 个转发器(Forwarder),其中转发器 1 的状态是 Active,其虚拟 MAC 为 000F-E2FF-4011;转发器 2 的状态是 Listening,其虚拟 MAC 为 000F-E2FF-4012。

R2 上输出如下。

```
IPv6 virtual router information:
```

```
      Running mode : Load balance
  Total number of virtual routers : 1
    Interface GigabitEthernet0/0
      VRID             : 1              Adver timer      : 100 centiseconds
      Admin status     : Up             State            : Backup
      Config pri       : 100            Running pri      : 100
      Preempt mode     : Yes            Delay time       : 500 centiseconds
      Become master    : 2900 millisecond left
      Auth type        : None
      Virtual IP       : FE80::10
                         1::10
      Member IP list   : FE80::4AAD:D5FF:FE7E:205 (Local, Backup)
                         FE80::4AAD:CDFF:FEEB:105 (Master)
    Forwarder information: 2 Forwarders 1 Active
      Config weight    : 255
      Running weight   : 255
     Forwarder 01
      State            : Listening
      Virtual MAC      : 000f-e2ff-4011 (Learnt)
      Owner ID         : 48ad-cdeb-0105
      Priority         : 127
      Active           : FE80::4AAD:CDFF:FEEB:105
     Forwarder 02
      State            : Active
      Virtual MAC      : 000f-e2ff-4012 (Owner)
      Owner ID         : 48ad-d57e-0205
      Priority         : 255
      Active           : Local
```

如上输出可以看出,R2 处于负载均衡(Load Balance)模式,且 R2 是 Backup。

这个备份组中有 2 个转发器(Forwarder),其中转发器 1 的状态是 Listening,其虚拟 MAC 为 000F-E2FF-4011;转发器 2 的状态是 Active,其虚拟 MAC 为 000F-E2FF-4012。

**3. 进行 IPv6 VRRP 主备切换并观察效果**

然后停止运行 HCL 中的 R1,以使 VRRP 进行主备切换。

**注意:** 停止运行 R1 前,需要使用 Save 命令将配置保存下来;否则,R1 再次启动时,配置将会丢失。

在路由器 R2 上通过 display vrrp ipv6 verbose 命令查看 VRRP 的状态信息。

R2 上输出如下。

```
<R2>display vrrp ipv6 verbose
IPv6 virtual router information:
Running mode : Load balance
Total number of virtual routers : 1
  Interface GigabitEthernet0/0
    VRID             : 1              Adver timer      : 100 centiseconds
    Admin status     : Up             State            : Master
    Config pri       : 100            Running pri      : 100
    Preempt mode     : Yes            Delay time       : 500 centiseconds
    Auth type        : None
    Virtual IP       : FE80::10
```

```
                    1::10
  Member IP list    : FE80::4AAD:D5FF:FE7E:205 (Local, Master)
 Forwarder information: 2 Forwarders 2 Active
  Config weight     : 255
  Running weight    : 255
 Forwarder 01
  State             : Active
  Virtual MAC       : 000f-e2ff-4011 (Take Over)
  Owner ID          : 48ad-cdeb-0105
  Priority          : 85
  Active            : Local
 Forwarder 02
  State             : Active
  Virtual MAC       : 000f-e2ff-4012 (Owner)
  Owner ID          : 48ad-d57e-0205
  Priority          : 255
  Active            : Local
```

如上输出可以看出，R2 上的 2 个转发器的状态都是 Active。

而从 PC1 和 PC2 上用 ping ipv6 5::1 命令再次测试到 R3 的网络可达性，结果应该仍然可达。说明 PC1 与 PC2 发出的报文由 R2 进行了转发。

再次启动 HCL 中的 R1。待 R1 启动成功后，在路由器 R1 和 R2 上通过 display vrrp ipv6 verbose 命令查看 VRRP 的状态信息。

R1 上输出如下。

```
<R1>display vrrp ipv6 verbose
IPv6 virtual router information:
Running mode : Load balance
Total number of virtual routers : 1
 Interface GigabitEthernet0/0
  VRID              : 1                  Adver timer       : 100 centiseconds
  Admin status      : Up                 State             : Master
  Config pri        : 110                Running pri       : 110
  Preempt mode      : Yes                Delay time        : 500 centiseconds
  Auth type         : None
  Virtual IP        : FE80::10
                      1::10
  Member IP list    : FE80::4AAD:CDFF:FEEB:105 (Local, Master)
                      FE80::4AAD:D5FF:FE7E:205 (Backup)
 Forwarder information: 2 Forwarders 1 Active
  Config weight     : 255
  Running weight    : 255
 Forwarder 01
  State             : Active
  Virtual MAC       : 000f-e2ff-4011 (Owner)
  Owner ID          : 48ad-cdeb-0105
  Priority          : 255
  Active            : Local
 Forwarder 02
  State             : Listening
  Virtual MAC       : 000f-e2ff-4012 (Learnt)
```

```
      Owner ID          : 48ad-d57e-0205
      Priority          : 127
      Active            : FE80::4AAD:D5FF:FE7E:205
```

R2 上输出如下。

```
<R2>display vrrp ipv6 verbose
IPv6 virtual router information:
Running mode : Load balance
Total number of virtual routers : 1
   Interface GigabitEthernet0/0
     VRID              : 1                  Adver timer        : 100 centiseconds
     Admin status      : Up                 State              : Backup
     Config pri        : 100                Running pri        : 100
     Preempt mode      : Yes                Delay time         : 500 centiseconds
     Become master     : 3290 millisecond left
     Auth type         : None
     Virtual IP        : FE80::10
                         1::10
     Member IP list    : FE80::4AAD:D5FF:FE7E:205 (Local, Backup)
                         FE80::4AAD:CDFF:FEEB:105 (Master)
   Forwarder information: 2 Forwarders 1 Active
     Config weight     : 255
     Running weight    : 255
    Forwarder 01
     State             : Listening
     Virtual MAC       : 000f-e2ff-4011 (Learnt)
     Owner ID          : 48ad-cdeb-0105
     Priority          : 127
     Active            : FE80::4AAD:CDFF:FEEB:105
    Forwarder 02
     State             : Active
     Virtual MAC       : 000f-e2ff-4012 (Owner)
     Owner ID          : 48ad-d57e-0205
     Priority          : 255
     Active            : Local
```

如上输出可以看出，R1 与 R2 在备份组 1 中的状态又恢复到了原来状态。

而从 PC1 与 PC2 上用 ping ipv6 5::1 命令再次测试到 R3 的网络可达性，结果应该仍然可达。

# 第15章

# IPv6的组播实验

## 15.1 实验内容与目标

完成本实验，应该能够掌握以下内容。

（1）IPv6 PIM-DM 协议配置和应用。

（2）IPv6 PIM-SM 协议的配置和应用。

（3）PIM-SSM 协议的配置和应用。

## 15.2 实验组网图

IPv6 组播配置图如图 15-1 所示。

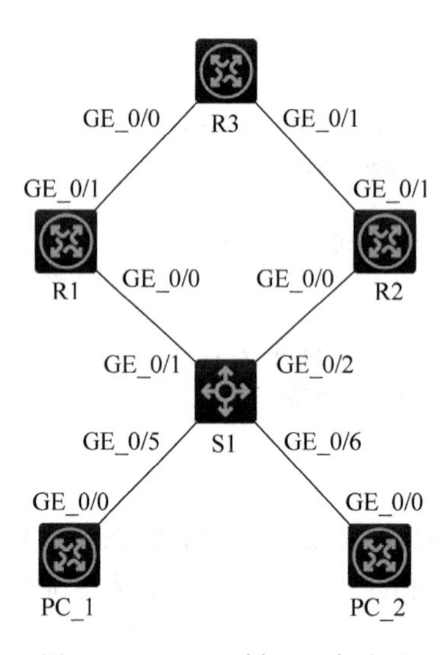


图 15-1　IPv6 组播配置实验图

## 15.3 实验设备与版本

实验设备与版本列表如表 15-1 所示。

表 15-1　实验设备与版本列表

| 名称和型号 | 版　本 | 数量 | 描　　述 |
| --- | --- | --- | --- |
| PC | Windows 系统 | 1 | Windows 7(推荐)或更高版本，至少 4GB 内存以安装运行 HCL |
| HCL | V2.1.1.1 | 1 | 安装在 Windows 系统中 |

# 15.4 实验过程

本实验的目的是进行 IPv6 PIM-DM、PIM-SM、PIM-SSM 的配置。

## 15.4.1 IPv6 PIM-DM 的配置

实验前请启动 Windows 系统中的 HCL 软件，确保其启动成功。

**1. 建立物理连接**

如图 15-1 所示，在 HCL 上添加 5 台 MSR36-20（其中有 2 台用来模拟 PC）和 1 台 S5820，并进行启动及连接。

**2. 配置系统名称**

如图 15-1 所示，在各台设备上分别配置系统名称，如下所示。

```
<H3C> system - view
System View: return to User View with Ctrl + Z.
[H3C]sysname R1

<H3C> system - view
System View: return to User View with Ctrl + Z.
[H3C]sysname R2

<H3C> system - view
System View: return to User View with Ctrl + Z.
[H3C]sysname R3

<H3C> system - view
System View: return to User View with Ctrl + Z.
[H3C]sysname S1

<H3C> system - view
System View: return to User View with Ctrl + Z.
[H3C]sysname PC1

<H3C> system - view
System View: return to User View with Ctrl + Z.
[H3C]sysname PC2
```

**3. 配置 OSPFv3 以全球单播地址互连**

在 3 台路由器上配置 OSPFv3 路由器协议。

配置 R1。

```
[R1]ospfv3 1
[R1 - ospfv3 - 1]router - id 1.1.1.1
[R1]interface GigabitEthernet 0/0
[R1 - GigabitEthernet0/0]ipv6 address 1::1 64
[R1 - GigabitEthernet0/0]undo ipv6 nd ra halt
[R1 - GigabitEthernet0/0]ospfv3 1 area 0
[R1 - GigabitEthernet0/0]quit
[R1]interface GigabitEthernet 0/1
[R1 - GigabitEthernet0/1]ipv6 address 3::1 64
```

```
[R1 - GigabitEthernet0/1]ospfv3 1 area 0
[R1 - GigabitEthernet0/1]quit
```

配置 R2。

```
[R2]ospfv3 1
[R2 - ospfv3 - 1]router - id 2.2.2.2
[R2]interface GigabitEthernet 0/0
[R2 - GigabitEthernet0/0]ipv6 address 1::2 64
[R2 - GigabitEthernet0/0]undo ipv6 nd ra halt
[R2 - GigabitEthernet0/0]ospfv3 1 area 0
[R2 - GigabitEthernet0/0]quit
[R2]interface GigabitEthernet 0/1
[R2 - GigabitEthernet0/1]ipv6 address 4::1 64
[R2 - GigabitEthernet0/1]ospfv3 1 area 0
[R2 - GigabitEthernet0/1]quit
```

配置 R3。

```
[R3]ospfv3 1
[R3 - ospfv3 - 1]router - id 3.3.3.3
[R3]interface GigabitEthernet 0/0
[R3 - GigabitEthernet0/0]ipv6 address 3::2 64
[R3 - GigabitEthernet0/0]ospfv3 1 area 0
[R3 - GigabitEthernet0/0]quit
[R3]interface GigabitEthernet 0/1
[R3 - GigabitEthernet0/1]ipv6 address 4::2 64
[R3 - GigabitEthernet0/1]ospfv3 1 area 0
[R3 - GigabitEthernet0/1]quit
[R3]interface GigabitEthernet 0/2
[R3 - GigabitEthernet0/2]ipv6 address 5::1 64
[R3 - GigabitEthernet0/2]undo ipv6 nd ra halt
[R3 - GigabitEthernet0/2]ospfv3 1 area 0
[R3 - GigabitEthernet0/2]quit
```

以上配置完成后，在 R1 上用 ping ipv6 命令测试到 R2 与 R3 的网络可达性，结果应该是可达。

如果不成功，则应检查路由器间是否学习到了正确的路由信息。

**4. 配置 IPv6 PIM-DM**

IPv6 PIM-DM 是密集模式，比较适用于网络中有大量的组播接收者的时候。在本实验环境中，采用 IPv6 PIM-DM 来使所有的组播接收者（所有的 PC）都能很快地接收到组播报文。

（1）配置 R1。使能 IPv6 组播路由，在接口 G0/1 上使能 IPv6 PIM-DM，并在其连接 PC 的接口 G0/0 上使能 MLD，如下所示。

```
[R1]ipv6 multicast routing
[R1 - mrib6]quit
[R1] interface GigabitEthernet 0/0
[R1 - GigabitEthernet0/0] mld enable
[R1 - GigabitEthernet0/0] quit
[R1] interface GigabitEthernet 0/1
[R1 - GigabitEthernet0/1] ipv6 pim dm
```

(2) 配置 R2。使能 IPv6 组播路由,在接口 G0/1 上使能 IPv6 PIM-DM,并在其连接 PC 的接口 G0/0 上使能 MLD,如下所示。

```
[R2]ipv6 multicast routing
[R2 - mrib6]quit
[R2] interface GigabitEthernet 0/0
[R2 - GigabitEthernet0/0] mld enable
[R2 - GigabitEthernet0/0] quit
[R2] interface GigabitEthernet 0/1
[R2 - GigabitEthernet0/1] ipv6 pim dm
```

(3) 配置 R3。使能 IPv6 组播路由,在接口 G0/0、G0/1 上使能 IPv6 PIM-DM,并在其连接 Server 的接口 G0/2 上使能 MLD,如下所示。

```
[R3]ipv6 multicast routing
[R3 - mrib6]quit
[R3] interface GigabitEthernet 0/0
[R3 - GigabitEthernet0/0] ipv6 pim dm
[R3 - GigabitEthernet0/0] quit
[R3] interface GigabitEthernet 0/1
[R3 - GigabitEthernet0/1] ipv6 pim dm
[R3 - GigabitEthernet0/1] quit
[R3] interface GigabitEthernet 0/2
[R3 - GigabitEthernet0/2] mld enable
```

**5. IPv6 PIM 的信息观察**

在路由器上通过 display ipv6 pim interface 命令查看 PIM 接口信息,如下所示。

```
<R1> display ipv6 pim interface
Interface        NbrCnt    HelloInt    DR - Pri    DR - Address
GE0/1            1         30          1           FE80::4AAD:DEFF:FEE1:305

<R2> display ipv6 pim interface
Interface        NbrCnt    HelloInt    DR - Pri    DR - Address
GE0/1            1         30          1           FE80::4AAD:DEFF:FEE1:306

[R3]display ipv6 pim interface
Interface        NbrCnt    HelloInt    DR - Pri    DR - Address
GE0/0            1         30          1           FE80::4AAD:DEFF:FEE1:305 (local)
GE0/1            1         30          1           FE80::4AAD:DEFF:FEE1:306 (local)
```

如上输出可以看出,所有路由器上都有接口启用了 PIM 协议。

在路由器上通过 display ipv6 pim neighbor 命令查看 IPv6 PIM 的邻居关系信息,如下所示。

```
[R1]display ipv6 pim neighbor
Total Number of Neighbors = 1

Neighbor         Interface                  Uptime      Expires     DR - Priority Mode
FE80::4AAD:DEFF GE0/1                       00:09:00    00:01:38    1
:FEE1:305
```

```
<R2>display ipv6 pim neighbor
Total Number of Neighbors = 1

Neighbor         Interface                 Uptime     Expires    DR-Priority Mode
FE80::4AAD:DEFF GE0/1                      00:08:45   00:01:21   1
:FEE1:306

[R3]display ipv6 pim neighbor
Total Number of Neighbors = 2

Neighbor         Interface                 Uptime     Expires    DR-Priority Mode
FE80::4AAD:CDFF GE0/0                      00:09:14   00:01:31   1
:FEEB:106
FE80::4AAD:D5FF GE0/1                      00:08:49   00:01:30   1
:FE7E:206
```

如上输出可以看出，路由器间建立了 PIM 的邻居。

**说明**：因为 PIM 路由表是由组播数据流引发的，所以目前路由器上通过 display ipv6 pim routing-table 命令查看时，无法看到相关组播路由表项。

### 15.4.2 IPv6 PIM-SM 的配置

本实验在前一个实验的基础上，配置 IPv6 PIM-SM。

**1. 配置 IPv6 PIM-SM**

(1) 配置 R1。在接口 G0/1 上删除 IPv6 PIM-DM，并使能 IPv6 PIM-SM，如下所示。

```
[R1] interface GigabitEthernet 0/1
[R1-GigabitEthernet0/1] undo ipv6 pim dm
[R1-GigabitEthernet0/1] ipv6 pim sm
```

(2) 配置 R2。在接口 G0/1 上删除 IPv6 PIM-DM，并使能 IPv6 PIM-SM，如下所示。

```
[R2] interface GigabitEthernet 0/1
[R2-GigabitEthernet0/1] undo ipv6 pim dm
[R2-GigabitEthernet0/1] ipv6 pim sm
```

(3) 配置 R3。在接口 G0/0、G0/1 上删除 IPv6 PIM-DM，并使能 IPv6 PIM-SM，如下所示。

```
[R3] interface GigabitEthernet 0/0
[R3-GigabitEthernet0/0] undo ipv6 pim dm
[R3-GigabitEthernet0/0] ipv6 pim sm
[R3-GigabitEthernet0/0] quit
[R3] interface GigabitEthernet 0/1
[R3-GigabitEthernet0/1] undo ipv6 pim dm
[R3-GigabitEthernet0/1] ipv6 pim sm
```

**2. IPv6 PIM 的信息观察**

在路由器上通过 display ipv6 pim interface 命令查看 PIM 接口信息，如下所示。

```
<R1>display ipv6 pim interface
Interface     NbrCnt     HelloInt     DR-Pri       DR-Address
```

```
GE0/1           1          30          1          FE80::4AAD:DEFF:FEE1:305

<R2>display ipv6 pim interface
Interface       NbrCnt     HelloInt    DR-Pri     DR-Address
GE0/1           1          30          1           FE80::4AAD:DEFF:FEE1:306

[R3]display ipv6 pim interface
Interface       NbrCnt     HelloInt    DR-Pri     DR-Address
GE0/0           1          30          1           FE80::4AAD:DEFF:FEE1:305 (local)
GE0/1           1          30          1           FE80::4AAD:DEFF:FEE1:306 (local)
```

如上输出可以看出，所有路由器上都有接口启用了PIM协议。

在路由器上通过display ipv6 pim neighbor命令查看IPv6 PIM的邻居关系信息，如下所示。

```
[R1]display ipv6 pim neighbor
Total Number of Neighbors = 1

Neighbor        Interface            Uptime     Expires    DR-Priority Mode
FE80::4AAD:DEFF GE0/1                01:22:50   00:01:31   1
:FEE1:305

<R2>display ipv6 pim neighbor
Total Number of Neighbors = 1

Neighbor        Interface            Uptime     Expires    DR-Priority Mode
FE80::4AAD:DEFF GE0/1                02:06:35   00:01:26   1
:FEE1:306

[R3]display ipv6 pim neighbor
Total Number of Neighbors = 2

Neighbor        Interface            Uptime     Expires    DR-Priority Mode
FE80::4AAD:CDFF GE0/0                01:22:54   00:01:27   1
:FEEB:106
FE80::4AAD:D5FF GE0/1                02:06:37   00:01:27   1
:FE7E:206
```

如上输出可以看出，路由器间建立了PIM的邻居。

**3. 配置RP并观察效果**

RP是IPv6 PIM-SM域中的核心设备。在结构简单的小型网络中，可以在IPv6 PIM-SM域中的各路由器上静态指定RP的位置。

如果IPv6 PIM-SM域的规模较大，则可以在IPv6 PIM-SM域中配置多个C-RP(Candidate-RP，候选RP)，通过自举机制动态选举RP，使不同的RP服务于不同的组播组，此时需要配置BSR(Bootstrap Router，自举路由器)。

BSR是IPv6 PIM-SM域中的管理核心，一个IPv6 PIM-SM域内只能有一个BSR，但可以配置多个C-BSR(Candidate-BSR，候选BSR)。这样，一旦BSR发生故障，其余C-BSR能够通过自动选举产生新的BSR，从而确保业务免受中断。

在R1上配置RP通告的服务范围，以及C-BSR和C-RP的位置，并指定R2(地址为4::1)为静态 RP，相关命令如下。

```
[R1] acl ipv6 basic 2000
[R1 - acl6 - basic - 2000] rule permit source ff0e::100 64
[R1 - acl6 - basic - 2000] quit
[R1] ipv6 pim
[R1 - pim6] c - bsr 3::1
[R1 - pim6] c - rp 3::1 group - policy 2000
[R1 - pim6] static - rp 4::1
[R1 - pim6] quit
```

在 R2 上配置 R1 为静态 RP，相关命令如下。

```
[R2] ipv6 pim
[R2 - pim6] static - rp 4::1
```

在 R3 上配置 R1 为静态 RP，相关命令如下。

```
[R3] ipv6 pim
[R3 - pim6] static - rp 4::1
```

配置完成后，可以使用命令 display ipv6 pim bsr-info 查看 BSR 信息，如下所示。

```
[R1]display ipv6 pim bsr - info
Scope: non - scoped
     State: Elected
     Bootstrap timer: 00:00:43
     Elected BSR address: 3::1
       Priority: 64
       Hash mask length: 126
       Uptime: 00:02:28
     Candidate BSR address: 3::1
       Priority: 64
       Hash mask length: 126

[R2]display ipv6 pim bsr - info
Scope: non - scoped
     State: Accept Preferred
     Bootstrap timer: 00:01:59
     Elected BSR address: 3::1
       Priority: 64
       Hash mask length: 126
       Uptime: 00:02:22

[R3]display ipv6 pim bsr - info
Scope: non - scoped
     State: Accept Preferred
     Bootstrap timer: 00:01:23
     Elected BSR address: 3::1
       Priority: 64
       Hash mask length: 126
       Uptime: 00:01:58
```

从上述输出可知，3 台路由器上都选举 3::1 为 PIM 中的 BSR（因为只有一个 C-BSR）。

再使用命令 display ipv6 pim rp-info 查看 RP 信息，如下所示。

```
[R1] display ipv6 pim rp - info
BSR RP information:
   Scope: non - scoped
     Group/MaskLen: FF0E::/64
       RP address              Priority    HoldTime    Uptime     Expires
       3::1 (local)            192         180         00:06:50   00:02:10

Static RP information:
       RP address              ACL         Mode        Preferred
       4::1                    ----        pim - sm    No

[R2] display ipv6 pim rp - info
BSR RP information:
   Scope: non - scoped
     Group/MaskLen: FF0E::/64
       RP address              Priority    HoldTime    Uptime     Expires
       3::1                    192         180         00:06:44   00:02:16

Static RP information:
       RP address              ACL         Mode        Preferred
       4::1                    ----        pim - sm    No

[R3] display ipv6 pim rp - info
BSR RP information:
   Scope: non - scoped
     Group/MaskLen: FF0E::/64
       RP address              Priority    HoldTime    Uptime     Expires
       3::1                    192         180         00:06:12   00:02:48

Static RP information:
       RP address              ACL         Mode        Preferred
       4::1                    ----        pim - sm    No
```

从上述输出可知，3 台路由器每台都有 2 个 RP，其中一个(3::1)是通过 BSR 通告的，所对应的组播组为 FF0E::/64；另外一个(4::1)是静态配置的，对应所有组播组。

**说明：** 因为 PIM 路由表是由组播数据流来引发的，所以目前路由器上通过 display ipv6 pim routing-table 命令来查看时，无法看到相关组播路由表项。

## 15.4.3 IPv6 PIM-SSM 的配置

实验前请启动 Windows 系统中的 HCL 软件，确保其启动成功。

**1. 建立物理连接**

如图 15-1 所示，在 HCL 上添加 5 台 MSR36-20(其中有 2 台用来模拟 PC)和 1 台 S5820，并进行启动及连接。

**2. 配置系统名称及路由**

如图 15-1 所示，在各台设备上分别配置系统名称，并在 3 台路由器上配置 OSPFv3 路由器协议。

配置 R1。

```
<H3C>system-view
[H3C]sysname R1
[R1]ospfv3 1
[R1-ospfv3-1]router-id 1.1.1.1
[R1]interface GigabitEthernet 0/0
[R1-GigabitEthernet0/0]ipv6 address 1::1 64
[R1-GigabitEthernet0/0]undo ipv6 nd ra halt
[R1-GigabitEthernet0/0]ospfv3 1 area 0
[R1-GigabitEthernet0/0]quit
[R1]interface GigabitEthernet 0/1
[R1-GigabitEthernet0/1]ipv6 address 3::1 64
[R1-GigabitEthernet0/1]ospfv3 1 area 0
[R1-GigabitEthernet0/1]quit
```

配置 R2。

```
<H3C>system-view
[H3C]sysname R2
[R2]ospfv3 1
[R2-ospfv3-1]router-id 2.2.2.2
[R2]interface GigabitEthernet 0/0
[R2-GigabitEthernet0/0]ipv6 address 1::2 64
[R2-GigabitEthernet0/0]undo ipv6 nd ra halt
[R2-GigabitEthernet0/0]ospfv3 1 area 0
[R2-GigabitEthernet0/0]quit
[R2]interface GigabitEthernet 0/1
[R2-GigabitEthernet0/1]ipv6 address 4::1 64
[R2-GigabitEthernet0/1]ospfv3 1 area 0
[R2-GigabitEthernet0/1]quit
```

配置 R3。

```
<H3C>system-view
[H3C]sysname R3
[R3]ospfv3 1
[R3-ospfv3-1]router-id 3.3.3.3
[R3]interface GigabitEthernet 0/0
[R3-GigabitEthernet0/0]ipv6 address 3::2 64
[R3-GigabitEthernet0/0]ospfv3 1 area 0
[R3-GigabitEthernet0/0]quit
[R3]interface GigabitEthernet 0/1
[R3-GigabitEthernet0/1]ipv6 address 4::2 64
[R3-GigabitEthernet0/1]ospfv3 1 area 0
[R3-GigabitEthernet0/1]quit
[R3]interface GigabitEthernet 0/2
[R3-GigabitEthernet0/2]ipv6 address 5::1 64
[R3-GigabitEthernet0/2]undo ipv6 nd ra halt
[R3-GigabitEthernet0/2]ospfv3 1 area 0
[R3-GigabitEthernet0/2]quit
```

配置 S1。

```
<H3C> system - view
System View: return to User View with Ctrl + Z.
[H3C]sysname S1
```

配置 PC1。

```
<H3C> system - view
System View: return to User View with Ctrl + Z.
[H3C]sysname PC1
```

配置 PC2。

```
<H3C> system - view
System View: return to User View with Ctrl + Z.
[H3C]sysname PC2
```

以上配置完成后，在 R1 上用 ping ipv6 命令测试到 R2 与 R3 的网络可达性，结果应该是可达。

如果不成功，则应检查路由器间是否学习到了正确的路由信息。

**3. 配置 IPv6 PIM-SSM**

通常采用 MLDv2 以及 IPv6 PIM-SM 的一部分技术来实现 SSM。由于接收者预先已知道 IPv6 组播源的具体位置，因此在 SSM 模型中无须 RP，无须构建 RPT，也无须 IPv6 组播源注册。

无论是构建为 IPv6 PIM-SM 服务的 RPT，还是构建为 IPv6 PIM-SSM 服务的 SPT，关键在于接收者准备加入的 IPv6 组播组是否属于 IPv6 SSM 组地址范围(IANA 保留的 IPv6 SSM 组地址范围为 FF3x::/32，其中 x 表示任意合法的 Scope)。

(1) 配置 R1。使能 IPv6 组播路由，在接口 G0/1 上使能 IPv6 PIM-SM，并在其连接 PC 的接口 G0/0 上使能 MLD，并指定其版本为 2，如下所示。

```
[R1]ipv6 multicast routing
[R1 - mrib6]quit
[R1] interface GigabitEthernet 0/0
[R1 - GigabitEthernet0/0] mld enable
[R1 - GigabitEthernet0/0] mld version 2
[R1 - GigabitEthernet0/0] quit
[R1] interface GigabitEthernet 0/1
[R1 - GigabitEthernet0/1] ipv6 pim sm
```

配置 IPv6 SSM 组播组的地址范围为 FF3E::/64，如下所示。

```
[R1] acl ipv6 basic 2001
[R1 - acl6 - basic - 2001] rule permit source ff3e::/64
[R1 - acl6 - basic - 2001] quit
[R1] ipv6 pim
[R1 - pim6] ssm - policy 2001
```

(2) 配置 R2。使能 IPv6 组播路由，在接口 G0/1 上使能 IPv6 PIM-SM，并在其连接 PC 的接口 G0/0 上使能 MLD，并指定其版本为 2，如下所示。

```
[R2]ipv6 multicast routing
[R2-mrib6]quit
[R2] interface GigabitEthernet 0/0
[R2-GigabitEthernet0/0] mld enable
[R2-GigabitEthernet0/0] mld version 2
[R2-GigabitEthernet0/0] quit
[R2] interface GigabitEthernet 0/1
[R2-GigabitEthernet0/1] ipv6 pim Sm
```

配置 IPv6 SSM 组播组的地址范围为 FF3E::/64,如下所示。

```
[R2] acl ipv6 basic 2001
[R2-acl6-basic-2001] rule permit source ff3e::/64
[R2-acl6-basic-2001] quit
[R2] ipv6 pim
[R2-pim6] ssm-policy 2001
```

(3) 配置 R3。使能 IPv6 组播路由,在接口 G0/0、G0/1 上使能 IPv6 PIM-SM,并在其连接 Server 的接口 G0/2 上使能 MLD,并指定其版本为 2,如下所示。

```
[R3]ipv6 multicast routing
[R3-mrib6]quit
[R3] interface GigabitEthernet 0/0
[R3-GigabitEthernet0/0] ipv6 pim sm
[R3-GigabitEthernet0/0] quit
[R3] interface GigabitEthernet 0/1
[R3-GigabitEthernet0/1] ipv6 pim sm
[R3-GigabitEthernet0/1] quit
[R3] interface GigabitEthernet 0/2
[R3-GigabitEthernet0/2] mld enable
[R3-GigabitEthernet0/2] mld version 2
```

配置 IPv6 SSM 组播组的地址范围为 FF3E::/64,如下所示。

```
[R3] acl ipv6 basic 2001
[R3-acl6-basic-2001] rule permit source ff3e::/64
[R3-acl6-basic-2001] quit
[R3] ipv6 pim
[R3-pim6] ssm-policy 2001
```

**4. IPv6 PIM 的信息观察**

在路由器上通过 display ipv6 pim interface 命令查看 PIM 接口信息。

```
<R1> display ipv6 pim interface
Interface    NbrCnt    HelloInt    DR-Pri        DR-Address
GE0/1          1          30          1       FE80::4AAD:DEFF:FEE1:305

<R2> display ipv6 pim interface
Interface    NbrCnt    HelloInt    DR-Pri        DR-Address
GE0/1          1          30          1       FE80::4AAD:DEFF:FEE1:306

[R3]display ipv6 pim interface
Interface    NbrCnt    HelloInt    DR-Pri        DR-Address
```

```
GE0/0         1          30          1          FE80::4AAD:DEFF:FEE1:305 (local)
GE0/1         1          30          1          FE80::4AAD:DEFF:FEE1:306 (local)
```

如上输出可以看出,所有路由器上都有接口启用了 PIM 协议。

在路由器上通过 display ipv6 pim neighbor 命令查看 IPv6 PIM 的邻居关系信息,如下所示。

```
[R1]display ipv6 pim neighbor
Total Number of Neighbors = 1

Neighbor                 Interface            Uptime     Expires     DR-Priority Mode
FE80::4AAD:DEFF GE0/1                         01:22:50 00:01:31 1
:FEE1:305

<R2>display ipv6 pim neighbor
Total Number of Neighbors = 1

Neighbor                 Interface            Uptime     Expires     DR-Priority Mode
FE80::4AAD:DEFF GE0/1                         02:06:35   00:01:26    1
:FEE1:306

[R3]display ipv6 pim neighbor
Total Number of Neighbors = 2

Neighbor                 Interface            Uptime     Expires     DR-Priority Mode
FE80::4AAD:CDFF GE0/0                         01:22:54   00:01:27    1
:FEEB:106
FE80::4AAD:D5FF GE0/1                         02:06:37   00:01:27    1
:FE7E:206
```

如上输出可以看出,路由器间建立了 PIM 的邻居关系。

# 第16章

# IPv6过渡技术实验

## 16.1 实验内容与目标

完成本实验,应该掌握隧道技术的基本配置。

## 16.2 实验组网图

IPv6 隧道技术配置实验图如图 16-1 所示。

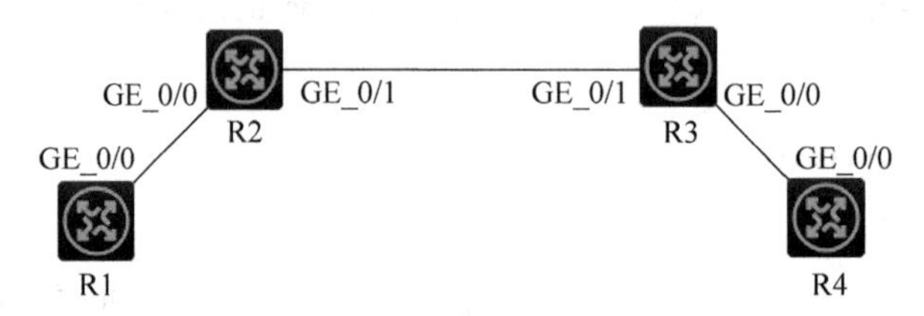


图 16-1 隧道技术配置实验图

## 16.3 实验设备与版本

实验设备与版本列表如表 16-1 所示。

**表 16-1 实验设备与版本列表**

| 名称和型号 | 版 本 | 数量 | 描 述 |
| --- | --- | --- | --- |
| PC | Windows 系统 | 1 | Windows 7(推荐)或更高版本,至少 4GB 内存以安装运行 HCL |
| HCL | V2.1.1.1 | 1 | 安装在 Windows 系统中 |

## 16.4 实验过程

本实验的目标是掌握在路由器上配置 IPv6 的过渡技术。通过本实验,能够掌握如何在 H3C 路由器上配置隧道技术。

### 16.4.1 GRE 隧道技术配置

实验前请启动 Windows 系统中的 HCL 软件,确保其启动成功。

**1. 建立物理连接**

如图 16-1 所示,在 HCL 上添加 4 台 MSR36-20,并进行启动及连接。

**2. 配置系统名称、IPv4 及 IPv6 地址**

如图 16-1 及表 16-2 所示,在各台设备上分别配置系统名称、IPv4 及 IPv6 地址。

表 16-2 系统名称、IPv4 及 IPv6 地址表

| 设备 | 端口 | IPv4(IPv6)地址 | 掩码(前缀) |
|---|---|---|---|
| R1 | G0/0 | 1::1 | /64 |
| R2 | G0/0 | 1::2 | /64 |
| | G0/1 | 192.168.1.1 | 255.255.255.0 |
| R3 | G0/0 | 2::1 | /64 |
| | G0/1 | 192.168.1.2 | 255.255.255.0 |
| R4 | G0/0 | 2::2 | /64 |

### 3. 配置 GRE over IPv4 隧道

GRE 协议可以用来对 IPv6 协议的报文进行封装,然后让这些报文以 GRE 载荷的形式在 IPv4 网络中传输。通过在路由器上配置模式为 GRE over IPv4 隧道的 Tunnel 接口,可以实现 GRE 传输。

首先在路由器上创建 Tunnel 接口,配置 Tunnel 接口的 IPv6 地址,然后手动指定 GRE 隧道的源和目的 IPv4 地址,最后配置 IPv6 路由。

配置 R2。

```
[R2] interface tunnel 0 mode gre
[R2 - Tunnel0] ipv6 address 3::1 64
[R2 - Tunnel0] source 192.168.1.1
[R2 - Tunnel0] destination 192.168.1.2
[R2 - Tunnel0] quit
[R2] ipv6 route - static 2::0 64 tunnel 0
```

配置 R3。

```
[R3] interface tunnel 0 mode gre
[R3 - Tunnel0] ipv6 address 3::2 64
[R3 - Tunnel0] source 192.168.1.2
[R3 - Tunnel0] destination 192.168.1.1
[R3 - Tunnel0] quit
[R3] ipv6 route - static 1::0 64 tunnel 0
```

配置 R1。

```
[R1] ipv6 route - static :: 0 1::2
```

配置 R4。

```
[R4] ipv6 route - static :: 0 2::1
```

### 4. 验证配置结果

在路由器上查看 Tunnel 接口状态,如下所示。

```
<R2>display interface tunnel 0
    Tunnel0
    Current state: UP
    Line protocol state: UP
Description: Tunnel0 Interface
Bandwidth: 64 kbps
```

```
Maximum transmission unit: 1476
Internet protocol processing: Disabled
    Tunnel source 192.168.1.1, destination 192.168.1.2
Tunnel keepalive disabled
Tunnel TTL 255
    Tunnel protocol/transport GRE/IP
    GRE key disabled
    Checksumming of GRE packets disabled
Output queue - Urgent queuing: Size/Length/Discards 0/100/0
Output queue - Protocol queuing: Size/Length/Discards 0/500/0
Output queue - FIFO queuing: Size/Length/Discards 0/75/0
Last clearing of counters: Never
Last 300 seconds input rate: 0 bytes/sec, 0 bits/sec, 0 packets/sec
Last 300 seconds output rate: 0 bytes/sec, 0 bits/sec, 0 packets/sec
Input: 7 packets, 648 bytes, 0 drops
Output: 7 packets, 648 bytes, 0 drops

<R3>display interface tunnel 0
    Tunnel0
    Current state: UP
    Line protocol state: UP
Description: Tunnel0 Interface
Bandwidth: 64 kbps
Maximum transmission unit: 1476
Internet protocol processing: Disabled
    Tunnel source 192.168.1.2, destination 192.168.1.1
Tunnel keepalive disabled
Tunnel TTL 255
    Tunnel protocol/transport GRE/IP
    GRE key disabled
    Checksumming of GRE packets disabled
Output queue - Urgent queuing: Size/Length/Discards 0/100/0
Output queue - Protocol queuing: Size/Length/Discards 0/500/0
Output queue - FIFO queuing: Size/Length/Discards 0/75/0
Last clearing of counters: Never
Last 300 seconds input rate: 0 bytes/sec, 0 bits/sec, 0 packets/sec
Last 300 seconds output rate: 0 bytes/sec, 0 bits/sec, 0 packets/sec
Input: 5 packets, 520 bytes, 0 drops
Output: 7 packets, 648 bytes, 0 drops
```

从以上输出可以看到，目前 Tunnel 接口的状态是 UP，隧道的源是本端设备的 IPv4 地址，目的是对端设备的 IPv4 地址，隧道模式是 GRE over IPv4。

在 R1 上使用 ping ipv6 2::2 命令测试到 R2 的可达性，结果应该是可达。

## 16.4.2 IPv6 over IPv4 手动隧道技术配置

实验前请启动 Windows 系统中的 HCL 软件，确保其启动成功。

**1. 建立物理连接**

如图 16-1 所示，在 HCL 上添加 4 台 MSR36-20，并进行启动及连接。

**2. 配置系统名称、IPv4 及 IPv6 地址**

如图 16-1 及表 16-3 所示，在各台设备上分别配置系统名称、IPv4 及 IPv6 地址。

表 16-3 系统名称、IPv4 及 IPv6 地址表

| 设备 | 端口 | IPv4(IPv6)地址 | 掩码(前缀) |
| --- | --- | --- | --- |
| R1 | G0/0 | 1::1 | /64 |
| R2 | G0/0 | 1::2 | /64 |
|  | G0/1 | 192.168.1.1 | 255.255.255.0 |
| R3 | G0/0 | 2::1 | /64 |
|  | G0/1 | 192.168.1.2 | 255.255.255.0 |
| R4 | G0/0 | 2::2 | /64 |

**3. 配置 IPv6 over IPv4 手动隧道**

通过隧道技术,可以对 IPv6 协议的报文进行封装,然后让这些报文在 IPv4 网络中传输。通过在路由器上配置模式为 IPv6 over IPv4 隧道的 Tunnel 接口,可以实现 IPv6 over IPv4 传输。

首先在路由器上创建 Tunnel 接口,配置 Tunnel 接口的 IPv6 地址,然后手动指定 IPv6 over IPv4 隧道的源和目的 IPv4 地址,最后配置 IPv6 路由。

配置 R2。

```
[R2] interface tunnel 0 mode ipv6 - ipv4
[R2 - Tunnel0] ipv6 address 3::1 64
[R2 - Tunnel0] source 192.168.1.1
[R2 - Tunnel0] destination 192.168.1.2
[R2 - Tunnel0] quit
[R2] ipv6 route - static 2::0 64 tunnel 0
```

配置 R3。

```
[R3] interface tunnel 0 mode ipv6 - ipv4
[R3 - Tunnel0] ipv6 address 3::2 64
[R3 - Tunnel0] source 192.168.1.2
[R3 - Tunnel0] destination 192.168.1.1
[R3 - Tunnel0] quit
[R3] ipv6 route - static 1::0 64 tunnel 0
```

配置 R1。

```
[R1] ipv6 route - static :: 0 1::2
```

配置 R4。

```
[R4] ipv6 route - static :: 0 2::1
```

**4. 验证配置结果**

在路由器上查看 Tunnel 接口状态,如下所示。

```
<R2> display interface tunnel 0
Tunnel0
    Current state: UP
    Line protocol state: UP
```

```
Description: Tunnel0 Interface
Bandwidth: 64 kbps
Maximum transmission unit: 1480
Internet protocol processing: Disabled
    Tunnel source 192.168.1.1, destination 192.168.1.2
Tunnel TTL 255
    Tunnel protocol/transport IPv6/IP
Output queue - Urgent queuing: Size/Length/Discards 0/100/0
Output queue - Protocol queuing: Size/Length/Discards 0/500/0
Output queue - FIFO queuing: Size/Length/Discards 0/75/0
Last clearing of counters: Never
Last 300 seconds input rate: 0 bytes/sec, 0 bits/sec, 0 packets/sec
Last 300 seconds output rate: 0 bytes/sec, 0 bits/sec, 0 packets/sec
Input: 5 packets, 520 bytes, 0 drops
Output: 7 packets, 648 bytes, 0 drops

<R3>display interface tunnel 0
    Tunnel0
    Current state: UP
    Line protocol state: UP
Description: Tunnel0 Interface
Bandwidth: 64 kbps
Maximum transmission unit: 1480
Internet protocol processing: Disabled
    Tunnel source 192.168.1.2, destination 192.168.1.1
Tunnel TTL 255
    Tunnel protocol/transport IPv6/IP
Output queue - Urgent queuing: Size/Length/Discards 0/100/0
Output queue - Protocol queuing: Size/Length/Discards 0/500/0
Output queue - FIFO queuing: Size/Length/Discards 0/75/0
Last clearing of counters: Never
Last 300 seconds input rate: 1 bytes/sec, 8 bits/sec, 0 packets/sec
Last 300 seconds output rate: 1 bytes/sec, 8 bits/sec, 0 packets/sec
Input: 7 packets, 648 bytes, 0 drops
Output: 7 packets, 648 bytes, 0 drops
```

从以上输出可以看到，目前Tunnel接口的状态是UP，隧道的源是本端设备的IPv4地址，目的是对端设备的IPv4地址，隧道模式是IPv6 over IPv4。

在R1上使用ping ipv6 2::2命令测试到R2的可达性，结果应该是可达。

### 16.4.3 6to4 隧道技术配置

实验前请启动Windows系统中的HCL软件，确保其启动成功。

**1. 建立物理连接**

如图16-1所示，在HCL上添加4台MSR36-20，并进行启动及连接。

**2. 配置系统名称、IPv4及IPv6地址**

如图16-1及表16-4所示，在各台设备上分别配置系统名称、IPv4及IPv6地址。

表 16-4 系统名称、IPv4 及 IPv6 地址表

| 设备 | 端口 | IPv4(IPv6)地址 | 掩码(前缀) |
|---|---|---|---|
| R1 | G0/0 | 2002:C0A8:101:1::1 | /64 |
| R2 | G0/0 | 2002:C0A8:101:1::2 | /64 |
|  | G0/1 | 192.168.1.1 | 255.255.255.0 |
| R3 | G0/0 | 2002:C0A8:102:2::1 | /64 |
|  | G0/1 | 192.168.1.2 | 255.255.255.0 |
| R4 | G0/0 | 2002:C0A8:102:2::2 | /64 |

**说明**：为了保证 6to4 隧道封装正确，在规划地址时，要求双栈路由器的 6to4 地址内嵌的地址就是本路由器的 IPv4 地址。在本实验中，6to4 地址中的 C0A8:101，转换成 IPv4 地址就是 192.168.1.1。

**3. 配置 6to4 隧道**

通过 6to4 隧道技术，可以对 IPv6 协议的报文进行封装，然后让这些报文在 IPv4 网络中传输。通过在路由器上配置模式为 6to4 隧道的 Tunnel 接口，可以实现 6to4 传输。

首先在路由器上创建 Tunnel 接口，配置 Tunnel 接口的 IPv6 地址，然后手动指定 6to4 隧道的源 IPv4 地址，最后配置 IPv6 路由。

配置 R2。

```
[R2] interface tunnel 0 mode ipv6 - ipv4 6to4
[R2 - Tunnel0] ipv6 address 3::1 64
[R2 - Tunnel0] source 192.168.1.1
[R2 - Tunnel0] quit
[R2] ipv6 route - static 2002:: 16 tunnel 0
```

配置 R3。

```
[R3] interface tunnel 0 mode ipv6 - ipv4 6to4
[R3 - Tunnel0] ipv6 address 3::2 64
[R3 - Tunnel0] source 192.168.1.2
[R3 - Tunnel0] quit
[R3] ipv6 route - static 2002:: 16 tunnel 0
```

配置 R1。

```
[R1] ipv6 route - static :: 0 2002:c0a8:101:1::2
```

配置 R4。

```
[R4] ipv6 route - static :: 0 2002:c0a8:102:2::1
```

**4. 验证配置结果**

在路由器上查看 Tunnel 接口状态，如下所示。

```
<R2> display interface tunnel 0
Tunnel0
    Current state: UP
    Line protocol state: UP
Description: Tunnel0 Interface
Bandwidth: 64 kbps
```

```
Maximum transmission unit: 1480
Internet protocol processing: Disabled
    Tunnel source 192.168.1.1
Tunnel TTL 255
    Tunnel protocol/transport IPv6/IP 6to4
Output queue - Urgent queuing: Size/Length/Discards 0/100/0
Output queue - Protocol queuing: Size/Length/Discards 0/500/0
Output queue - FIFO queuing: Size/Length/Discards 0/75/0
Last clearing of counters: Never
Last 300 seconds input rate: 0 bytes/sec, 0 bits/sec, 0 packets/sec
Last 300 seconds output rate: 0 bytes/sec, 0 bits/sec, 0 packets/sec
Input: 0 packets, 0 bytes, 0 drops
Output: 0 packets, 0 bytes, 2 drops

<R3>display interface tunnel 0
Tunnel0
    Current state: UP
    Line protocol state: UP
Description: Tunnel0 Interface
Bandwidth: 64 kbps
Maximum transmission unit: 1480
Internet protocol processing: Disabled
    Tunnel source 192.168.1.2
Tunnel TTL 255
    Tunnel protocol/transport IPv6/IP 6to4
Output queue - Urgent queuing: Size/Length/Discards 0/100/0
Output queue - Protocol queuing: Size/Length/Discards 0/500/0
Output queue - FIFO queuing: Size/Length/Discards 0/75/0
Last clearing of counters: Never
Last 300 seconds input rate: 0 bytes/sec, 0 bits/sec, 0 packets/sec
Last 300 seconds output rate: 0 bytes/sec, 0 bits/sec, 0 packets/sec
Input: 0 packets, 0 bytes, 0 drops
Output: 0 packets, 0 bytes, 2 drops
```

从以上输出可以看到，目前 Tunnel 接口的状态是 UP，隧道的源是本端设备的 IPv4 地址，没有隧道的目的地址（目的地址由 IPv6 报文解析而出），隧道模式是 6to4。

在 R1 上使用 ping ipv6 2002:c0a8:102:2::2 命令测试到 R2 的可达性，结果应该是可达。